高等学校智能制造专业系列教材

工业自动化集成控制系统

——基于西门子 TIA 博途系统

主　编　孟爱华

副主编　潘文武　严　纯　李明范

西安电子科技大学出版社

内 容 简 介

本书以智能制造技术的特点和需求为出发点，分析了工业自动化集成控制系统的工作方式，并以西门子的 TIA 博途系统为主体介绍其在工业自动化中的应用，主要内容包括分布式网络的硬件配置、结构化软件编程原理、STEP 7 软件编程指令和程序设计、人机界面的编程实现、故障的调试方法、库及相关的操作等。本书以机床加工主轴控制系统的设计为例，将每章的内容落地为具体的项目设计，既有理论分析，又有具体的操作方法实践，能够使读者对集成控制系统下自动化项目的设计过程形成完整、清晰的概念。

本书既可作为机械、车辆、自动化等专业本、专科生的学习教材，也可作为机电工程师、自动化软件工程师等工程技术人员的项目学习参考用书。

图书在版编目（CIP）数据

工业自动化集成控制系统：基于西门子 TIA 博途系统 / 孟爱华主编.—西安：
西安电子科技大学出版社，2020.3（2020.12 重印）
ISBN 978-7-5606-5598-7

Ⅰ.①工… Ⅱ.①孟… Ⅲ.①工业自动控制—集成控制系统 Ⅳ.①TB114.2

中国版本图书馆 CIP 数据核字（2020）第 020153 号

策划编辑 陈 婷
责任编辑 王晓莉 陈 婷
出版发行 西安电子科技大学出版社(西安市太白南路 2 号)
电 话 (029)88242885 88201467 邮 编 710071
网 址 www.xduph.com 电子邮箱 xdupfxb001@163.com
经 销 新华书店
印刷单位 陕西天意印务有限责任公司
版 次 2020 年 2 月第 1 版 2020 年 12 月第 2 次印刷
开 本 787 毫米 × 960 毫米 1/16 印张 12.5
字 数 222 千字
印 数 1001～3000 册
定 价 30.00 元
ISBN 978-7-5606-5598-7 / TB
XDUP 5900001-2
如有印装问题可调换

前　言

随着智能制造技术的发展，传统的大批量集中式的工业生产模式需要向数字化、智能化、个性化、绿色化的生产模式转变。中国也相应提出了“中国制造2025”的发展计划。实现智能制造的关键是数字化工厂，数字化工厂的体系架构中包括底层的生产设备、中间层的控制设备和上层的监控体系。为了实现数字化工厂的柔性生产、数据共享、网络互通的需求，要求自动化系统进行集成控制。西门子开发的TIA博途系统是实现工业自动化集成控制系统的典型系统。

本书以智能制造的特点和需求为出发点，根据智慧工厂的设计规划，分析了工业自动化集成控制的工作方式，并以西门子的TIA博途系统为主体介绍了其在工业自动化中的应用，以及实现下位设备自动控制的TIA博途STEP 7和实现上位机监控的TIA博途WinCC的使用方法和工作原理。

本书由杭州电子科技大学的孟爱华、潘文武、严纯和浙江水利水电学院的李明范共同编写而成。全书共分八章，第一、三、四、八章由孟爱华编写，第五章由潘文武编写，第六章由严纯编写，第二、七章由李明范编写。全书内容由孟爱华统一规划和统稿。

学习本书不仅有助于学生掌握西门子集成控制系统的使用方法，也有助于学生对PLC工作原理、工业以太网的通信方式、人机界面的基本设计方法等基础知识的理解。本书可作为机械、车辆、自动化等专业本、专科生的学习教材，也可作为机电工程师、自动化软件工程师等工程技术人员的项目学习参考用书。

本书在编写过程中参阅了大量相关书籍、论文和网络资料，具体在参考文献中一并列出，在此对原著作者表示衷心的感谢！杭州电子科技大学机械工程学院的陈国金教授和王万强老师在本书编纂过程中提供了大力支持和帮助，杭州电子科技大学机械工程学院对本书的出版也给予了很多帮助，在此表示深深的谢意！

由于编者水平有限，书中难免存在不妥之处，恳请读者批评指正，并提出宝贵意见。

编　者

2020 年 1 月

目　录

第一章

智能制造概论

1.1　智能制造概述

21 世纪以来，全球出现了以物联网、工业互联网、大数据、云计算等为代表的新一轮技术创新，工业自动化、数字化的水平不断提高，这些都悄然孕育着一场新的工业革命。在此背景下，德国提出“工业 4.0”战略计划，中国推出“中国制造 2025”的畅想，美国着力推进振兴高端制造业的发展，日本等世界其他主要工业发达国家也均出台了一系列国家政策以支持本国工业的发展，以应对新一轮工业革命所带来的挑战。由于各自工业基础和发展环境不同，各个国家在制定相应战略政策时，其战略侧重点有所区别，但智能制造却一直作为未来工业发展的主旋律而备受重视，智能制造被视为振兴实体经济和新兴产业的支柱与核心以及提升竞争力和可持续发展能力的基础与关键。

智能制造(Intelligent Manufacturing)将智能技术、网络技术和制造技术等应用于产品管理和服务的全过程中，能在产品的制造过程中进行分析、推理、感知等智能活动，可以满足产品生产的动态需求。智能制造技术改变了传统制造业中的生产方式、人机关系和商业模式。智能制造不是简单的技术突破，也不是简单的传统产业改造，而是通信技术和制造业的深度融合和创新集成。

随着大家对产品个性化设计的追求越来越强烈，工业产品的加工也越来越呈现多样化、个性化定制的趋势。智能制造的发展也顺应了用户需求的发展变化，在网络设计、制造的基础上体现了智能制造的内涵，即数字化、智能化、个性化、绿色化。

在现代工业生产中，产品的大批量生产已经不能满足客户个性化定制的需求，要想使单件批量生产能够达到大批量生产同样的效率和成本，需要构建可以生产高精密质量、个性化智能产品的智能工厂。智能制造的一个重要特点就是分散网络化和信息物理的深度融合，由集中式控制向分散式增强型控制的基本模式转变，目标是建立高度灵活的个性化和数字化的产品与服务的生产模式。

1.2　智能制造的现状

从 20 世纪 90 年代开始，国内外专家学者就在智能制造技术、智能制造理论和智能制造系统等方面进行了广泛深入的探索研究，一些国家和国际组织还支持了许多相关的研究计划及项目。美国、日本、加拿大等国家联合发起和实施的"智能制造系统"，在国际上产生了重要影响。自 20 世纪 90 年代以来，我国的多位机械制造领域的专家、院士相继开展了智能制造方面的课题和理论研究，国家自然科学基金、"863"计划等也开展了相关的研究支持工作。

1.2.1　"工业 4.0"战略计划

人类自瓦特发明了蒸汽机后，已经经历了三次工业革命。第一次工业革命以水力和蒸汽动力代替了人力、畜力，以蒸汽机的发明和应用作为标志，开启了人类工业时代的序幕；第二次工业革命以电动机代替了蒸汽机，并以大规模生产为主要标志；第三次工业革命则是工业自动化的广泛应用，该阶段制造技术与电子、信息技术相结合，在数字化的基础上开始呈现柔性智能化的特点。

2013 年 4 月，德国在汉诺威工业博览会上正式发布"工业 4.0"战略计划，标志着德国对第四次工业革命战略计划的初步实施。作为老牌工业发达国家，德国一直致力于引领全球工业发展的步伐，因此"工业 4.0"战略计划的发布在全世界范围内引起了极大的反响。不过 2013 年的"工业 4.0"战略计划只是粗略的概念描述，并没有具体的定义和实施策略，直到 2015 年，德国发布的《工业 4.0 战略计划实施》报告才给出严格的定义。

"工业 4.0"概念表示第四次工业革命，它意味着在产品生命周期内对整个价值创造链的组织和控制迈上新台阶，意味着从创意、订单到研发、生产、终端客户产品交付，再到废物循环利用，包括与之紧密联系的各服务行业，在各个阶段都能更好地满足日益个性化的客户需求。

工业 4.0 时代的制造为智能制造，它以工业互联网、物联网、大数据及云计算等现代信息技术与先进制造技术深度融合为基础，以标准化的"智能工厂"系统和赛博物理系统

(网络空间虚拟系统，Cyber-Physical System)融合的“智能生产”过程为特征，是面向设计、生产、管理、服务等全生命周期的制造活动，目的是建立具有信息感知、优化决策和执行控制功能的制造系统，可实现高效、优质、低耗、绿色的生产和服务。

“工业 4.0”项目包括以“智能”为关键词的三大主题：① 智能工厂——重点研究智能化生产系统及过程、网络化分布式生产设施的实现；② 智能生产——主要涉及整个企业的生产物流管理、人机互动以及 3D 技术在工业生产过程中的应用等；③ 智能物流——主要通过互联网、物联网、物流网整合物流资源，充分发挥现有物流资源供应方的效率，而需求方则能够快速获得服务匹配和物流支持。“工业 4.0”将对工业产品与服务的生产模式、创新价值过程、产业链分工等带来深刻的变化，并将对全球制造业的发展产生深远的影响。

1.2.2　“中国制造 2025”计划

2015 年 5 月国务院颁布出台了指导未来工业发展第一个十年计划——“中国制造 2025”，力争在十年内使我国跻身世界制造强国行列。我国政府通过统筹兼顾国内外环境，提出了实施制造强国“三步走”战略：第一步，到 2025 年，我国制造业整体达到世界制造强国水平；第二步，到 2035 年，我国制造业整体达到世界制造强国阵营中等水平；第三步，到新中国成立 100 周年时，我国制造业大国地位将更加巩固，综合实力进入世界制造强国前列。

“中国制造 2025”的主要内涵可以概括为“一条主线”和“四大转变”。“一条主线”是指信息技术与制造技术深度融合的数字化、网络化、智能化。“四大转变”是指从要素驱动转变为创新驱动，从低成本优势转变为质量效益优势，从资源消耗粗放制造转变为绿色化制造，从生产型制造转变为服务型制造。

在“中国制造 2025”计划的推动下，中国正在全面地开展制造业的创新升级，全面地推进制造业与信息技术的深度融合，助力中国经济的实力腾飞。

1.3　智慧工厂

为了实现智能制造，实现“中国制造 2025”的发展目标，制造的主体首先需要加以改造，需将原来传统制造方式下的加工工厂改造成设备之间可互联互通、加工过程数据自上而下可联网协调的新型工厂，即智慧工厂。智慧工厂是智能制造的前提和基础，它是现代工厂信息化发展的新阶段。智慧工厂是在数字化工厂的基础上，利用物联网技术和设备监控技术加强信息管理和服务，能够清楚掌握产销流程，提高生产过程的可控性，减少生产线上人工的干预，即时正确地采集生产线数据，合理地安排生产计划与生产进度，并集绿色智能手段和智能系统等新兴技术于一体，构建的一个高效节能、绿色环保、环境舒适的人性化工厂。

1.3.1 智慧工厂的体系架构

2006 年，美国 ARC 顾问集团总结了以制造为中心、以设计为中心、以管理为中心的数字制造，并考虑了原材料和能源供应、产品的销售供应，提出用工程技术、生产制造和供应链这三个维度来描述工厂的全部活动。通过建立描述这三个维度的信息模型，利用适当的软件就能够完整表达围绕产品设计、技术支持、生产制造及原材料供应、销售和市场相关的所有环节的活动，能够实现实时的数据交互和实时的指令传送。三个维度的信息融合就是数字化工厂或智慧工厂，其基本模型如图 1-1 所示。

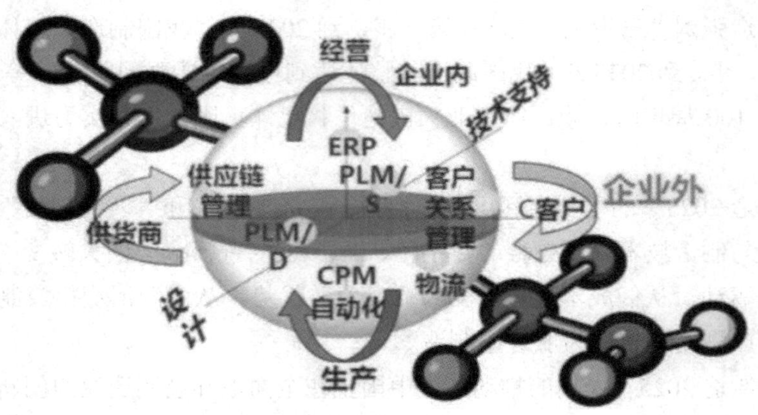

图 1-1 ARC 顾问集团建立的数字化工厂的模型

智慧工厂拥有三个层次的基本架构，分别为顶层的计划层、中间层的执行层以及底层的设备控制层，大致可对应为 ERP(企业资源计划)、MES(制造执行系统)以及 PCS(过程控制系统)。

(1) 顶层的计划层一般对应企业层，要求实现产品工程的全生命周期管理(PLM)。计划层融合了产品设计生命周期和生产生命周期的全流程，对设计到生产流程进行统一集成式的管控，实现全生命周期的技术状态透明化管理。通过将 PLM 系统和 ERP、MES 系统集成，企业层实现了全数字化定义，从设计到生产的全过程高度数字化，最终实现基于产品的、贯穿所有层级的垂直管控。通过对 PLM 和 MES 的融合实现从设计到制造的连续数字化数据流转。

(2) 中间层的执行层一般对应生产过程的管理层。执行层主要实现生产计划在制造职能部门的执行，管理层统一分发执行计划，进行生产计划和现场信息的统一协调管理。管理层通过 MES 与底层的工业控制网络进行生产执行层面的管控，操作人员/管理人员提供计划的执行、跟踪以及所需资源(人、设备、物料、客户需求等)的当前状态或信息，同时获取底层工业网络对设备工作状态、实物生产记录等信息的反馈。

(3) 底层的设备控制层主要将 PCS 与自动化执行设备集成。底层控制层跨越设备现场层、设备控制层以及操作层三个部分，基于 CPS(信息物理系统)的网络方法，对现场生产设备创建底层工业网络，在设备控制层通过 PLC(可编程逻辑控制器)硬件和工控软件进行设备的集中控制，在操作层有操作人员对整个物理网络层的运行状态进行监控、分析。

1.3.2　国内外智慧工厂的实施现状

近年来，全球各主要经济体都在大力推进制造业的复兴。在工业 4.0、工业互联网、物联网、云计算等热潮下，全球众多优秀制造企业都开展了智慧工厂建设实践。作为工业 4.0 概念的提出者，德国也是第一个实践智慧工厂的国家。德国西门子安贝格电子工厂可实现多品种工控机的混线生产，产品可靠性达到 99%，追溯性更是达到 100%，堪称智慧工厂的典范。德国的倍福自动化有限公司积极推进信息技术与自动化技术的结合，已实现纵向、横向和跨公司一体化，其创新的 XTS 传输系统是工业 4.0 的典型案例。英特尔、思科等计算机、自动化方面的国际企业也根据现有工业 4.0 的设计需求，制定了互联工厂 4.0 套件，利用物联网实现智能制造。施耐德电气的智慧工厂部署了依托其 EcoStruxure 架构与平台的解决方案，覆盖互联互通的产品，以及边缘控制应用、分析与服务三个层面的能源管理软硬件产品。美国的罗克韦尔自动化公司提出“融合”的理念，旨在实现制造业的现场层、控制层、管理层之间的相互渗透。三菱电机名古屋制作所采用人机结合的新型机器人装配生产线，实现从自动化到智能化的转变，显著提高了单位生产面积的产量。

我国汽车、家电、轨道交通、食品饮料、制药、装备制造、石化等行业的企业对生产和装配线进行自动化、智能化改造以及建立全新的智慧工厂的需求十分旺盛，涌现出海尔、美的、格力、江淮汽车、三一重工等智慧工厂建设的样板。九江石化作为中国的第一家智慧工厂试点，为实现可视化、实时化、智能化的生产和管理要求，与华为进行战略合作，在信息通信、生产协作、智能管理等领域开展广泛合作，共同打造世界一流智慧工厂的基础设施。海尔中央空调加工厂是一个智能互联工厂，可实现用户对产品设计的参与、互动、互联，按订单配置、生产和装配，加工过程全流程订单可视；工厂云实验室实现所有供应商、工厂、研发中心的实验室互联；产品都成为“网器”，通过产品可以实时了解用户使用过程当中的情况，从而高质量、高品质化地对外实时跟用户互联。江淮汽车通过建立车间信息采集与处理平台，优化物流方案，集成已有软硬件平台，消除信息孤岛，大大提高了车辆的生产效率，减少了库存。三一重工为打造世界一流混凝土泵车机械制造基地建设了一个新型智慧工厂，包含智能加工中心与生产中心、智能化仓储与配送装置、数字化加工计划与执行管控软硬件系统、数字化车间物流软硬件系统、生产控制中心等，使企业的物流成本显著降低，生产效率提高。上海石化依托上海移动的高速 4G 网络，开展输油管线监控、车辆运输监控、无线视频监控等系统的部署应用，并借助物联网技术，实现公司厂区内的数据采集，大幅提升了统计工作效率。

1.4　全集成自动化

在智慧工厂的体系架构中，底层设备控制层的柔性和自动化水平是实现智慧工厂智能生产的关键和核心部分，它涉及底层现场的工作设备，包括各种电机、泵、阀等的运行；还包括工厂内生产线的控制设备，可实现现场设备的自动化控制；另外还包含上层监控层的数据交互、通信和监控诊断等。为了实现智慧工厂的柔性操控、灵敏制造的目的，需要建立一个网络互通、兼容并包的系统平台，方便各层级之间的数据输送、识别和修改，省去中间报表传递、转换的过程。

西门子针对工业 4.0 和智慧工厂的系统要求，设计开发了全集成自动化系统(Totally Integrated Automation，简称 TIA 博途)，是西门子工业自动化集团发布的一款全新的全集成自动化软件。它是业内首个采用统一的工程组态和软件项目环境的自动化软件，几乎适用于所有自动化任务。借助该全新的工程技术软件平台，用户能够快速、直观地开发和调试自动化系统。

TIA 博途是一个以工业以太网(或工业总线)为基础的技术解决方案，它集成了工厂的生产管理系统、人机控制、自动化控制软件、自动化设备、数控机床，形成工厂的物理网络，实时采集生产过程数据，分析生产过程的关键影响因素，监控生产物流的稳定性和生产设备的实时状态，以实现智能控制整个工厂的生产资源、生产过程，达到智能化、数字化生产的目的。集成自动化系统、MES 和企业 PLM/ERP 的连接实现了整个企业层级自上而下的数字化驱动，产品全生命周期的数字化定义，以及企业全生命周期的技术状态透明化管理，可灵活快速地响应市场需求。

第二章

西门子 TIA 博途软件系统概述

作为工业自动化的领军企业和工业 4.0 方案的制订企业，西门子一直致力于数字化企业软件的开发，以实现下层自动控制设备与上层监管系统数据的共享，实现生产控制数据与企业 MES、PLM 等软件信息的集成。

在制造行业中，生产效率和生产力是迈向成功的两大重要因素。在复杂的机器和工厂生产中，工程组态尤为重要。也正因此，在工程组态早期阶段即可实现高效应用，从而使生产运行更快速、更灵活和更智能。为此，西门子推出了一款卓越的解决方案——全集成自动化(Totally Integrated Automation，TIA)。

2.1　西门子 TIA 博途软件系统简介

全集成自动化是一种全新的优化系统框架，基于丰富全面的产品系列，提供一致性的数据管理。其开放的系统框架贯穿于整个生产过程，为所有自动化组件提供了高效的互操作性，为每项自动化任务提供了完整的解决方案。

西门子 TIA 博途是全集成自动化软件 TIA Portal 的简称，是西门子推出的一款全新的工程软件平台，是工业领域第一个全面集成自动化组件的工程组态软件，是所有自动化组件高效协作的典范。TIA 博途的开放式系统架构覆盖了整个生产过程，并且所有组件都具有以下特性：统一的数据管理、全球统一标准以及统一的硬件和软件接口。工业自动化的工具软件可集成在这个工程平台下运行。这些特性极大缩短了工程组态时间，从而在大幅提升系统灵活性的同时显著降低了生产成本和产品面市时间。

虽然工业过程自动化领域中的生产过程与任务各不相同，且形式多种多样，但是这些任务与过程可集成到一个系统中，统一处理。整个生产过程的整体性分析是实现生产整体优化的前提条件。也正基于此，才可实现生产效率和生产产量的显著提高。西门子凭借其全面的技术和特定领域的专业知识，积极推动制造行业的迅速发展。在这一过程中，全集成自动化至关重要。利用西门子 TIA 博途软件系统可在自动化设计任务中创造附加价值，包括：

(1) 集成工程组态：所有生产阶段均实施统一、全面的工程组态，生产过程中所有阶段的统一、全面工程组态显著降低了组态时间、成本和工作量。

(2) 工业数据管理：凭借生产过程中所有重要数据的实时访问，极大提高了决策的可靠性以及工厂运营经济效益。

(3) 工业通信：基于跨供应商的国际标准，轻松实现了所有层级间的数据统一、透明传输。

(4) 工业信息安全：统一的自动化安全防护机制，可系统性地保护工厂与设备，将各种攻击威胁降至最低。

(5) 安全集成：标准自动化技术中无缝集成安全防护机制，可全方位地保护人员、设备和环境安全。

2.2　TIA 博途软件的构成

TIA 博途软件为全集成自动化的实现提供了统一的工程平台，工作界面如图 2-1 所示。它包含 TIA 博途 STEP 7、TIA 博途 WinCC、TIA 博途 Startdrive 和 TIA 博途 SCOUT。用户购买其中任一款独立的产品，都会包含 TIA 博途平台系统，以便与其他产品集成。

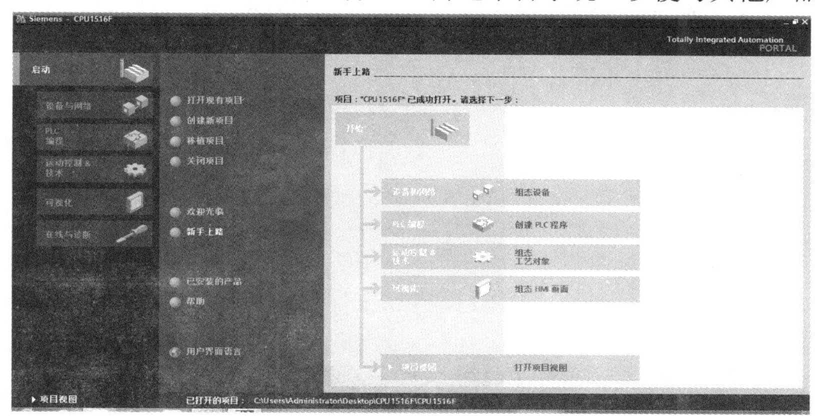

图 2-1　TIA 博途软件平台工作视图

在博途程序框架下，所有的软件编辑器都具有相同的布局和浏览风格。无论是硬件组态、逻辑编程、变频器参数设置，或者 HMI 图像设计、编辑器的布局都完全相同，极大地节省了用户时间和成本。同时还可以根据任务需要，在相应视图中自动显示各种函数、属性和库。

在博途的工程平台下，项目导航、库概念、数据管理、项目存储、诊断和在线功能等都作为标准配置提供给用户。统一的软件开发环境由可编程控制器、人机界面和驱动装置等组成，有利于提高整个自动化项目的效率。

2.2.1 TIA 博途 STEP 7

SIMATIC STEP 7 V11 以上的版本已经集成到 TIA Portal 工程组态框架中，其组件视图如图 2-2 所示。目前应用最广泛的是 SIMATIC STEP 7 Professional V13 (专业版)，可适用于所有 SIMATIC 控制器进行组态和编程操作，包括最新的 SIMATIC S7-1500 系列，以及 SIMATAC S7-1200 系列、SIMATIC S7-300 系列、SIMATIC S7-400 系列、分布式从站 ET200 CPU 以及设备代理控制器 Device Proxy。在 SIMATIC STEP 7 V12 以上的版本中同时还包含适用于 SIMATIC 精简系列面板的 SIMATIC WinCC Basic (基本版)，可用于 SIMATIC HMI 精简系列面板进行组态。

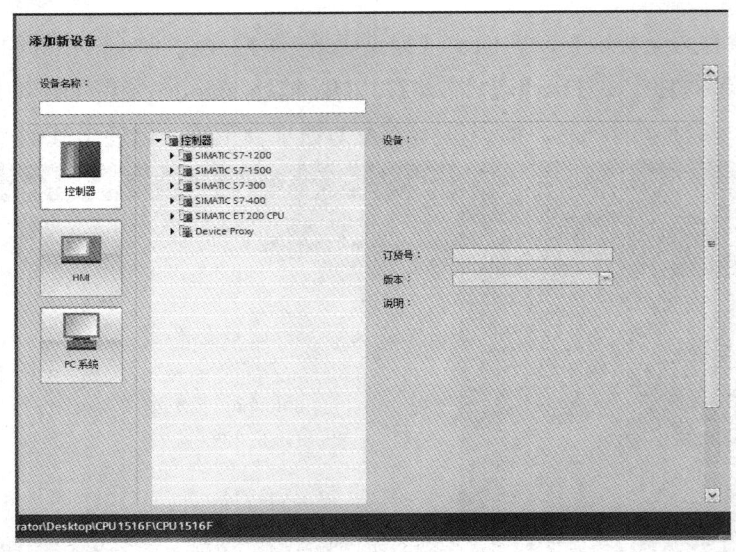

图 2-2 SIMATIC STEP 7 组件视图

TIA 博途平台下 SIMATIC STEP 7 Basic(基本版)包含于 STEP 7 Professional(专业版)控制软件系列中。使用这一款软件，可对 SIMATIC S7-1200 控制器进行工程组态，并通过集成的 WinCC Basic(基本版)对 SIMATIC HMI 精简系列面板进行组态。

2.2.2　TIA 博途 WinCC

SIMATIC WinCC(Windows Control Center)是 TIA Portal 工程组态框架的一个重要组成部分，也是用于机器层级中各种应用和过程可视化(Supervisory Control And Data Acquistion，SCADA)的 HMI(Human Machine Interface)人机界面软件，其组件视图如图 2-3 所示。

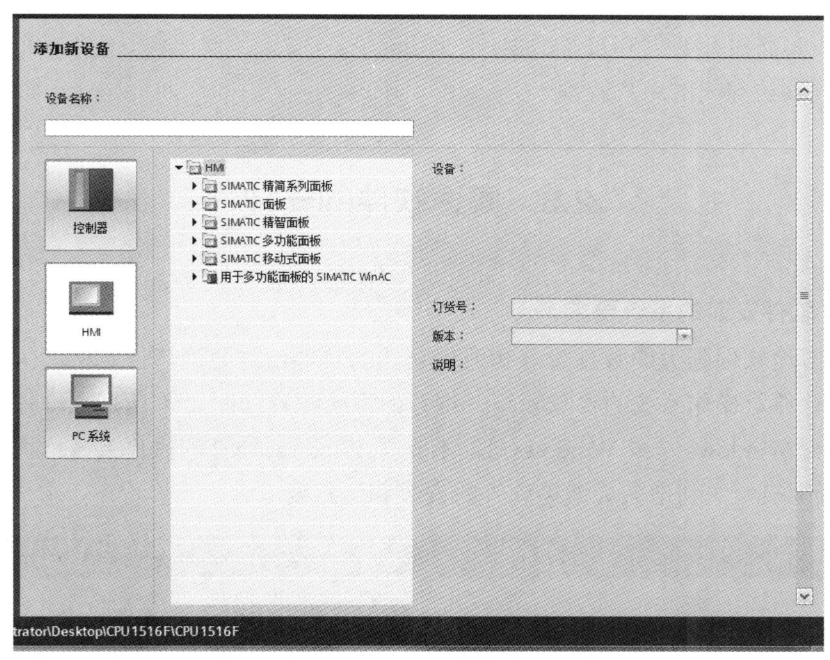

图 2-3　SIMATIC WinCC 组件视图

SIMATIC HMI 集成到新的 TIA Portal 中之后，创建 HMI 应用程序变得更为简单、便捷，且更为高效。它作为一个统一的工程组态环境，可以对控制、可视化和驱动解决方案进行编程和组态。TIA Portal 中的 WinCC 软件适用于所有的 HMI 应用，从使用精简系列面板的最简单操作解决方案到基于 PC 多用户系统的 SCADA 应用。根据不同版本的权限区别，可分为以下四个版本：

(1) WinCC 基本版：可用于 SIMATIC HMI 精简系列面板的组态(不能更新)。

(2) WinCC 精智版：可用于精简面板、精智面板、移动面板和多面板的组态。

(3) WinCC 高级版：可用于所有面板和基于 PC 的单用户 HMI 的组态。

(4) WinCC 专业版：可用于所有面板和 SCADA 系统的可视化应用。

行业标准 HMI 功能是系统基本设备的一部分，它主要可实现的功能包括以下内容：

(1) 完全以图形化方式显示过程序列和状态，包括可动态化的图形、棒图和量表。

(2) 可组态操作员开关元件操作机器或设备，例如，按钮、开关和滑块。

(3) 报告和确认事件。

(4) 记录测量值和报警。

(5) 报告最新过程数据和日志数据。

(6) 包含其访问权的用户管理。

2.3　博途软件的安装

1. 博途软件安装的系统要求

西门子博途软件强大的数据管理和通信功能的实现，需要消耗计算机的大量内存，因此安装博途软件对操作系统的要求较高，推荐的系统配置如图 2-4 所示。一般要求计算机的操作系统为 Windows 7 或 Windows 8，不支持 Windows XP 的操作系统；内存要求最少为 8 GB，否则很难顺利地完成博途软件的安装和运行要求。

组态设计包	SIMATIC STEP 7 Basic	SIMATIC STEP 7 Professional	SIMATIC WinCC Basic	SIMATIC WinCC Comfort	SIMATIC WinCC Advanced	SIMATIC WinCC Professional
PG/PC 推荐硬件配置 - 处理器（最小） - 内存（最小） - 显示器（最小）	 Intel® Core ™ i5-3320M 3.3 GHz 或更好 8GB 15" 1920*1080					
操作系统	Microsoft Windows 7 Home Premium SP1 (STEP 7 Basic only) Microsoft Windows 7 Professional SP1 Microsoft Windows 7 Enterprise SP1 Microsoft Windows 7 Ultimate SP1 Microsoft Windows 8.1 (STEP 7 Basic only) Microsoft Windows 8.1 Professional Microsoft Windows 8.1 Enterprise Microsoft Server 2008 R2 StdE SP1 (STEP 7 Professional only) Microsoft Server 2012 R2 StdE Windows XP won't be supported		Windows 7 Home Premium SP1 (only WinCC Basic) Windows 7 Professional SP1 Windows 7 Enterprise SP1 Windows 7 Ultimate SP1 Windows 8.1 (only WinCC Basic) Windows 8.1 Professional Windows 8.1 Enterprise Windows Server 2008 R2 StdE SP1 (not WinCC Basic) Windows Server 2012 R2 StdE Windows XP won't be supported			

图 2-4　博途软件的系统配置要求

2. 博途软件安装的注意事项

博途软件的安装文件为光盘镜像(ISO)格式，推荐使用虚拟光驱方式安装。如果没有虚拟光驱，请用 WinRAR 解压缩软件将文件解压，然后再运行解压文件夹里面的 START.EXE 可执行程序进行安装。软件安装完成后需再安装授权文件。

注意：

- 在文件解压缩和安装过程中所有文件路径不能使用中文字符，否则会出现安装时找不到路径的报错。
- 操作系统最好采用原版操作系统，不能是 GHOST 版本，如果不是原版操作系统，有可能会在安装过程中出现系统报错；如果操作系统中以前安装过博途较低版本的软件，需要重装操作系统后再安装。
- 博途软件安装过程中最好关闭杀毒软件、防火墙软件、防木马软件、优化软件等，防止安装过程不能顺利进行。
- 在 Windows 7 操作系统下安装时请选择 Administrator 用户。

安装过程中按照软件的导引一步步完成即可，中间需要选择软件安装的语言类型和安装的路径。按照步骤完成安装和授权后，操作系统桌面上则会出现博途软件的图标，如图 2-5 所示。

图 2-5　博途软件图标

2.4　博途软件的特点

西门子博途软件平台凭借其一致的数据管理、统一的通信协议以及工业信息安全等基础，在项目的设计规划、软件研发、系统升级等各方面都呈现出现代工业控制的灵活性、安全性、可扩展性和便捷性，为自动化的集成控制提供了开放的应用平台，具体体现为：

(1) 开放、虚拟、互连互通——基于 TIA 博途的数字化工作流。开放、虚拟、互连互通，TIA 博途云服务让使用和管理更加清晰、灵活。可以使现代工业简便、快速地通向数字化工厂建设。

(2) 灵活的仿真功能。使用 TIA 博途中的 S7-1500 高级仿真器(PLCSIM Advanced)—控制器的数字化双胞胎，可实现与生产过程仿真软件进行实时的数据交换，从而不需要借助任何的实体设备。通过虚拟环境就可以对设备或生产线进行虚拟调试，可显著减少现场调试时间，并减少样机重复开发成本。

(3) 开放式系统。利用 TIA 博途 Openness 功能，可使用软件生成器来高效创建项目，减少工程时间。全新 TIA 博途中的 Teamcenter 接口，可在统一数据平台中管理项目的不同版本，包括规划、工程和设计等。

(4) 云服务。TIA 博途云服务是指将 TIA 博途安装于私有云中，工程师工作站无需安装任何软件，可大大减少对笔记本电脑的性能需求，并通过统一的云平台实现从软件到项目的标准化管理。通过全新 TIA 博途云连接器 (TIA Portal Cloud Connector) ，可实现从私有云端远程访问系统设备的功能，将云平台博途中的项目下载到现场设备中。

(5) 单一平台能胜任所有自动化任务。通过 TIA 博途，可集成自动化项目中的所有重要任务。无论是控制器、HMI、驱动、分布式 I/O，以及运动控制系统和配电系统，还是安全控制系统中的所需设备。通过分享统一的数据库、一体化的工程组态与程序编辑环境，TIA 博途可大大缩短项目周期，提高工程效率，加速产品的上市时间。

(6) 团队协作。使用 TIA 博途多用户(Multiuser)功能，可实现多人同时访问、并行开发同一个项目。通过基于系统的同步机制，可实现项目的自动同步，从而轻易整合本地与服务器的项目，将大大降低协调成本，加速项目的开发进度。

(7) 可靠避免错误。TIA 博途使用众多高效的全新诊断工具以及循环系统测试记录，并可在调试期间对偶发错误进行分析。同时 TIA 博途提供了大量编程代码模板，能够可靠识别错误并快速修正，从而减少不必要的额外工作量。

(8) “自动生成”取代“手动编程”。通过“SiVarc”功能可自动生成 HMI 可视化项目，高效、便捷；集成的系统诊断功能可自动生成系统诊断信息，方便快速、直观地进行设备和工厂诊断。

(9) 安全、高效处理专有知识。借助于 TIA 博途“库”的概念，可重复调用所有项目对象，避免冗余性工作。TIA 博途的专有技术保护功能，可将项目与控制器等设备进行绑定，长期有效地保护用户的专有知识和防止黑客攻击。

(10) 信息管理。通过一致的生产数据存储，可显著提高透明化，便于进行快速决策；使用“SIMATIC Information Server”或在现场使用移动设备，即可针对特定的目标分组来准备相应的数据。该系统支持 WinCC/WebUX 以及 WebNavigator 等功能，实现远程访问和控制。

(11) 能源管理。TIA 博途中集成的能源管理套件(SIMATIC Energy Suite)，将自动生成能管项目程序，实现与能源管理系统(Energy Manager PRO) 的无缝连接，可随时掌控能源成本，简便、高效地进行能源数据记录，提高数据的透明化，参照 ISO 50001 的标准要求实现节能。

(12) 诊断管理。使用标准化的“ProDiag”功能，可高效分析过程错误，减少生产停机时间；使用集成的系统诊断功能，可快速识别涵盖所有系统部件的自动化系统的诊断信息，快速定位问题，提高设备与生产的运行效率。

(13) 开放式通信。通过开放性通信机制，连接控制层和 IT 层，易于集成上位 MES/ERP 的解决方案。采用标准化的 OPC UA 通信协议，可将生产数据传送到其他制造商的系统。使用“Industrial Data-Bridge”，可通过标准接口，实现跨系统的双向通信，无需任何编程。

因此，TIA 博途的开放、集成、通用的特点，使西门子博途操作平台开发自动化项目可有效地缩短开发时间，降低运营维护成本，提高企业的生产效率。

2.5　TIA 博途软件的视图

对于自动化项目，TIA 博途提供了两种不同的工作视图，即 Portal 视图和项目视图。通过它们可快速访问工具箱和各个项目组件。其中 Portal 视图支持面向任务的组态；项目视图支持面向对象的组态，方便硬件配置和编程。

在博途的组态编辑过程中可以随时使用用户界面左下角的链接，在 Portal 视图和项目视图之间切换。同时，在组态期间，视图也会根据正在执行的任务类型自动切换。例如，如果要编辑 Portal 视图中列出的对象，应用程序会自动切换到项目视图中的相应编辑器，编辑完对象后，可以切换回 Portal 视图，并继续操作下一个对象或进行下一项活动。

2.5.1　Portal 视图

TIA 博途启动时默认打开的为 Portal 视图，它提供了一种导航式的项目操作方式。用户根据导航界面可一步一步地完成项目的建立、硬件组态以及网络设置等各项操作，非常适合初学者使用，界面如图 2-6 所示。

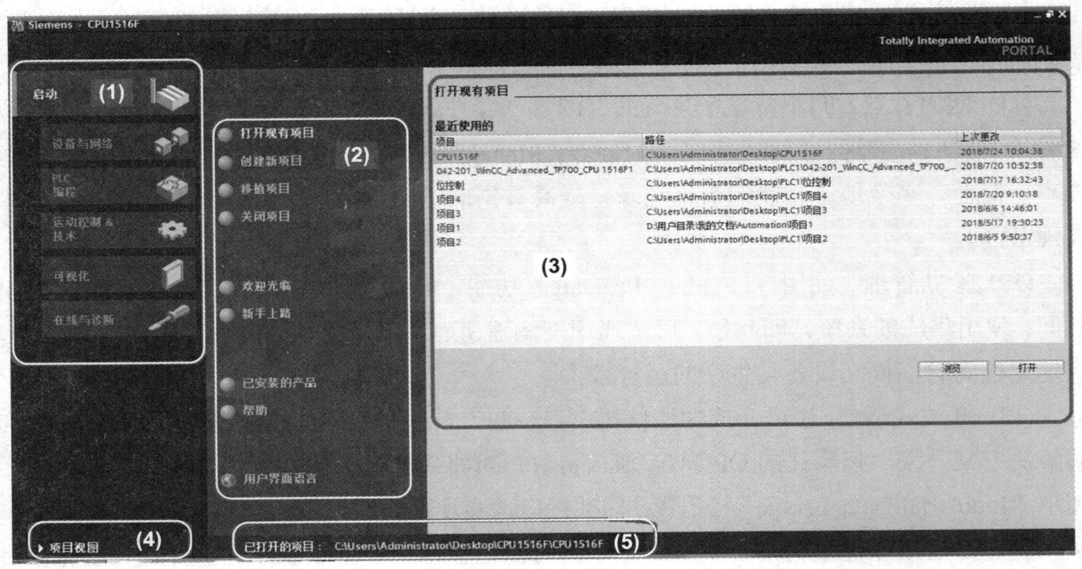

图 2-6　Portal 视图界面

Portal 视图中主要分为 5 个区块，每部分的功能如下：

(1) 不同任务的 Portal。Portal 为各个任务区提供了基本功能。在 Portal 功能视图中提供的 Portal 功能取决于所安装的产品。

(2) 所选 Portal 对应的操作。此处提供了在所选 Portal 功能中可使用的操作。可在每个 Portal 功能中调用上下文相关的帮助功能。

(3) 为所选操作选择窗口。所有 Portal 都有选择窗口，该窗口的内容取决于当前选择的操作。

(4) 切换到项目视图。可以使用“项目视图”(Project View)链接切换到项目视图。

(5) 当前打开的项目显示区域。在此处可了解当前打开的是哪个项目。

2.5.2　项目视图

项目视图是一种方便硬件配置、编程的视图模式，相较于 Portal 视图模式，信息量更丰富，可视化效果更好，结构化的菜单操作更加便捷，适合于对 TIA 博途基本操作已经熟悉的用户。在 TIA 博途框架下，所有软件的项目视图具有统一的界面布局，可方便地查找和进行参数设置，其基本结构如图 2-7 所示。

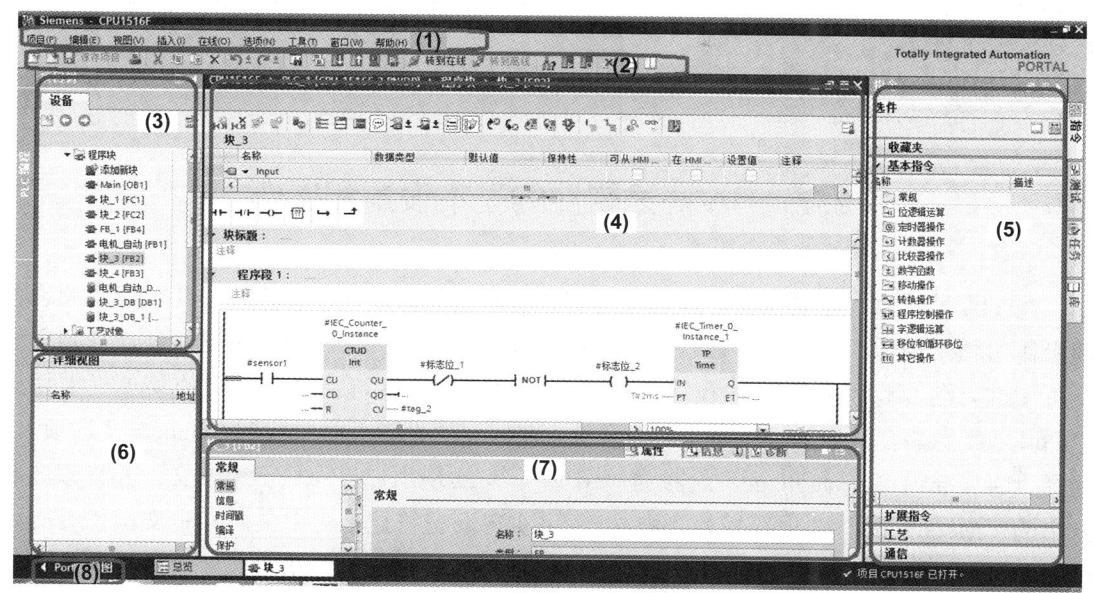

图 2-7　项目视图的基本结构

项目视图中主要分为 8 个区块，每部分的功能如下：

(1) 菜单栏。菜单栏包含工作所需的全部命令。

(2) 工具栏。工具栏提供了常用命令的按钮。用户可根据需要自己定制工具栏。

(3) 项目树。通过项目树可以访问所有组件和项目数据。例如，可在项目树中执行以下任务：

- 添加新组件。
- 编辑现有组件。
- 扫描和修改现有组件的属性。

(4) 工作区。为进行编辑而打开的对象将显示在工作区内，对于 STEP 7，可进行程序的编写；对于 WinCC 可进行监控画面的绘制等。

(5) 任务卡。可用的任务卡取决于所编辑或所选择的对象。在屏幕右侧的条形栏中可以找到可用的任务卡。可以随时折叠和重新打开这些任务卡。

(6) 详细视图。在详细视图中显示所选对象的具体内容。例如变量表可以显示所选对象中的所有变量。

(7) 巡视窗口。在巡视窗口中显示有关所选对象或所执行动作的附加信息，包括各种参数、属性的设定。

(8) 切换到 Portal 视图。可以使用“Portal 视图”(Portal View)链接切换到 Portal 视图。

2.6 TIA 博途软件的基本设置和操作

在 TIA 博途软件系统中用户可根据习惯进行个性化设置，在此将介绍几个重要的设置和操作。相比较于西门子的其他软件，博途系统除了支持英文、德文等语言外，开始全面支持中文，包括操作界面、注释等。有关编程语言的选择可在项目视图的菜单栏中找到“Options”菜单，然后选择“Settings”命令，在打开的设置页面中找到“General”选项卡，选择“User interface language”选项为“中文”，可实现用户界面显示为中文；并将该选项卡中的“Mnemonic”选项选择为“中文”，可实现助记符显示为中文。其中文操作界面如图 2-8 所示。在博途软件的使用过程中也可在此设置页面中随时更换系统语言为英语或其他支持的语言。

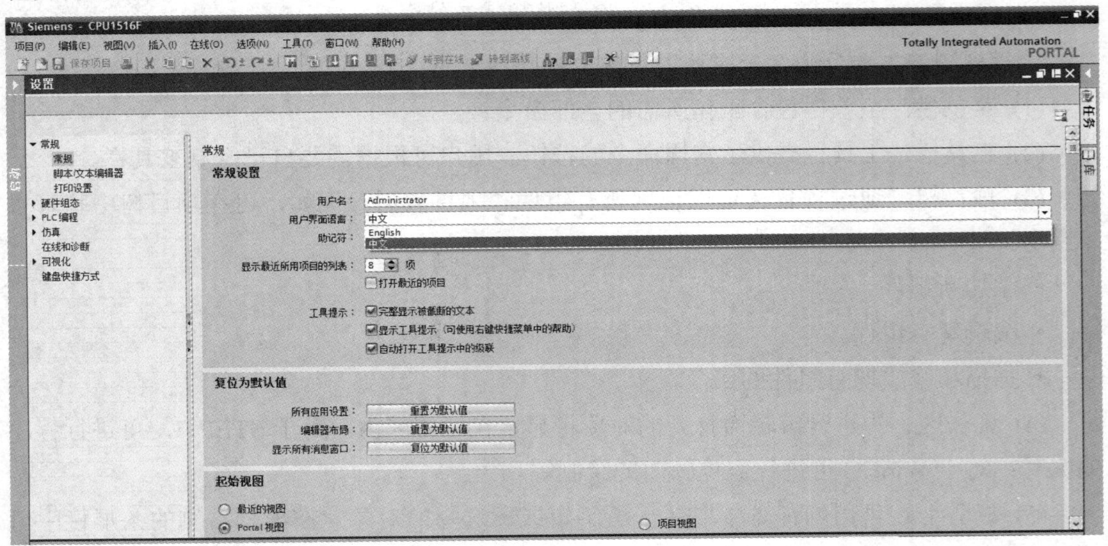

图 2-8　TIA 博途软件操作语言中文设置界面

在软件的使用便捷性方面，TIA 博途系统增加了很多 Windows 的快捷键设置，例如可采用“Ctrl+C”“Ctrl+V”快捷键实现拷贝、粘贴；可采用“undo”“redo”命令实现操作的恢复、重置；可利用键盘上的“Shift”“Ctrl”键进行批量操作；支持鼠标拖曳操作等。此类快捷键的使用提升了用户编程的便捷性，更符合多数用户的软件使用习惯。

2.7　设计实例：机床加工主轴移动控制系统

从本章开始，本书将连续、系统、循序渐进地结合各章的内容介绍机床加工主轴移动控制系统的设计方法，使读者对系统的设计有一个完整的了解。

机床加工主轴移动控制系统可用于磨床、铣床等加工设备的运动控制。下面各章节将以应用于磨削加工的机床主轴移动控制为例，说明整个控制系统的设计、编程和调试的过程。

机床加工主轴移动控制系统的整体结构图如图 2-9 所示。待加工工件安装在工作台的滑轨上，滑轨可实现左右和前后两个方向的移动。滑轨托台的左右两侧各安装有一个行程开关(左右极限位置传感器)，当行程开关检测到工件移动到某一边极限位置时，会停止滑轨电机在本方向继续运行，然后反向运行。在加工刀具的上方安装有一个检测传感器，可用于检测刀具是否在加工工件表面，当刀具离开工件表面时会给系统发送信号，并控制滑轨进行相应的换向运动。滑轨左右和前后的运动控制可通过小型直流电机实现。

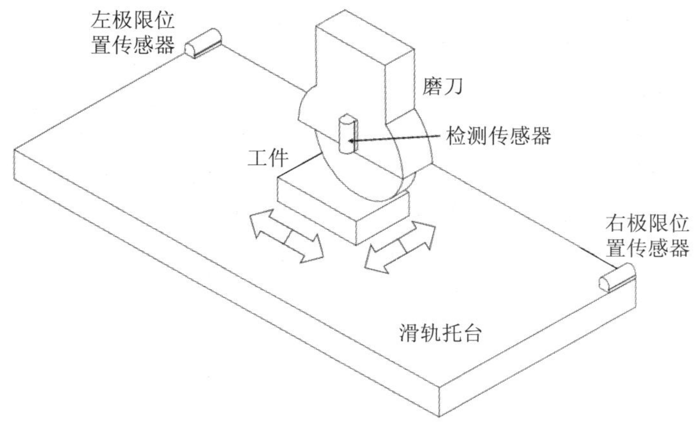

图 2-9　机床加工主轴移动控制系统结构图

根据项目的任务具体要求，分析可得到所需的输入信号包括 3 个传感器以及急停、开始、停止、模式选择、滑轨左移、滑轨右移、进刀电机正转、进刀电机反转 8 个按钮，所以输入点共需要 11 个。输出信号包括滑轨电机的左移、右移，进刀电机的前进、后退，所以输出点共需要 4 个。具体的输入、输出点地址信息如表 2-1 所示。所需要的 PLC 硬件包括一个 PS 电源模块、一个 CPU 模块、一个 DI 模块和一个 DO 模块。

表 2-1　输入、输出站点地址信息设置

名称	数据类型	地址	注　释
A1	Bool	%I3.0	急停(常闭触点)
S0	Bool	%I3.2	模式选择，手动(0)/自动(1)
S1	Bool	%I3.3	自动开始
S2	Bool	%I3.4	停止
B4	Bool	%I4.0	操控台左极限传感器
B5	Bool	%I4.1	工件检测传感器
B7	Bool	%I4.3	操控台右极限传感器
S3	Bool	%I4.4	电机 M1 正转点动按钮
S4	Bool	%I4.5	电机 M1 反转点动按钮
S5	Bool	%I4.6	进刀电机 M2 正转点动按钮
S6	Bool	%I4.7	进刀电机 M2 反转点动按钮
Q1	Bool	%Q3.1	电机 M1 正转
Q2	Bool	%Q3.2	电机 M1 反转
M1	Bool	%Q3.4	进刀电机 M2 正转
M2	Bool	%Q3.5	进刀电机 M2 反转

项目实施阶段，首先需打开 TIA 博途软件，工作视图缺省为 portal 视图，在左侧的任务栏中选择“创建新项目”选项，在弹出对话框中的项目名称中键入“project1”，单击“确定”按钮后可切换进入项目视图进行硬件配置和编程。具体的硬件配置和编程见后面各章节内容。

第三章

S7-1500 的硬件配置

SIMATIC S7-1500 是 TIA 博途软件系统中的新一代控制器，它具有良好的系统性能，可实现最短响应时间和最高控制质量，技术集成可确保通过 PROFINET 网络实现与分布式设备、计算机等的网络通信，并可实现信息安全集成的全面整合。

3.1　硬件组成概述

3.1.1　S7-1500 的硬件组成

SIMATIC S7-1500 采用模块化结构，各种功能皆具有可扩展性，是在西门子 S7-300 和 S7-400 的基础上改良研发而来的。每个控制器中都包含有以下组件：一个中央处理器(CPU)，用于执行用户程序；一个或多个电源；信号模块，用作输入/输出；相应的工艺模块和通信模块。各个模块安装在导轨上，通过 U 型连接器集成为一整体，其基本结构如图 3-1 所示。

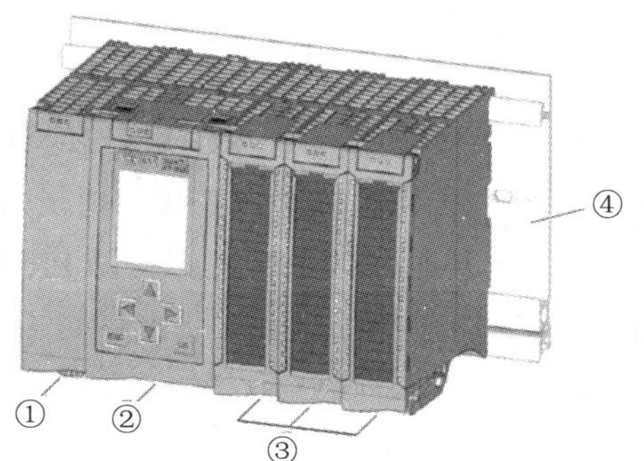

①—电源模块；
②—集成了显示屏的CPU模块；
③—输入/输出模块；
④—安装导轨

图 3-1　S7-1500 PLC 组态结构图

1. 电源模块

S7-1500 系列的 PLC 中的电源模块分为系统电源模块 PS 和负载电源模块 PM 两种。如果 CPU 提供给背板总线的电量不足以为所连接模块供电，则需要使用系统电源。系统电源是具有诊断功能的电源模块，可通过 U 型连接器连接到背板总线上为系统提供电压。这种系统电压将为模块电子元件和 LED 指示灯供电。如果 CPU 或接口模块未连接到 24 V 直流负载电源时，系统电源还可以为其供电。若 PS 模块放在机架的 0 号槽，则该模块与 CPU 模块一起为其右侧的模块供电。若 PS 模块安装在机架的中间位置，这时该模块对整个背板的通信是不影响的，但电源会产生隔断效果，中间的 PS 模块仅向其右侧的模块供电，其左侧的电源将被隔断，由前一个 PS 模块供电。在 CPU 右侧的插槽中，最多可插入两个系统电源。

负载电源模块 PM 相当于外部的开关电源，在组态中不占用插槽，也不包含在系统诊断中。通过负载电源可以为 CPU 的系统电源、外围模块的输入/输出电路、传感器、执行器等提供 24 V 直流电源。

2. 中央处理器 CPU 模块

S7-1500 系列的 PLC 为带集成式显示屏的 CPU，是整个 PLC 运算、控制、存储的核心，负责执行用户的程序，完成与计算机或 HMI 等编程监控设备的数据通信，还可为使用集成的系统电源通过背板总线为模块的各电子元件进行供电。

S7-1500 的 CPU 包含 CPU 1511～CPU 1518 的不同型号，区别主要根据其内存空间大小、运算速度、通信资源等的性能由低到高逐渐增强，主体结构和功能类似，图 3-2 中显示了 CPU 1516-3 PN/DP 的前面板和去掉前盖后的前面板。

在 S7-1500 系列的 CPU 中不再支持 MPI 接口，与计算机相连时也不需要单独的适配器，只需要通过计算机上的网络接口与 CPU 的 PROFINET 通信接口连接，并正确设定好网关、IP 地址等信息后即可通信。

在老的 SIMATIC S7 系列 PLC 中用于分布式站点连接的 FPROFIBUS 总线也全面升级替换为 PROFINET 网络，除了少量 CPU 还保留 PROFIBUS 的 DP 接口用于与老系统的设备集成和兼容，如 CPU 1516-3 PN/DP。1500 系列的 CPU 中 PN 接口，即 PROFINET 通信接口，它不仅用于 PLC 与 PC 机之间通信，还可实现 PLC 与 PLC、PLC 与 HMI 之间的通信连接。CPU 的网络接口用 X1、X2 表示，有的接口有两个端口 P1、P2，如 CPU 1516-3 PN/DP 中的 X1 接口，其功能类似于交换机，可连接不同的计算机。

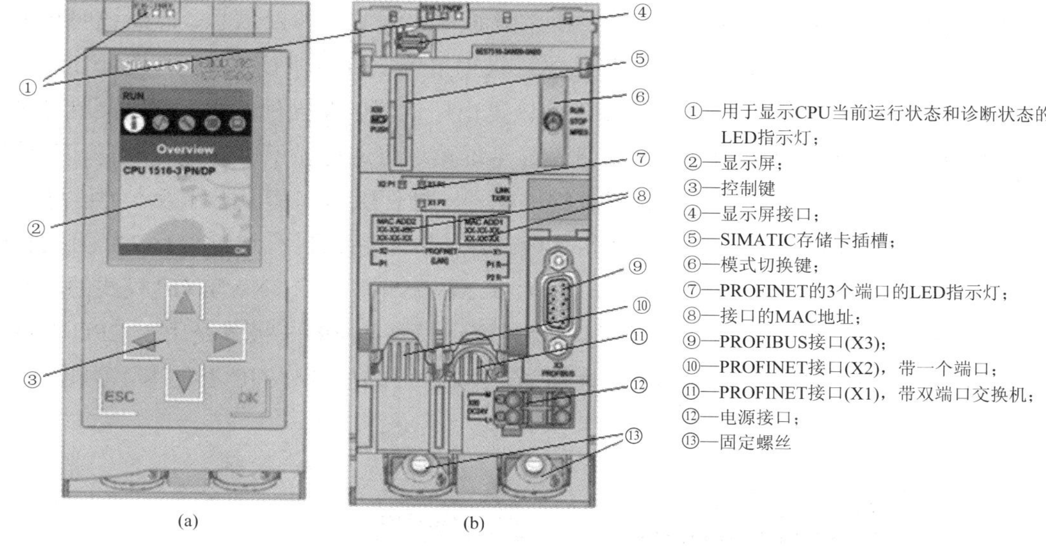

图 3-2　CPU 1516-3 PN/DP 的前面板

(a) 带有前盖的 CPU 1516-3 PN/DP 前面板；(b) 去掉前盖后的 CPU 1516-3 PN/DP 前面板

3. 外围模块

除电源模块和 CPU 模块外的其他模块称为外围模块，包括数字量输入模块(DI)、数字量输出模块(DQ)、模拟量输入模块(AI)、模拟量输出模块(AQ)、工艺模块(TM)以及通信模块(CM)等。

3.1.2　CPU 的操作元件和显示元件

S7-1500 的 CPU 模块配有一块带有显示屏和控制键的前盖板。在显示屏上，可以显示控制和 PLC 状态信息，例如各种具体的故障信息，并且可进行多种设置。通过控制键可实现菜单的切换选择。CPU 的显示屏的功能包括：选择显示语言，其中包括中文；显示诊断信息；在现场更改接口设置；在博途软件中为显示屏设置密码保护等。在 PLC 运行期间，拆下和更换前面板不会对 PLC 产生影响。

显示屏的控制键包括 4 个箭头按钮以及“退出”按钮和“确定”按钮。左右控制键用于主菜单项的选择，上下控制键用于子菜单项的选择。“确定”按钮用于确认选项；“退出”按钮用于返回至之前的菜单项。显示屏可显示 CPU 的状态信息、菜单、数据显示域和导航帮助，具体显示屏视图如图 3-3 所示，视图中大屏应用于 CPU 1516-3 PN/DP，小屏应用于 CPU 1511-1 PN。显示屏上可访问的主菜单共有 5 项，分为总览、诊断、设置、模块、显示屏菜单，其中总览菜单用于显示 CPU 的属性；诊断菜单可显示诊断信息、诊断说明和中断信息，方便用于准确地定位 PLC 的故障信息；设置菜单中可实现 CPU 的 IP 地址分配、时间及运行状态设定，还可进行 CPU 的复位并恢复出厂设置以及固件升级；模块菜单可显示主站点和分布式 I/O 站点的模块状态信息；显示屏菜单可进行显示屏的亮度设置、菜单语言设置、节能模式设置，并能显示显示屏的序列号、硬件版本和其他固件版本等信息。

CPU 上的模式切换按钮可以对 CPU 的当前操作模式进行设置，通过带有 3 个开关挡位的拨动开关进行模式切换，分别为 RUN、STOP、MRES 模式。RUN、STOP 模式的含义与其他 PLC 含义相同，即设置 PLC 为运行模式或停止模式。MRES 模式是用于 CPU 存储器复位的挡位，复位时将清除所有的内部存储器，然后再读取 SIMATIC 存储卡上的数据。

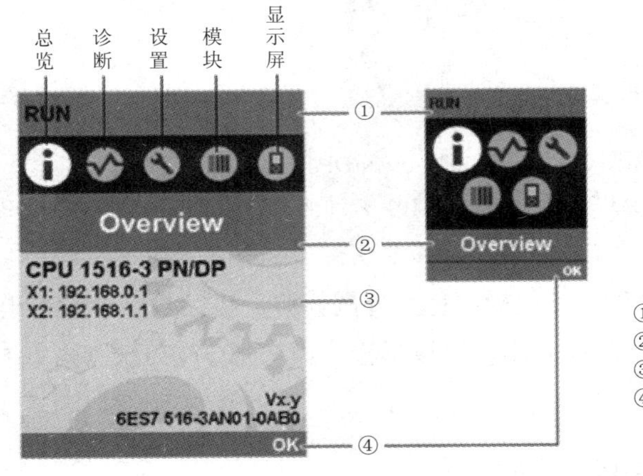

图 3-3　显示屏视图

3.1.3　CPU 的存储器

SIMATIC S7-1500 的 CPU 的存储器分为 CPU 内部集成的存储器和外插的 SIMATIC 存储卡，SIMATIC 存储卡也被称为装载存储器。CPU 内部集成的存储器相当于计算机的内存，外插的存储卡相当于计算机的硬盘。程序块、数据块、硬件配置等都保存在存储卡中，所以 S7-1500 的 CPU 必须配置存储卡。程序块、硬件配置等信息下载到 CPU 时，首先会存储到存储卡中，然后复制到 CPU 内部存储器中的工作存储器中运行。

SIMATIC 存储卡是与 Windows 文件系统兼容的预格式化存储卡。此存储卡具有各种存储空间大小，需要使用市售 SD 读卡器通过 PG/PC 接口读写 SIMATIC 存储卡。这样就可使用 Windows Explorer 将文件直接复制到 SIMATIC 存储卡。

根据存储卡的模式设定，装载存储器可以有三种模式进行选择：移动式数据介质、程序卡和固件更新卡。移动式数据介质只用于向 SIMATIC S7-1200 的 CPU 复制程序；程序卡用于存储用户程序，也是最常用的模式；固件更新卡可用于升级 CPU 的固件版本。

SIMATIC 存储卡带有序列号，可以为 CPU 设置防拷贝保护。在 STEP 7 中，可通过在块属性选项中选择“绑定 SIMATIC 存储卡的序列号”(Bind to serial number of the SIMATIC memory card)进行组态。这样，就可以将块的执行与特定 SIMATIC 存储卡捆绑在一起，只有在指定了序列号的 SIMATIC 存储卡上才能执行该块。

存储卡在 PLC 上的插拔需要在 CPU 处于 STOP 模式或断电情况下进行，否则容易出现数据存储不完整或不可读等异常。存储卡在计算机上拔除时，需使用移动存储器的“弹出”功能，以保证数据的完整性。

当需要清除存储卡中的数据时可以利用 STEP 7 下的格式化功能，也可在 Windows 环境下直接删除文件，但是删除文件时不能删除存储卡中的系统隐藏文件，如“_LOG_”和“crdinfo.bin”文件，如果删除了这些文件，则 CPU 将无法正常读写该 SIMATIC 存储卡。

对于删除了系统隐藏文件的存储卡若要恢复为可用的 SIMATIC 存储卡，只能在 CPU 中进行格式化操作，执行该操作时，CPU 应处于 STOP 模式。具体步骤如下：

(1) 打开 CPU 的“在线与诊断”(Online and Diagnostics)视图(从项目环境中或通过“可访问的设备”打开)，如图 3-4 所示。

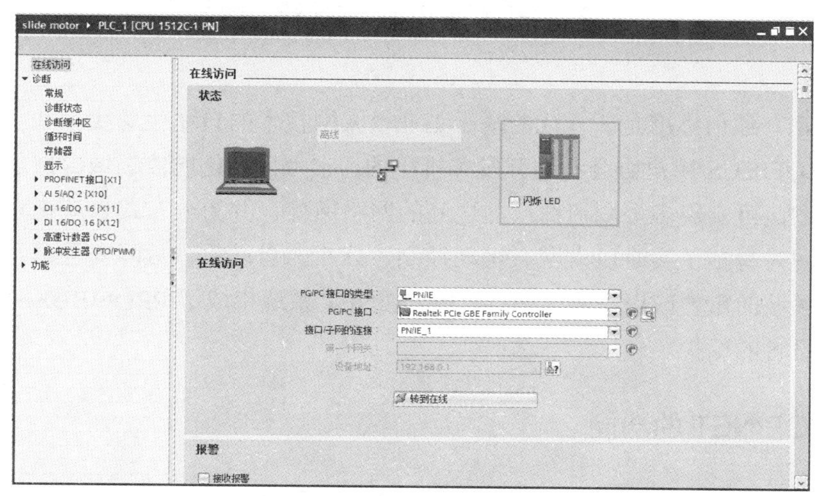

图 3-4　在线与诊断视图

(2) 在“功能”(Functions)目录中，选择“格式化存储卡”(Format memory card)选项。如图 3-5 所示。

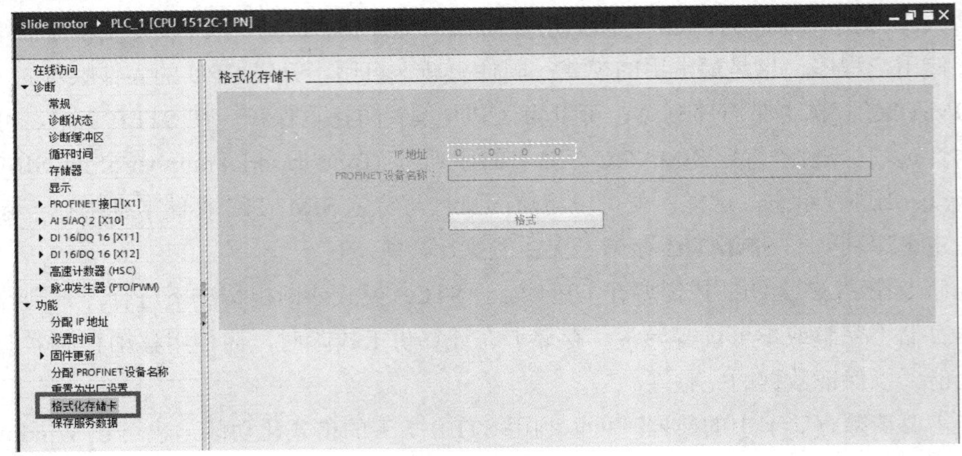

图 3-5　格式化存储卡视图

(3) 在视图右侧单击“格式”(Format) 按钮。

(4) 在弹出的确认提示窗口中，单击“是”(Yes)按钮，完成存储卡的格式化。

格式化后该存储卡可转化为一个 CPU 可读写的存储卡。

3.2　PROFINET 网络介绍

PROFINET 通信标准是新一代的基于工业以太网技术的自动化总线标准。它是由西门子公司和 PROFIBUS 用户协会共同开发并推出的，它为自动化通信领域提供了一个完整的网络解决方案，可实现多个制造商产品之间的网络通信，并为分布式自动化系统进行了优化。该网络同时囊括了实时以太网、运动控制、分布式自动化、故障安全以及网络安全等当前自动化领域的重要应用问题。而且，PROFINET 系统集成了 PROFIBUS 系统，可实现对已有投资设备的保护。

3.2.1　PROFINET 的功能

PROFINET 是适用于不同需求的完整解决方案，其功能包括 8 个主要的模块，依次为实时通信、分布式现场设备、运动控制、分布式自动化、网络安装、IT 标准、信息安全、故障安全和过程自动化。

根据响应时间的不同，PROFINET 网络支持 TCP/IP 标准通信、实时(RT)通信和等时同步实时(IRT)通信三种通信方式。

(1) TCP/IP 标准通信。PROFINET 网络基于工业以太网技术，使用 TCP/IP 和 IT 标准。TCP/IP 是 IT 领域关于通信协议方面事实上的标准，尽管其响应时间大概在 100 ms 的量级，不过，对于工厂控制级的应用来说，这个响应时间就足够了。

(2) 实时(RT)通信。对于传感器和执行器设备之间的数据交换，系统对响应时间的要求更为严格，大概需要 5～10 ms 的响应时间。目前，可以使用现场总线技术达到这个响应时间，如 PROFIBUS DP。对于基于 TCP/IP 的工业以太网技术来说，使用标准通信栈来处理过程数据包，需要很长的时间，因此，PROFINET 提供了一个优化的、基于以太网第二层(Layer 2)的实时通信通道，通过该实时通道，极大地减少了数据在通信栈中的处理时间，因此，PROFINET 获得了等同，甚至超过传统现场总线系统的实时性能。

(3) 等时同步实时(IRT)通信。在现场级通信中，对通信实时性要求最高的是运动控制(Motion Control)，PROFINET 的同步实时(Isochronous Real-Time，IRT)技术可以满足运动控制的高速通信需求，在 100 个节点下，其响应时间要小于 1 ms，抖动误差要小于 1 μs，以此来保证及时、准确地响应。

在 TIA 博途软件中，PLC 与计算机、PLC 与 HMI、PLC 与分布式 I/O 接口、PLC 与运动控制模块之间等的通信均可采用 PROFINET 网络通信。因此在博途软件环境中除了完成硬件组态、软件编程等基本工作，还需对通信接口的双方通信参数进行设定，具体步骤可参见后面章节中有关 PROFINET 参数的设定。

3.2.2 PROFINET 与 PROFIBUS 的区别

PROFIBUS 是 PROFIBUS & PROFINET 国际组织(PI)提出基于现场总线的自动化标准。通过一根总线电缆，PROFIBUS 可将控制器或控制系统与现场级的分布式现场设备(传感器和执行器)连接，并且允许与更高级别的通信系统进行一致性数据交换。PROFIBUS 的一致性是基于统一的、标准的、独立于应用的通信协议(所谓的 PROFIBUS DP)，它是支持工厂自动化、过程自动化、运动控制及安全相关领域的现场总线解决方案，是一种国际化、开放式、不依赖于设备生产商的现场总线标准。

PROFINET 与 PROFIBUS 从狭义上比，没有可比性，因为它们的物理接口不同，电气特性不同，波特率不同，电气介质特性不同等等。这样两者的协议是完全没有关联性的，对于二者的区别可从广义上进行区分。

PROFIBUS 是一种经典的串行现场总线，PROFINET 是工业以太网。简而言之，PROFINET 速度更快，带宽更宽，信息量更大。二者之间的具体区别可参见表 3-1 所示。

表 3-1　PROFIBUS 与 PROFINET 的区别

	PROFIBUS	PROFINET
开发组织	PI	
物理层	RS-485	以太网络
速率	12 Mb/s	1 Gb/s 或 100 Mb/s
报文最大长度	244 字节	1440 字节
地址空间	126	无限
通信技术	主从模式	生产者/消费者模式
可连接性	主要为 PA 设备	多种总线
无线方式	可能*	IEEE 802.11，IEEE 802.15.1
可连接运动模块	最大 32 轴	> 150 轴
设备-设备间连接	不行	可以
垂直整合	不行	可以
*不符合规格，但可提供解决方案		

由于两者都是由同一组织创建并支持的，因此工程概念有相似之处，连接特定的转换模块，用户可以将数据从 PROFIBUS 转移到 PROFINET。

PROFINET 比 PROFIBUS 速度更快的一个原因是它使用的通信技术为生产者/消费者模型。网络中任何节点都可以在需要时进行通信。由于现在以太网采用交换网络，因此网络上不再存在冲突。PROFIBUS 通过使用主/从方法实现无冲突，网络的通信由主站负责，从站只有在主站发出命令时才会应答。

PROFIBUS 的消息在特定情况下可以采用无线传输，但要通信的两端需要安装同一制造商的专用无线电装置。PROFINET 是标准以太网，所以可轻松使用 WiFi 和蓝牙技术。

假如在已有的系统设计中已经使用了 PROFIBUS，可在此基础上继续添加分布式 I/O

节点。但如果是新设计的一个项目，那就最好采用 PROFINET，因为这是工业通信网络的发展方向。

3.3　S7-1500 的硬件组态

PLC 的硬件组态即在 TIA 博途软件中对硬件进行配置，并对硬件的参数进行设置，使软件中的硬件结构与实际 PLC 的物理连接方式对应，并使软件环境中的硬件参数与实际需求匹配。具体包括各模块的排列顺序、CPU 的 IP 地址设定、设备名称设定、网络信息配置、输入输出模块起始地址设定等。

在硬件配置之前，需要进行硬件规划。规划的步骤主要分为 3 步。首先，需要根据项目的工艺要求、工作环境等确定所需 CPU 的类型和数量。然后，确定信号模块和通信模块的种类和数量：根据设备的输入输出点数确定 I/O 模块的数量；根据现场控制器的距离和操作模式确定采用集中式或分散式硬件结构；根据网络配置确定是否需要通信和接口模块。最后，为每个控制器配备电源模块，包括系统电源 PS 模块和负载电源 PM 模块。

3.3.1　组态主机架

PLC 的硬件组态的顺序为：首先建立一个 CPU，系统自动生成一个基于该 CPU 的主机架的组态，并对该 CPU 进行参数设置；其次，在该主机架上依次添加其他各信号模块，并配置其参数；最后保存硬件配置。

下面以一个集中式的 S7-1500 的 PLC 为例介绍如何进行硬件组态，选用的 CPU 为 CPU 1512C-1 PN。

打开 TIA 博途软件并切换至项目视图，在左侧项目树中双击“添加新设备”标签栏，在弹出的对话框中选择要添加的设备，如图 3-6 所示。这些新的设备包括“控制器”“HMI”和“PC 系统”。在 PLC 组态中选择“控制器”，然后在展开的子目录中选择硬件的 CPU 类型，此处选择“CPU 1512C-1 PN”，在右侧的设备属性栏中选择固件的版本号。在硬件组态时，硬件往往会有不同的固件版本号，通常情况下，建议采用最新版的固件。选择好后为该设备分配一个名称，缺省为”PLC_1”，也可根据需要更改，例如改为“cpu1512”。然后勾选页面左下角的“打开设备视图”，并单击“确定”按钮即可进入设备视图，如图 3-7 所示。

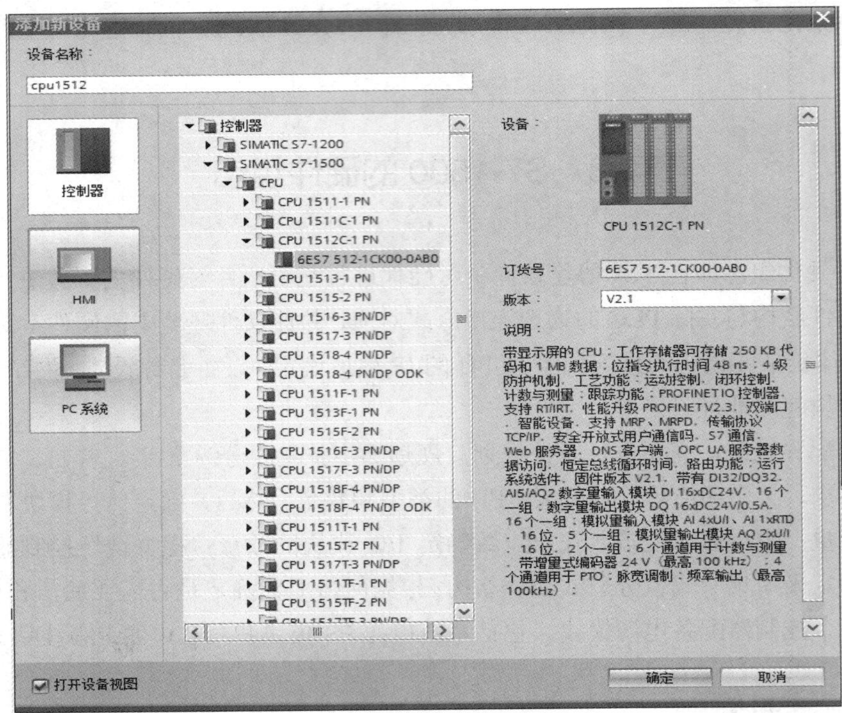

图 3-6　添加新设备视图

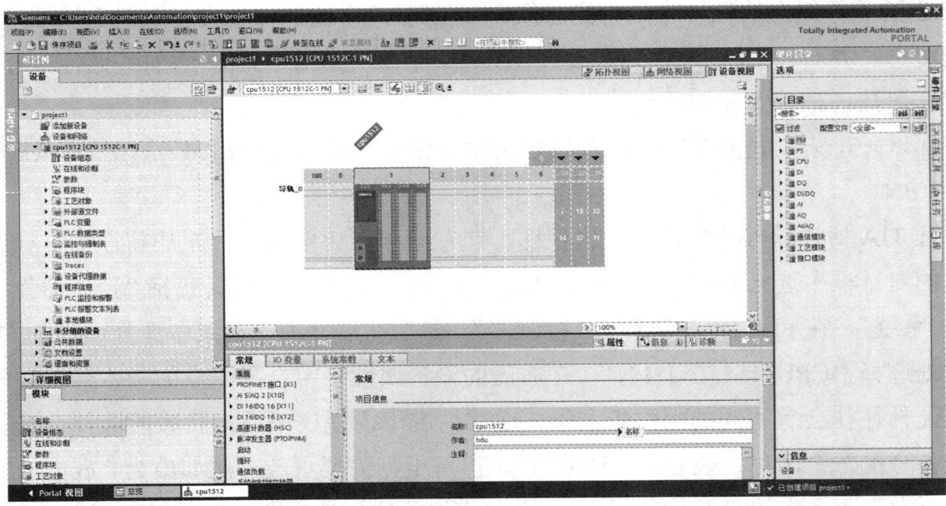

图 3-7　设备视图

在设备视图中主要分为 4 个区域：左侧区域为项目树，此处列出了项目中所有的站点和相关的数据信息；中上区域为硬件配置视图，可用于硬件组态和显示；中下区域为巡视窗口，可以对模块的属性进行设置和修改；右侧区域为硬件目录，列出了所有可选的硬件模块。

在打开的设备视图中可以看到，CPU 被缺省布置在导轨的插槽 1 上。通常中央机架最多有 32 个模块，可使用 0～31 编号槽位，CPU 占用 1 号槽位，不能随意更改。0 号槽位可放置负载电源 PM 或系统电源 PS。由于负载电源不带有背板总线接口，所以该模块可不进行硬件配置。从 2 号槽位开始可以依次放入 I/O 模块、通信模块或工艺模块，相邻模块之间不能有空位。

硬件组态时，可从设备视图右侧的硬件目录里的模块直接拖曳至需要的插槽内，也可先选中槽位，然后在右侧的硬件目录中找到所需的模块后，用鼠标双击，也可将该模块放在该槽位上。缺省情况下，鼠标双击硬件模块会自动添加到机架上槽位号最小的空闲且适用的槽位上。由于 CPU 1512C-1 PN 为紧凑型 CPU，所以它会自带一个模拟量输入输出模块和两个数字量输入输出模块，它们共同占用 1 号槽位，需要添加其他的输入输出模块时，系统自动从 2 号槽位开始。

硬件配置好后，还需要对其属性进行设置，如 CPU 的网络设置、名称设定、信号模块的输入输出地址设置等。有关 CPU 的参数设置见 3.3.3 节，其余模块的参数设置可在设备概览视图中进行读取和修改，如图 3-8 所示。设备视图打开时，缺省情况下设备概览视图是隐藏在硬件配置视图中的，可单击图 3-7 中硬件配置视图右边框中的黑色小箭头 ◂ 即可打开。如果需要修改某个 I/O 模块的起始地址，可直接在设备概览视图表格中双击相应位置修改即可。

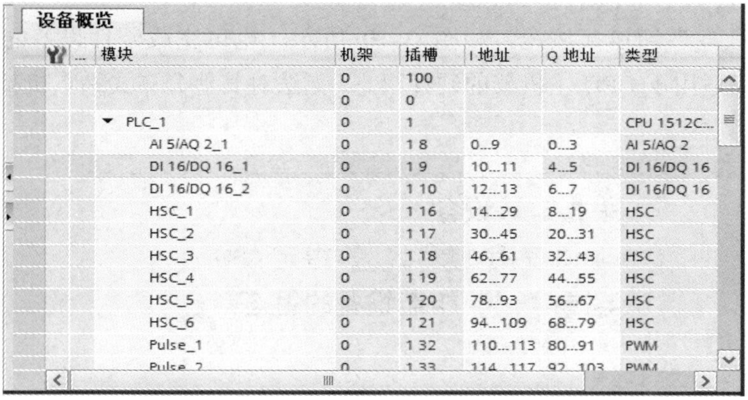

设备概览

模块	机架	插槽	I 地址	Q 地址	类型
	0	100			
	0	0			
▼ PLC_1	0	1			CPU 1512C...
AI 5/AQ 2_1	0	1 8	0...9	0...3	AI 5/AQ 2
DI 16/DQ 16_1	0	1 9	10...11	4...5	DI 16/DQ 16
DI 16/DQ 16_2	0	1 10	12...13	6...7	DI 16/DQ 16
HSC_1	0	1 16	14...29	8...19	HSC
HSC_2	0	1 17	30...45	20...31	HSC
HSC_3	0	1 18	46...61	32...43	HSC
HSC_4	0	1 19	62...77	44...55	HSC
HSC_5	0	1 20	78...93	56...67	HSC
HSC_6	0	1 21	94...109	68...79	HSC
Pulse_1	0	1 32	110...113	80...91	PWM
Pulse_2	0	1 33	114...117	92...103	PWM

图 3-8　设备概览视图

3.3.2　获取现有硬件组态

当 TIA 博途软件与 PLC 已经物理连接好后，可以通过博途软件的获取(Detect)功能，直接将机架上的现有硬件组态直接加载到项目中。要执行该操作，需先创建一个新的项目，在添加新设备时选择“未指定的 CPU”选项，对于 S7-1500 的 CPU，选择“6ES7 5XX-XXXXX-XXXX”，此时在设备视图中的中央机架上显示为一个白色的 CPU 模块，如图 3-9 所示。然后在设备视图的“在线”(Online)菜单中，选择“硬件检测”(Hardware detection)命令，该 PLC 上的硬件模块则自动插入设备视图中的中央机架上，并为所有模块指定了默认参数，这些参数可在属性设置中进行更改。

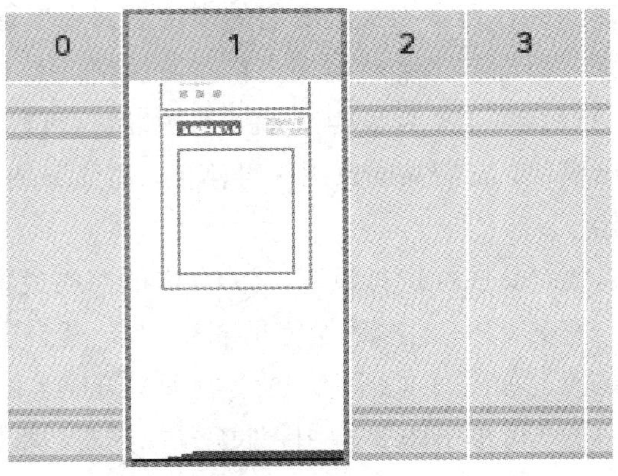

图 3-9　设备视图中的未指定 S7-1500 CPU

另一种自动获取组态的方法是在图 3-9 所示的 CPU 上双击，然后在硬件检测报警对话框中单击“获取”超链接按钮，如图 3-10 所示，也可完成硬件设备的自动配置。不过此获取功能只适用于 CPU 主机架的硬件组态，无法对其他分布式站点机架上的模块进行获取。

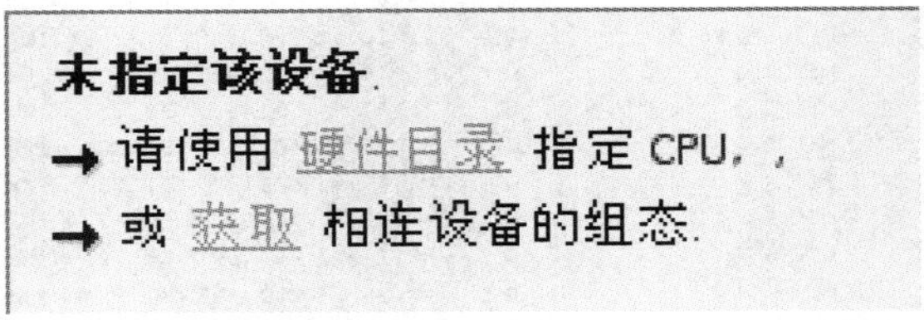

未指定该设备.

→ 请使用 硬件目录 指定 CPU.，

→ 或 获取 相连设备的组态.

图 3-10　设备视图中硬件检测报警对话框

3.3.3　PROFINET 参数设置

为了使组态的硬件可以与 PLC 的 CPU 通信，需要对系统的 PROFINET 网络参数进行设置，包括设置 CPU 的 IP 地址、设备名称、子网掩码等。具体设置可在设备视图中对 CPU 的属性进行设置。

为了使 PLC 的 CPU 能够与计算机通信，需要将计算机的 IP 地址与 CPU 的 IP 地址设定在同一子网内。首先需要对计算机的网络 IP 地址进行设定，具体操作步骤为：

(1) 打开计算机的“控制面板”，单击“网络和 Internet”选项下的“更改适配器”选项，在新弹出页面中选择需将其与控制器连接的局域网连接，并单击鼠标右键，在弹出下拉列表中单击“属性”选项。

(2) 在打开的“本地链接属性”页面下选择“Internet 协议版本 4 (TCP/IP)”选项，单击“属性”按钮进行属性设置。

(3) 在弹出的属性页面对计算机的网络地址进行设定，使用的 IP 地址为“192.168.0.10”，子网掩码为“255.255.255.0”，最后单击“确定”按钮完成设置，如图 3-11 所示。

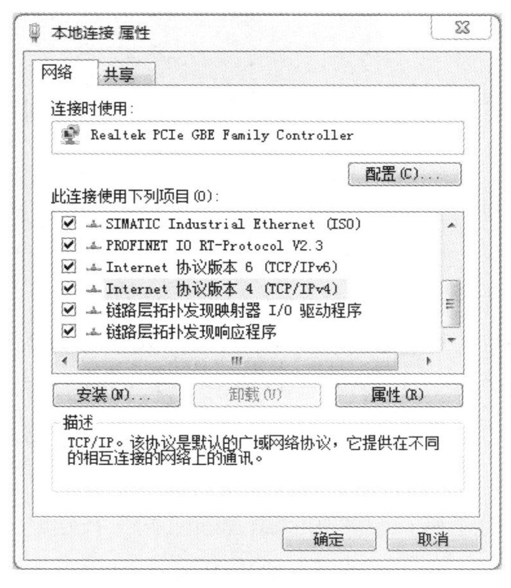

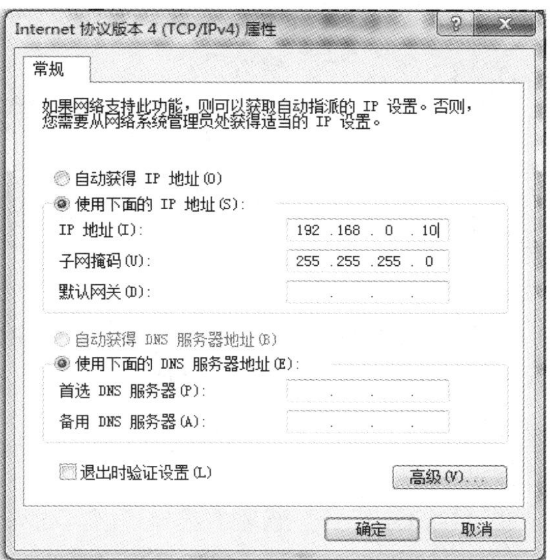

图 3-11　计算机 IP 地址设置

对于 CPU 与计算机或 HMI 之间的网络连接需要进行两方面的设置，一方面需要在硬件组态中对 CPU 的网络接口进行设置，另一方面需要对在线连接的接口设置与硬件组态一致。

以下介绍 CPU 的网络接口设置的具体操作方法。首先选中机架上的 CPU，在设备视图页面中下方的属性视图中便显示出 CPU 的各项属性选项卡，如图 3-12 所示。其中“常规”选项卡中列出了 CPU 的常规信息、PROFINET 接口、DP 接口、系统诊断、保护、电源等方面的参数信息。

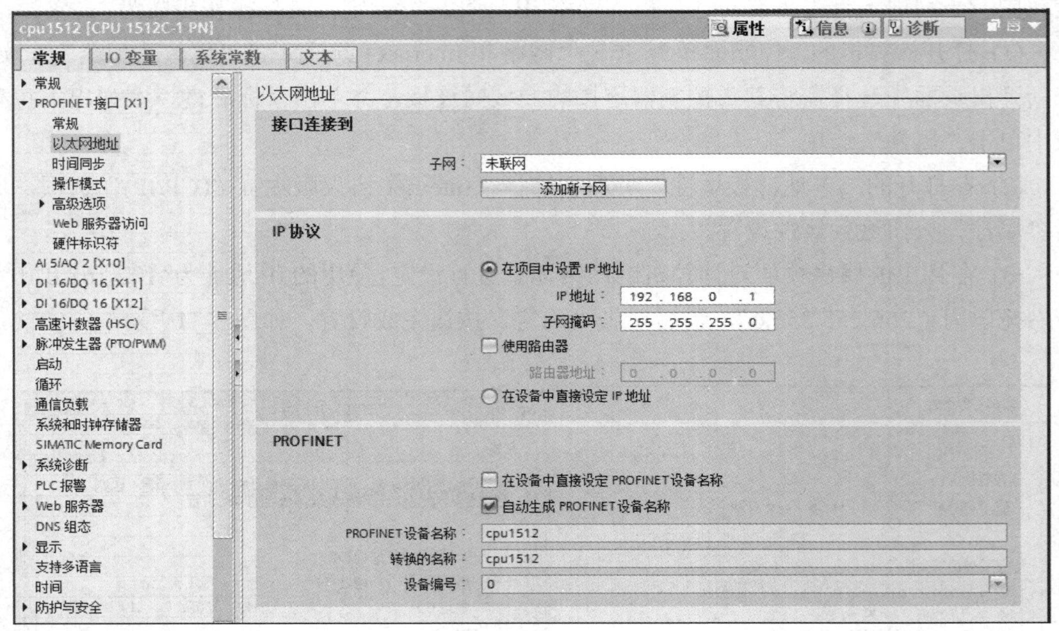

图 3-12　CPU 属性设置界面

由于选择的 CPU 1512C-1 PN 中有两个 PROFINET 接口，所以网络接口的属性分为[X1]和[X2]，“PROFINET 接口[X1]”即表示第一个 PROFINET 接口，一般用于与计算机的连接。在属性设置时，选中“PROFINET 接口[X1]”，单击“以太网地址”标签，即可设置网络地址等信息。

在“接口连接到”选项中选择子网，如果没有子网，可单击“添加新子网”按钮，系统会添加一个以太网子网，默认名称为“PN/IE_1”。在“IP 协议”选项中设置 IP 地址和子网掩码，默认 IP 地址为“192.168.0.1”，子网掩码为“255.255.255.0”，具体 PLC 的 IP 地址可根据需要自行修改，但要保证与要通信的计算机的 IP 地址为同一网段。如果 PLC 需要与非同一子网的设备进行通信，则需要勾选“使用路由器”选项，并设定路由器的 IP 地址。如果 PLC 的 IP 地址需要由程序指令或显示屏等方式进行设置，则需勾选“在设备中直接设定 IP 名称”选项，在硬件组态时不用设置 IP 地址，但需要对“PROFINET”选项中其他属性进行设置。

为了与硬件设备中的 CPU 通信成功，还需要在 TIA 博途软件中的在线设置中对 CPU 的网络地址进行设置，否则无法实现在线连接。在项目导航器中的“在线访问”目录下选择已提前设置好的网卡，然后在此时的页面中单击“刷新可连接的节点”按钮，便可以看到所连接 SIMATIC S7-1500 的 IP 地址(如果已设置)或者 MAC 地址(如果 IP 地址尚未分配)。在设备视图左侧单击“在线和诊断”选项，则显示如图 3-13 所示在线访问属性设置视图。在“功能”目录下可以看到“分配 IP 地址”菜单项。单击“可访问设备”按钮，则显示网卡的 MAC 地址，在此页面中可以输入 IP 地址为“192.168.0.1”，子网掩码为“255.255.255.0”，如图 3-14 所示。最后单击视图下方的“分配 IP 地址”选项，SIMATIC S7-1500 即可获得 IP 地址，此地址需要与硬件组态中 CPU 的 PROFINET 端口的地址设置相同。

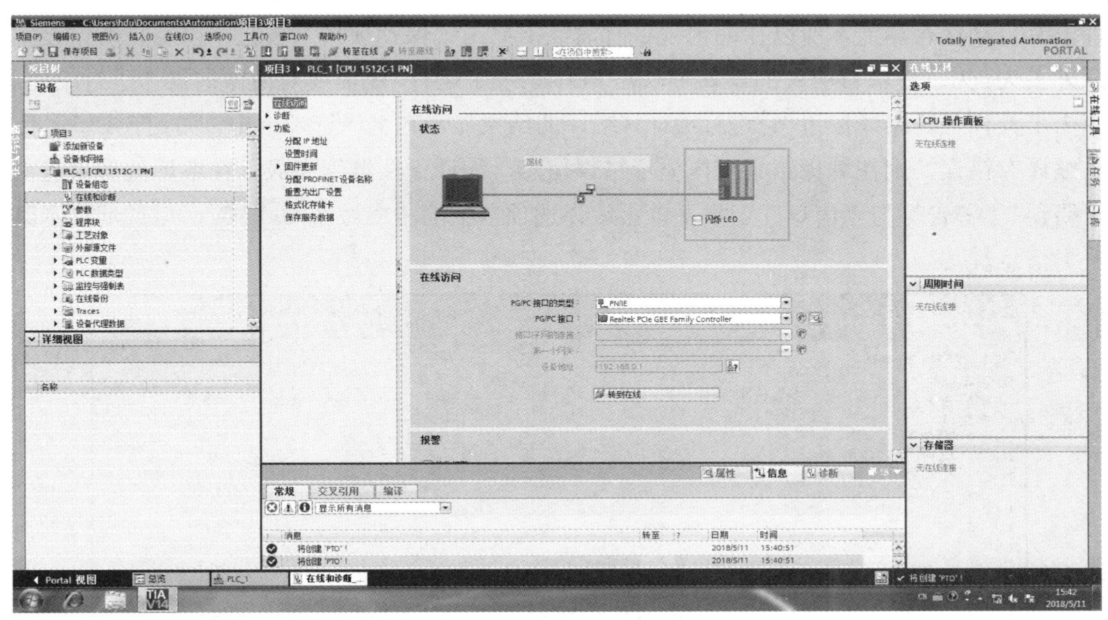

图 3-13　在线访问属性设置

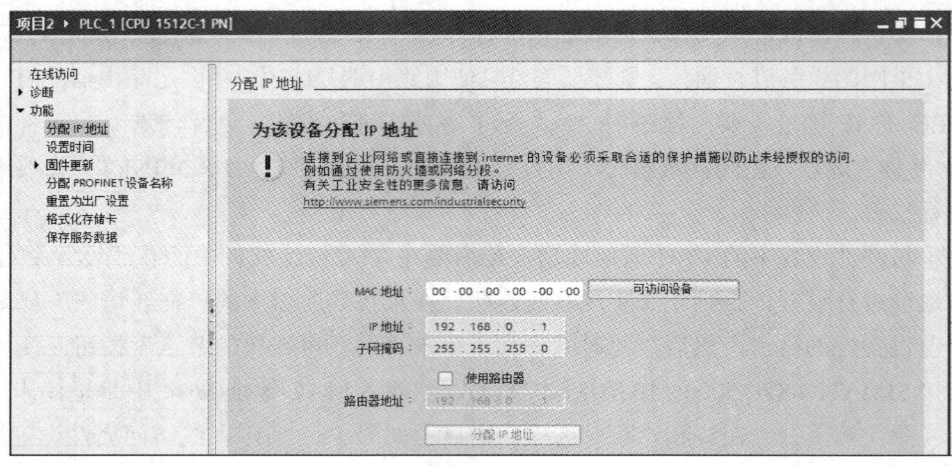

图 3-14　分配 IP 地址

3.3.4　硬件配置的保存和编译

硬件组态完成后需单击工具栏上的“保存项目”按钮进行项目保存，由于 TIA 博途软件没有自动保存功能，所以在编辑项目时需经常单击“保存项目”按钮，以防止所做设置意外丢失。为了使项目所做的设置可以在 PLC 系统中运行，还需要对所做的操作进行编译。单击工具栏上的编译按钮进行编译，编译的结果显示在编译选项卡中，如图 3-15 所示。若编译有错误，则在编译结果栏内显示错误信息，编译无法继续完成。在编译的结果包括“错误”“警告”与“信息”三类，单击编译选项卡上的相应按钮，可过滤显示某一类信息。

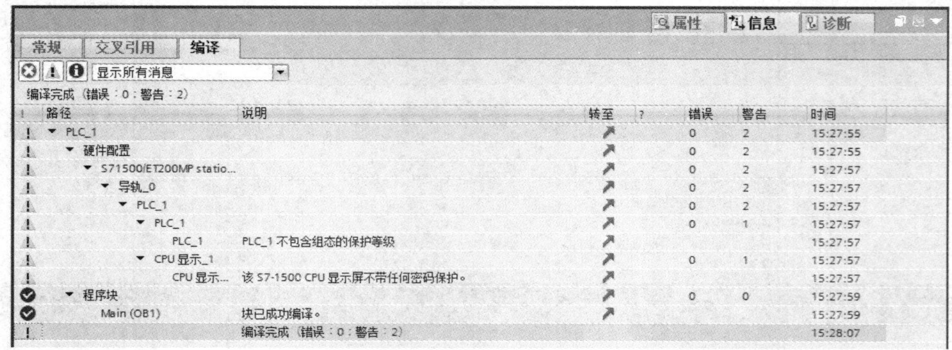

图 3-15　编译结果视图

编译好硬件组态可下载到 PLC 中运行。操作时，先选中项目树中的“CPU”选项，然后单击工具栏上的下载按钮，将所设置好的硬件组态下载到硬件设备上。如果当前的操作已经编译完成，则单击下载按钮直接执行下载任务；若没有经过编译，则系统先进行编译操作，若编译成功则执行下载任务，若编译不成功则显示编译错误信息，并取消下载任务。

执行下载任务时，系统自动打开配置连接属性的页面，如图 3-16 所示，在此页面中可对计算机与 PLC 的 CPU 之间连接的参数进行设置和查找。图中的最上面区域显示了硬件组态中 CPU 的各通信接口的参数信息，系统将按照图中间区域的通信参数设置，然后在网络中查找与硬件组态中的通信参数匹配的 CPU。在网络中查找相匹配的 CPU 方法如下所述。

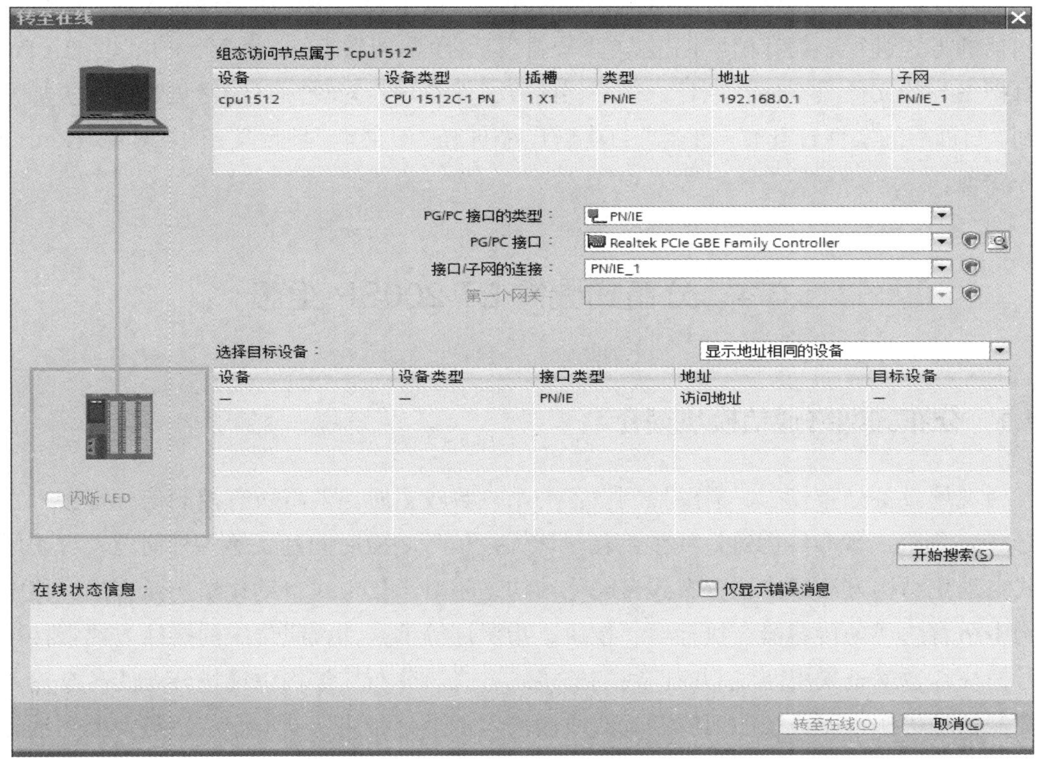

图 3-16　配置连接属性页面

(1) 选择正确的编程设备个人计算机接口类型，即在“PG/PC 接口的类型”(Type of the PG/PC interface)中选择 PROFINET 网络，即“PN/IE”。

(2) 在“PG/PC 接口”(PG/PC interface)中选择计算机的网卡，此处选择“Realteck PCIe GBE Family Controller”。

(3) 在“接口/子网的连接”(Connection to interface/subnet)中选择连接计算机是 CPU 的哪个接口或子网的名称，此处选择前面设置的子网名称“PN/IE_1”。

(4) 全部设置完后，勾选“显示全部可兼容节点”选项，单击“开始搜索”按钮，则网络中符合该通信参数的 CPU 就显示在表格中。

(5) 选择该 CPU，然后启动加载。正确选择合适的加载项，系统完成加载任务后会自动打开项目视图，并在信息栏中显示一条加载报告。若不能成功加载，则会显示故障信息，可根据此故障信息进行故障排查。

通信成功后，可将该硬件组态信息进行保存。由于项目保存的文件数较多，可采用项目归档的方式进行压缩存储。单击菜单“项目”下的“归档”(Archive)命令，并以“TIA Portal 项目档案”的文件类型保存项目。以归档的方式保存项目对于项目的拷贝等操作更加方便有利。归档后的文件打开时，可在项目中解压缩打开，即菜单“项目”下的“恢复”(Retrieve)命令实现。

3.4　分布式硬件 ET 200SP 组态

3.4.1　分布式网络通信模块简介

当现场设备分布较广，需要控制设备的站点数较多时，若将所有控制信号都接入主站 PLC 中，则会出现布线困难，线缆消耗量增大，信号响应时间延长等各种问题，可采用分布式自动化结构方法解决。分布式自动化结构是相对于集中式自动化结构而言的。集中式结构中所有的现场传感器、执行器、按钮、指示灯等信号都按照传统的接线方式直接接入信号模块，也就是采用两线制或四线制的接线方式。分布式结构中现场分布的各个输入输出控制信号仍然按照传统的两线制或四线制接入多个分布式从站，而从站与中央主站之间通过总线连接。集中式和分布式的自动化结构关系如图 3-17 所示，图中左半区域为集中式控制系统与现场传感器、执行器等的直接连接，右半区域则为分布式控制系统与现场输入输出设备的连接方式。目前自动控制系统设计中多采用分布式结构，即一个主站 CPU 通过总线连接 ET 200 的从站，现场的 I/O 点与 ET 200 相连。

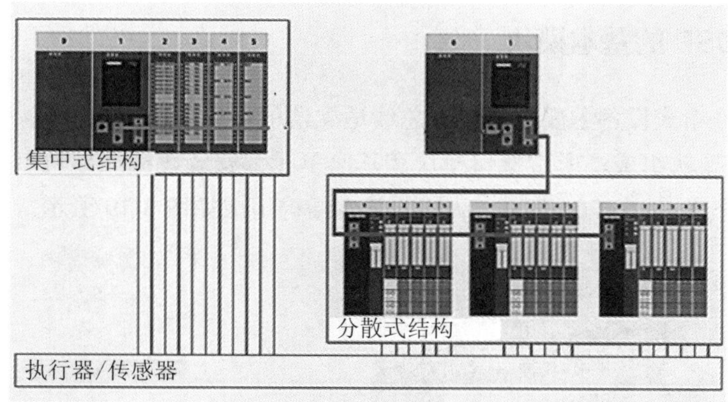

图 3-17 集中式和分布式自动化结构

在西门子 S7-1500 系列的网络中，对于分布式站点之间的连接建议采用 PROFINET 网络，相对于 PROFIBUS 总线，PROFINET 没有主从站之分，主控制器、分布式 I/O、编程电脑以及监控设备等之间都可以连接到同一网络中。在已有的西门子分布式外围设备中，主要包括 ET 200S 系列、ET 200M 系列和 ET 200SP 系列三个系列。其中 ET 200S 系列主要应用于西门子 S7-300 系列的 PLC 连接，该系列模块小巧、价格便宜，但是该系列模块中必须带一个电源模块。ET 200M 系列模块中的输入输出模块与主控制器中的 I/O 模块完全一致，主要应用在冶金设备上。ET 200SP 系列的模块也比较小巧，但它有自己的电源，可通过 PROFINET 或 PROFIBUS 网络连接主控制设备，可用于与 S7-1500 系列主站的连接。因此多数无特殊要求的分布式 I/O 建议选用 ET 200SP 系列。通过 PROFINET 网络进行主控制器与分布式站点之间的连接如图 3-18 所示。对于已有的 PROFIBUS 从站可以通过 IE/PB Link 集成到 PROFINET 网络中。

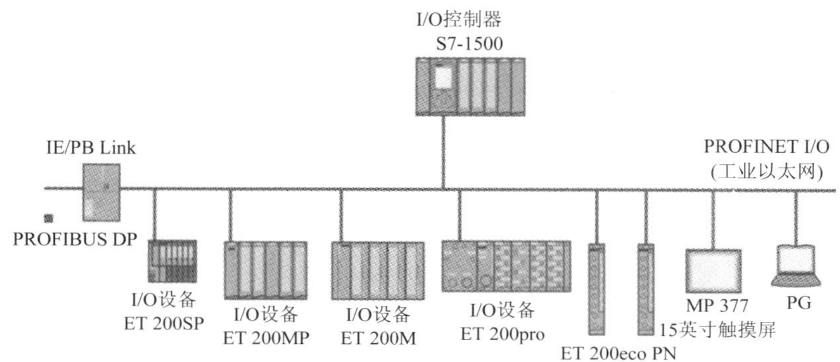

图 3-18 PROFINET 网络的典型组态

3.4.2　ET 200SP 的基本模块

ET 200SP 分布式设备主要由一个带总线适配器的接口模块、I/O 模块、基座单元、服务器模块和标准导轨组成，所有接口模块和基座单元都安装在标准导轨上，每个接口模块最多可扩展 32 个或 64 个 I/O 模块，从站的基本结构组成如图 3-19 所示。

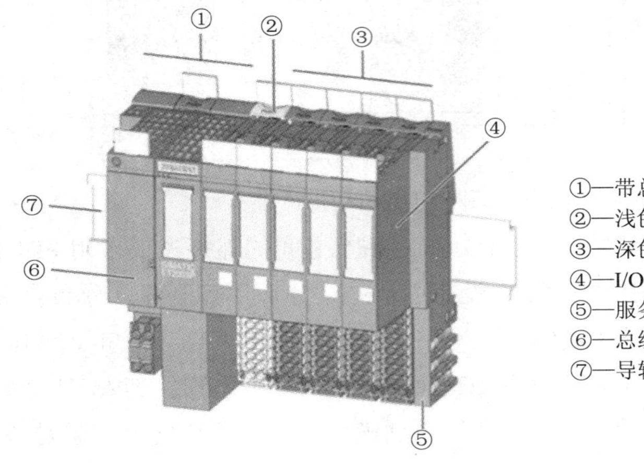

①—带总线适配器的接口模块；
②—浅色基座单元；
③—深色基座单元；
④—I/O模块；
⑤—服务器模块；
⑥—总线适配器；
⑦—导轨

图 3-19　ET 200SP 基本结构组成

具有插入式总线适配器的接口模块用于将分布式外围设备通过 PROFIBUS 总线或 PROFINET 网络连接到中央处理器上，可根据总线类型选择配备多种型号的总线适配器，而且该接口模块有自己的电源，不需要通过背板总线连接。

基座单元为 I/O 模块提供电源和机械连接，I/O 模块插接在基座单元上。ET 200SP 中的基座单元分为浅色和深色两种类型，浅色的基座单元通过背板总线可打开一个新的电位组进行供电，深色的基座单元用于延展电位组，所以接口模块后面必须接一个浅色的基座单元，以便为后面模块供电。每个浅色基座单元可提供 10 A 电流，当模块过多或需要电源隔离，比如模、数分离时，可插入新的浅色基座单元。由于基座单元颜色决定是否供电，所以分布式从站组态时一定要注意模块颜色。

信号或功能模块包括数字输入(DI)、数字输出(DQ)、模拟输入(AI)、模拟输出(AQ)、工艺模块等多种模块，均为小巧结构，可支持热插拔(即在运行过程中和通电情况下可进行模块更换)。

服务器模块作为 ET 200SP 系统结构的终端，可用作背板总线的终端电阻，也可用作 3 个后备熔断器的底座，因此不可或缺。

3.4.3　分布式网络的组态

对于分布式网络结构的组态可在已经建立好的主控制器的硬件组态基础上进行编辑，具体操作按以下步骤进行。

(1) 在项目的设备视图中切换为“网络视图”，在此视图中则会显示所有添加在总线上的设备。在右侧的硬件目录中查找“分布式 I/O”，在“ET 200SP”子目录下查找所需的接口模块，此处选择“IM 155-6 PN HF”，并确定所选的模块型号和版本号，如图 3-20 所示。将此接口模块拖放到网络视图中。

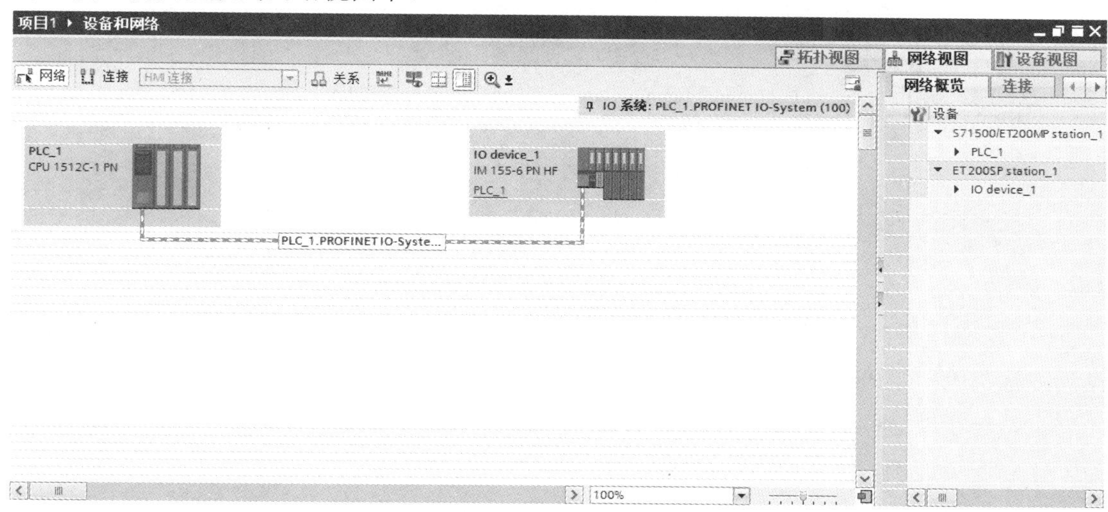

图 3-20　添加分布式 I/O 设备

(2) 在网络视图中双击该 ET 200SP 模块则进入该子站设备的设备视图界面，也可通过设备视图左上角的下拉菜单打开所要查看的设备视图。右侧的硬件目录会自动罗列出支持该分布式 I/O 系统的模块目录，根据实际硬件模块的型号将各个分布式 I/O 的信号模块组态到相应的基座单元槽中。最后添加机架上的服务器模块，组态的方法与机架上的主站 CPU 方法相似。如果忘记了组态服务器模块，在系统编译时会自动添加服务器模块。

(3) 在组态分布式站点模块时需要注意的一点是，组态信号模块需要设置基座单元的属性。系统缺省在接口模块后面第一个基座单元为浅色基座单元，可为后面的信号模块提供电源，其他的缺省为普通单元，即深色基座单元。如果模块的供电能力不足或者需要实现数、模电源分离等要求时，则需要改变对应基座单元的电位组属性。设置基座单元属性时，先选中相应的模块，并在常规属性选项卡里打开电位组目录，勾选“启用新的电位组”(Enable new potential group (light BaseUnit))选项，如图 3-21 所示，这时相应模块的基座单元就会变为浅色，就可以为后面的模块提供电源。

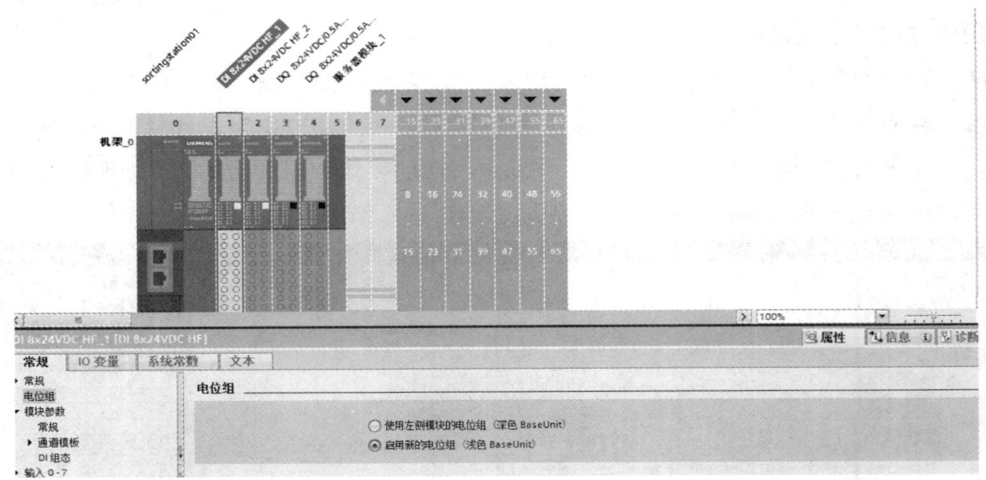

图 3-21　更改基座单元的电位组属性

(4) 将视图切换为网络视图，单击 IM 155-6 PN HF 的网络接口，然后按住鼠标不放拖曳到主站 CPU 的 PROFINET 端口上，则可建立主控制器与分布式接口之间的网络连接。此时主站与子站之间只是建立了物理连接，并没有建立逻辑连接，二者之间还不能通信。为了建立逻辑连接，还需对 ET 200SP 的接口属性进行设置。

首先选择该分布式 I/O 设备，在“属性”选项卡中选择“常规”选项卡，在此设置子站的名称，此名称作为 PROFINET 通信中的设备名称。然后需要对网络通信的接口进行设置，在“PROFINET 接口[X1]”目录中设置该分布式 I/O 设备的 IP 地址、子网信息以及 PROFINET 设备名称。由于该分布式 I/O 设备与主站 CPU 在同一子网内，所以设置网络信息时要保证子站的 IP 地址与主站 CPU 的 IP 地址在同一网段内，子网为主站已建立的子网名称。此处设置的子网名称仍为“PN/IE_1”，IP 地址为“192.168.0.2”。另外在 PROFINET 网络中依据名称进行查找设备，因此还需设置“PROFINET 设备名称”，通常与“常规”选项卡中设定的名称一致。“设备编号”由软件自动编号，每个分布式设备都有一个独一无二的设备号，此站点号主要用于 PROFIBUS 总线的设备查找(由于 CPU 1512C-1 PN 中没有 DP 接口，所以总线设备编号无实际应用)。具体设置参见图 3-22。

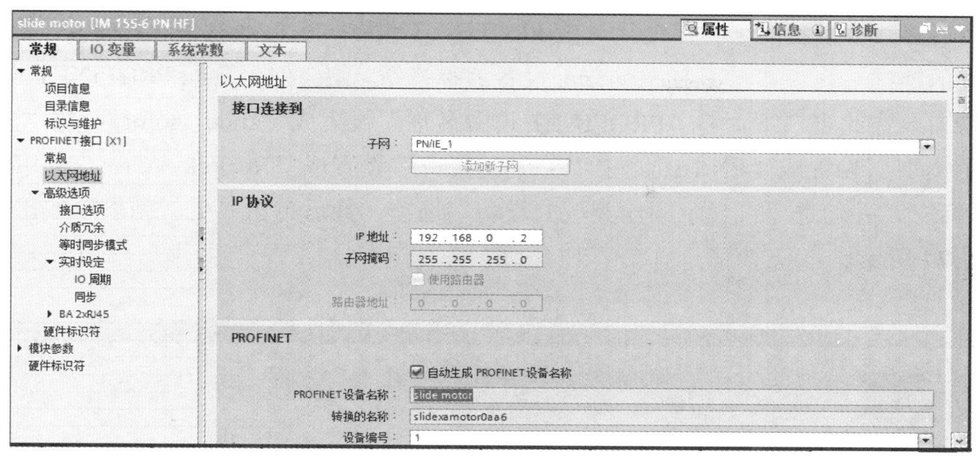

图 3-22　分布式 I/O 设备属性设置

若要对循环更新时间进行改变，也可在“PROFINET 接口[X1]”目录下的“IO 循环”子目录中对“更新时间”“响应检测时间”等参数进行设置。

(5) 组态完成后，需保存并编译。由于系统没有自动保存功能，所以在编译过程中需要经常执行保存的操作。若编译成功，则在系统信息栏里会显示编译完成；若存在问题，则在信息栏里会显示错误或警告信息，并可根据错误信息的描述定位错误发生的位置。

(6) 为了将分布式 I/O 的组态信息下载到 CPU 中，还需要给网络中的设备分配名称。由于 PROFINET 网络通信时，首先要通过设备名称进行点名，同时将 MAC 地址传送给 CPU，PLC 的 CPU 与 ET 200 SP 等设备的数据传送通过 MAC 地址连接，因此下载 ET 200 SP 的组态信息时需要首先将设备名称分配给这些 PROFINET 设备。

接下来需要在网络视图中为接口模块 IM 155-6 PN HF 分配设备名称。首先需要知道项目已经分配好的设备地址，即单击网络视图下的图标 NAME，就可以显示出设备的地址，如图 3-23 所示。

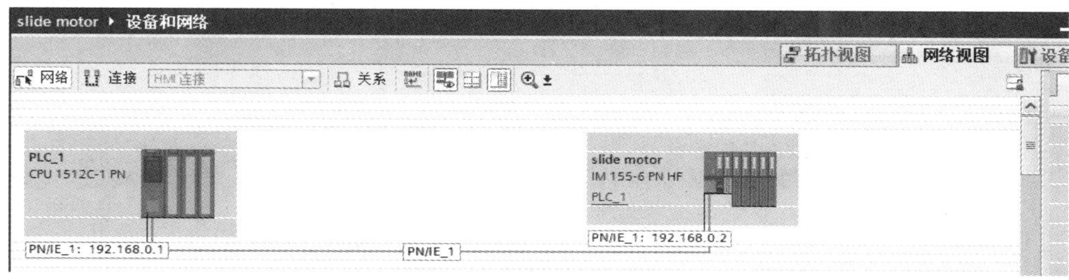

图 3-23　显示设备地址

然后必须将设备的名称分配给这些 PROFINET 设备。在网络视图下，选中主站与从站之间的连线后再单击工具栏上的分配设备名称按钮，则会弹出分配 PROFINET 设备名称的窗口。在此窗口下，将“PROFINET 设备名称”设置成“slide motor”，将“PG/PC 接口的类型”设置成“PN/IE”，将“PG/PC 接口”设置成“Realtek PCIe GBE Family Controller”，并勾选“仅显示同一类型的设备”选项，最后单击“更新列表”按钮即可，如图 3-24 所示。

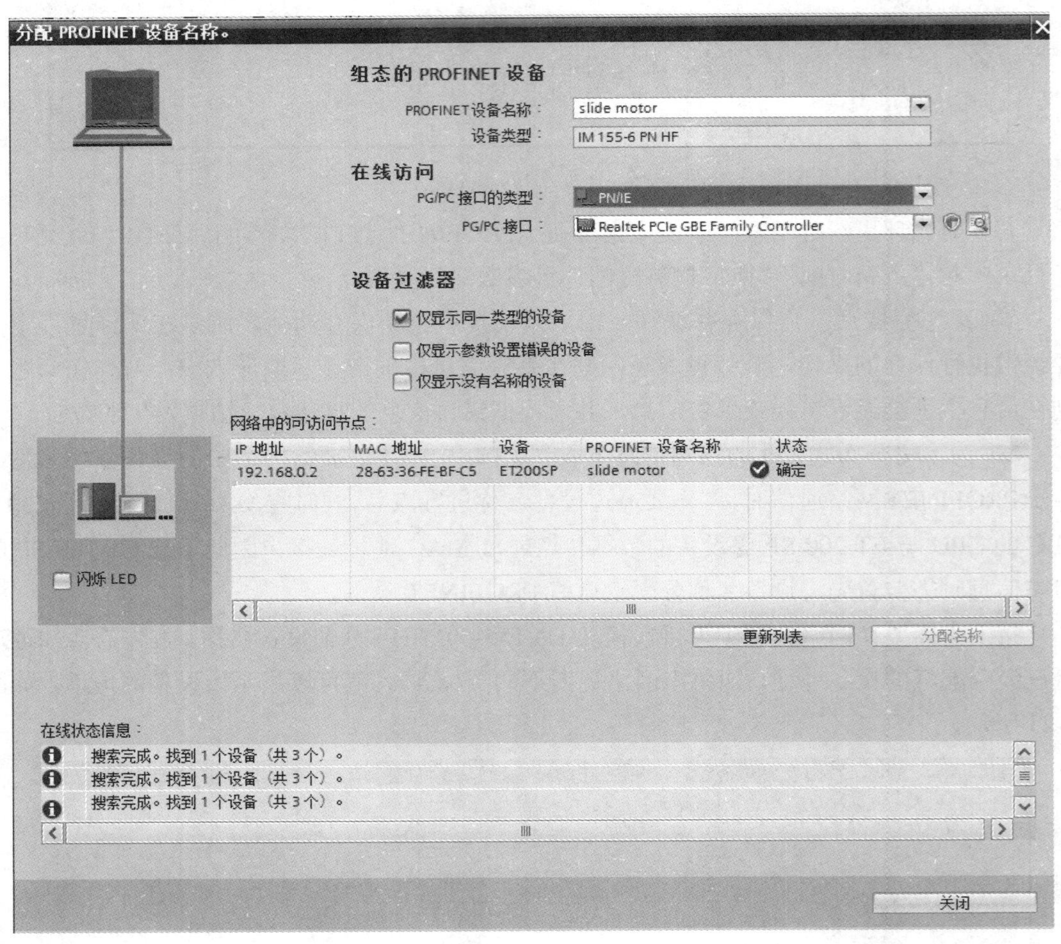

图 3-24　分配 PROFINET 设备名称

通过勾选从站的“闪烁 LED”选项，可以让设备的指示灯进入闪烁状态。单击窗口中的“分配名称”按钮就完成了对 PROFINET 设备的名称分配步骤，然后单击“关闭”按钮。如未进行上述操作，下载时就不能正确的参数化。

(7) 组态完成后再按照主站硬件组态下载的方式将分布式 I/O 设备组态的信息下载到 CPU 中，然后进行项目的归档操作。

3.5　设计实例：机床加工主轴移动控制系统

3.5.1　规划

每一个项目都应预先选择好相应的硬件，这一节将介绍机床加工主轴移动控制系统的硬件组态。以下说明 PROFINET 对主控制器与分布式 I/O 设备之间的通信连接。设备选择包括一个主 CPU 为 CPU 1512C-1 PN 和一个分布式站点为 ET 200SP。主控制器和 ET 200SP 的模块选择和地址设置如表 3-2 所示。各个模块单元都设置好后保存、编译、加载并完成硬件组态。

表 3-2　机床加工主轴移动控制系统的硬件选择和地址设置

	模　块	订 货 号	插槽	地址范围
主站 CPU 1512C-1 PN	PM190W 120/230AC	6EP1333-4BA00	0	—
	CPU 1512C-1 PN	6ES7512-1CK00-0AB0	1	—
从站 ET 200SP	IM155-6PN HF	6ES7155-6AU00-0CN0	0	—
	DI 8X24VDC HF	6ES7131-6BF00-0CA0	1	130
	DI 8x24VDC HF	6ES7131-6BF00-0CA0	2	131
	DQ 8x24VDC/0.5A HF	6ES7132-6BF00-0CA0	3	130
	DQ 8x24VDC/0.5A HF	6ES7132-6BF00-0CA0	4	131
	服务器模块	6ES7193-6AR00-0AA0	5	—

需要注意的是 CPU 1512C-1 PN 是紧凑型 CPU，它包含了一个模拟输入输出模块和两个数字输入输出模块，具体的参数信息见表 3-3 所示。其中如 AI 5/AQ 2 的 I 地址是 0～9，这表示的是起始地址是 0，结束地址是 9，其他地址含义类似。

表 3-3　紧凑型 CPU 1512C-1 PN 参数信息表

	类型	I 地址	Q 地址	插槽
CPU 1512C-1 PN	AI 5/AQ 2	0～9	0～3	1，8
	DI 16/DQ 16x24VDC	10～11	4～5	1，9
	DI 16/DQ 16x24VDC	12～13	6～7	1，10

3.5.2　引导指南

为了完成机床加工主轴移动控制系统的硬件组态，下面将按步骤一步一步说明建立的过程。

1. CPU 型号设置

在项目的 Portal 视图中选择“设备与网络”目录，然后单击“添加新设备”子目录，界面则出现一系列控制器型号，单击所要选择的控制器“SIMATIC S7-1500”后选择“CPU 1512C-1 PN”型号。接着选择正确的版本号后单击“添加”按钮即可完成 CPU 型号的设定，如图 3-25 所示。需要注意的是设备名称要预先设置好。添加完毕后，此时界面会自动切换至项目视图，如图 3-26 所示。

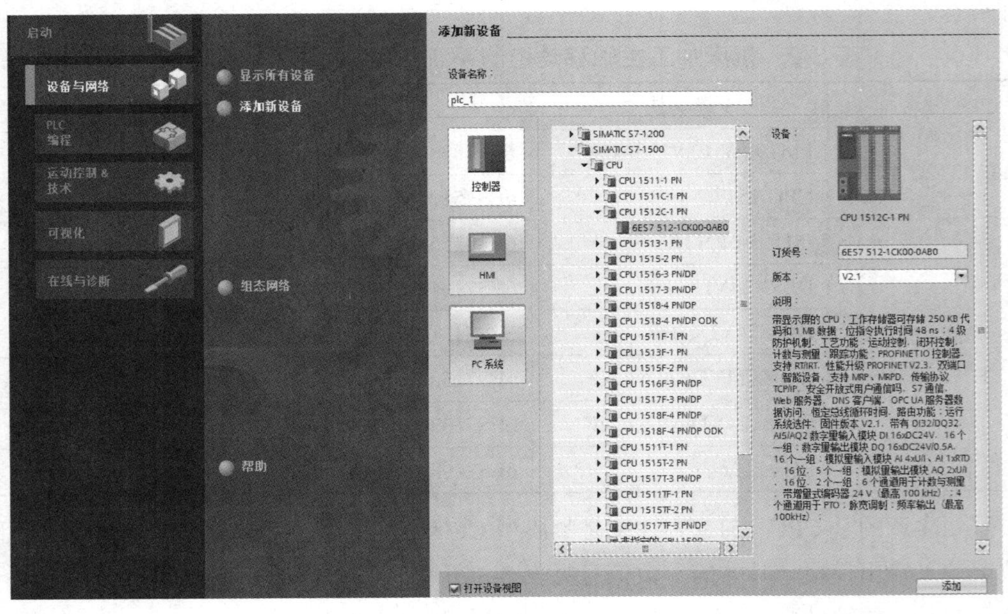

图 3-25　CPU 型号设置

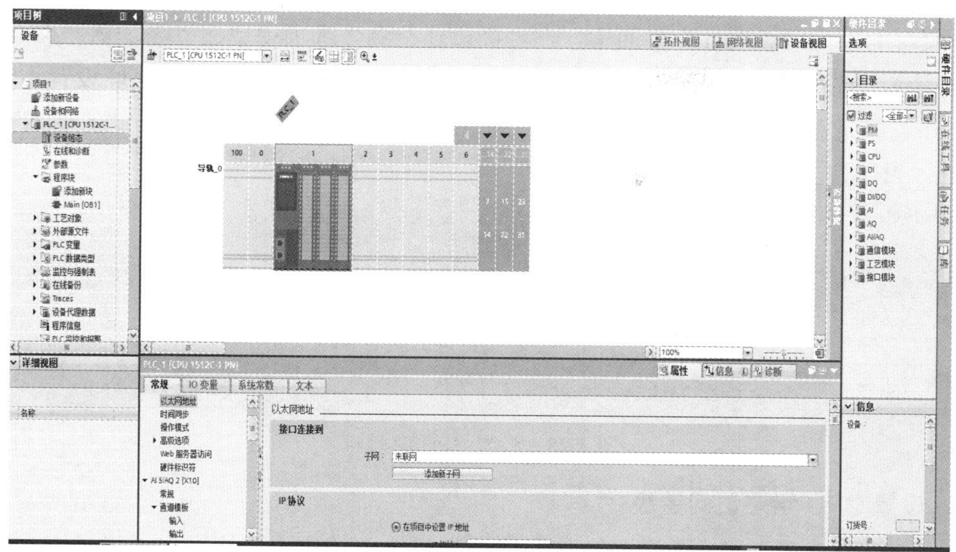

图 3-26 项目视图界面

2. CPU 的以太网接口设置

双击选项目视图右侧硬件目录树中的 CPU，单击“属性”选项卡，选择“PROFINET 接口[X1]”目录下的“以太网地址”子目录，弹出的 CPU“属性”窗口界面如图 3-27 所示。

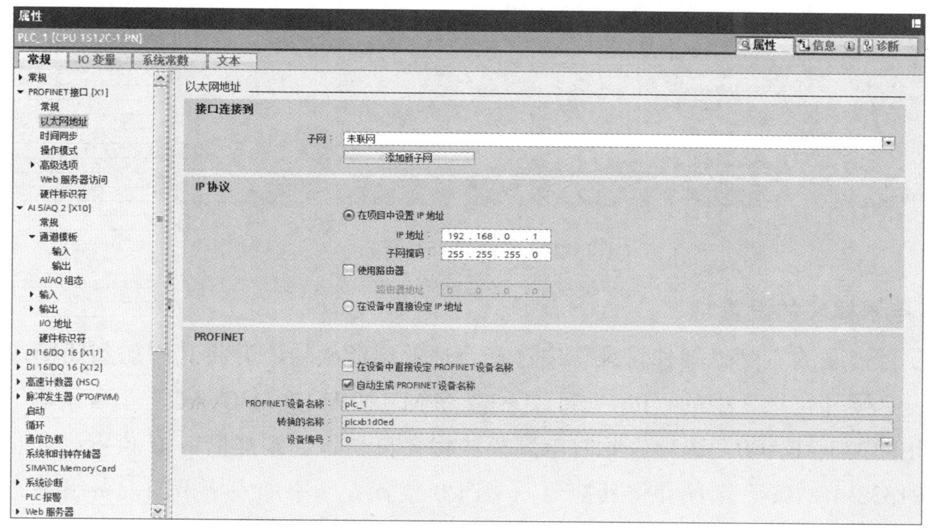

图 3-27 CPU 的“属性”界面

在此时的以太网“属性”界面中，在“接口连接到”选项中单击“添加新子网”按钮，在“IP 协议”选项中设置 IP 地址和子网掩码。此步骤至关重要，若 IP 地址设置不正确将会使硬件连接通信失败。此实例中 CPU 的 IP 地址设置为“192.168.0.1”，子网掩码为“255.255.255.0”，如图 3-28 所示。

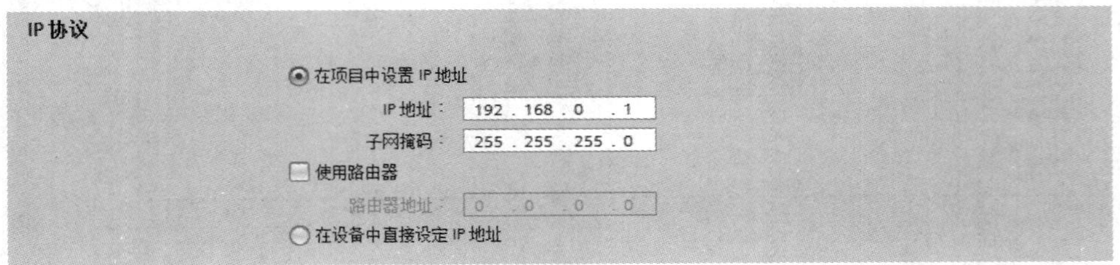

图 3-28　设置 CPU IP 地址

3. 设置 CPU 组态访问等级

在“属性”选项卡中，单击“防护与安全”目录下的“访问级别”子目录，并单击访问级别的“完全访问权限(无任何保护)”选项，如图 3-29 所示。

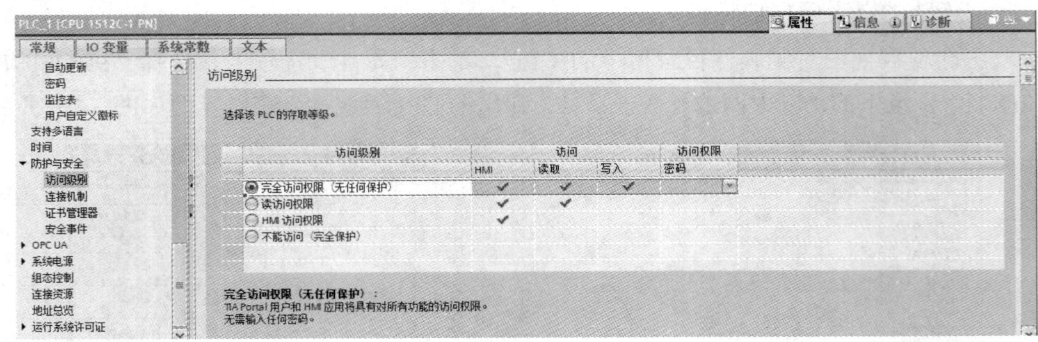

图 3-29　CPU 访问等级设定

4. 电源模块的设置

在项目视图的右侧“硬件目录”中选择合适的电源模块，并将其添加到插槽口 0 位置处。单击“硬件目录”中的“PM”目录下的“PM 190W 120/230VAC”子目录后，双击订货号“6EP1333-4BA00”选项。此时电源模块将会自动添加到插槽口 0 位置处，也可以选中“6EP1333-4BA00”选项并将其拖至插槽口 0 位置处。添加完毕后的设备组态如图 3-30 所示。由于 CPU 1512C-1 PN 为紧凑型 CPU，自带有数字输入输出端口和模拟输入输出端口，所以可不用另外配置输入输出模块。

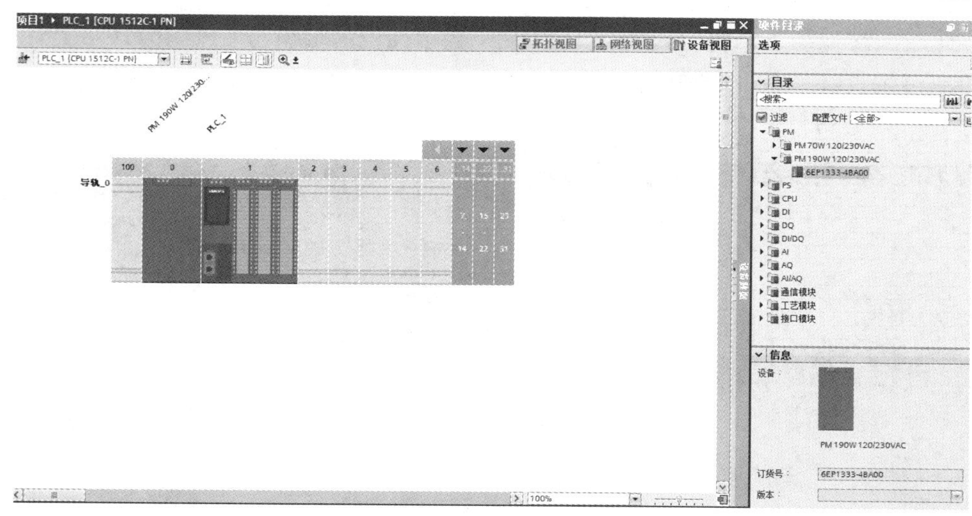

图 3-30　电源模块的添加

5. 分布式 I/O 模块的设置

分布式 I/O 模块的配置需要在网络视图下进行操作。先单击“网络视图”选项卡，然后在此时界面右侧的“硬件目录”中单击“分布式 I/O”目录，接着单击“ET 200SP”子目录下的“接口模块”子目录，再选中“PROFINET”子目录中的“IM 155-6 PN HF”，在界面右下的“信息”窗口中选择合适的版本号，然后选中订货号并将其拖至网络视图中的合适位置，如图 3-31 所示。

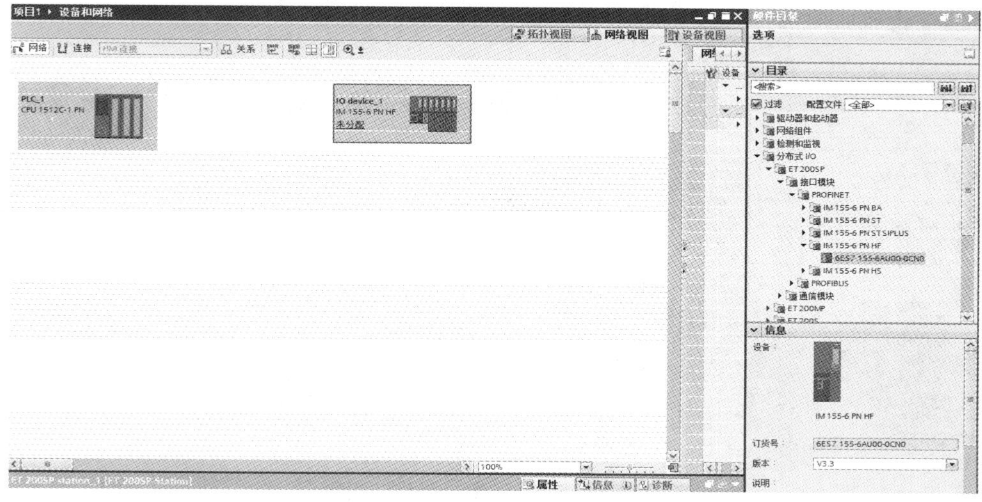

图 3-31　分布式 I/O 模块的添加

在此时网络视图下，将 IM 155-6 PN HF 中显示绿色的端口与 CPU 1512C-1 PN 中显示绿色的端口(X1)相连接，则实现把现场设备分配给 CPU 1512C-1 PN，即子站与主站相连接。连接好后如图 3-32 所示。

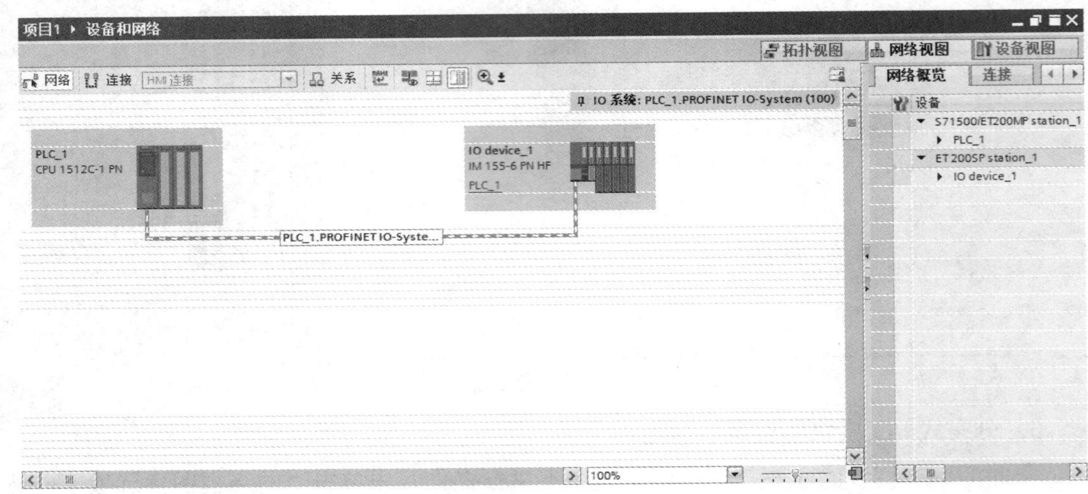

图 3-32　子站与主站的连接

6．ET 200SSP 的参数设置

首先选中设备“IO device_1”，此时会出现参数设置的界面。单击“属性”选项卡，再单击“常规”目录，然后将“项目信息”选项中的“名称”修改为“slide motor”，如图 3-33 所示。

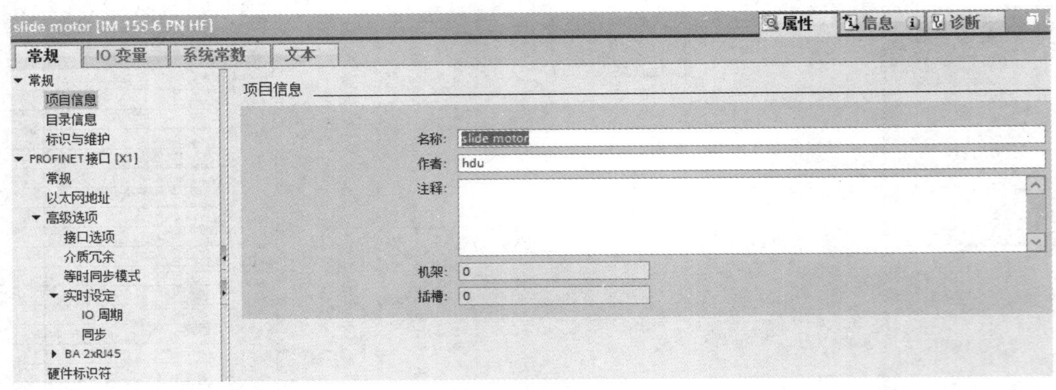

图 3-33　项目信息的名称的设置

接着对目录“PROFINET 接口[X1]”中的“以太网地址”选项进行参数修改。将“IP 协议”选项中的“IP 地址”修改成“192.168.0.2”，再将“PROFINET”选项中的“PROFINET 设备名称”修改为所定义名称，如图 3-34 所示。

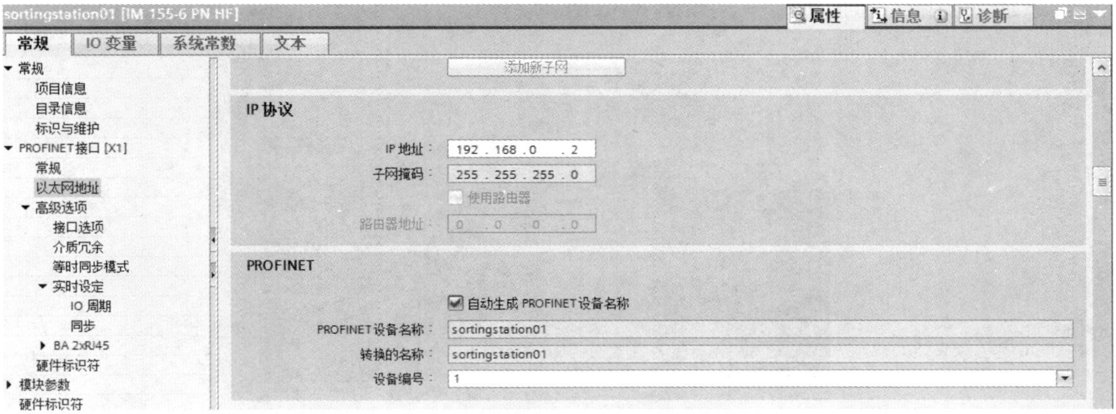

图 3-34　PROFINET 接口[X1]的参数设置

在“属性”选项卡下也可以对“实时设定”目录下的“I/O 周期”选项进行“更新时间”的修改。选中“手动设置更新时间”选项，将更新的时间设置成“1.000”ms，如图 3-35 所示。

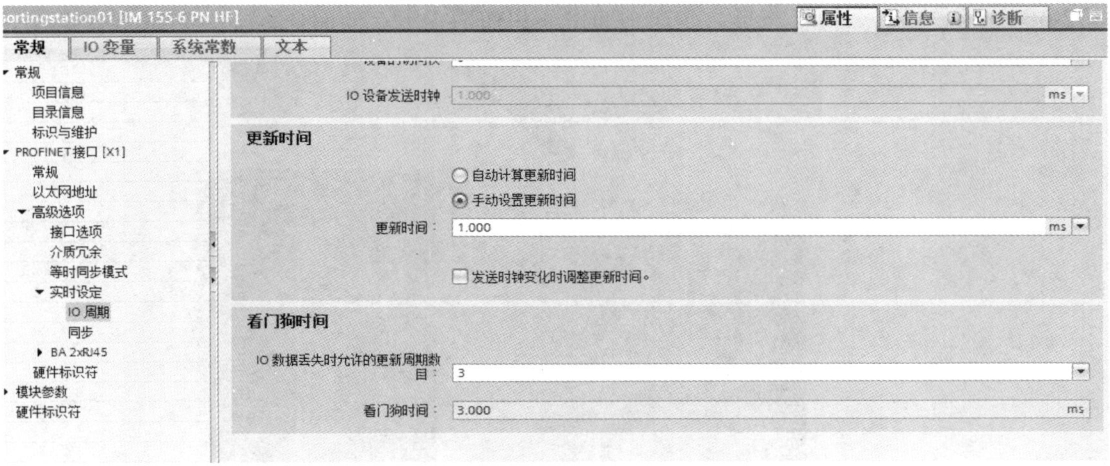

图 3-35　I/O 周期的设置

7. 数字输入模块的添加

首先选中“EP 200SP”的设备视图，再在视图右侧的“硬件目录”窗口中单击“DI”目录，然后单击所需的型号“DI 8x24VDC HF”后选中“6ES7 131-6BF00-0CA0”选项，并将其添加到插槽 1 和插槽 2 中，如图 3-36 所示。

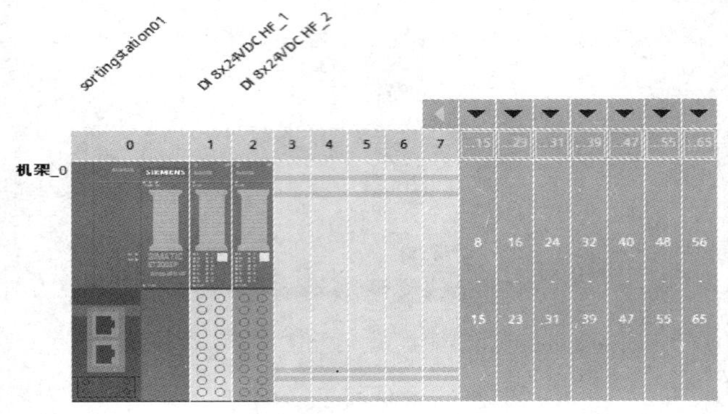

图 3-36　数字输入模块的添加

8. 数字输出模块的添加

同样是在“EP 200SP”的设备视图下进行添加设置。在视图右侧的“硬件目录”窗口中选择“DQ”目录，然后单击所需的型号“DQ 8x24VDC/0.5A HF ”后选中“6ES7 132-6BF00-0CA0”选项，并将其添加到插槽 3 和插槽 4 中，如图 3-37 所示。

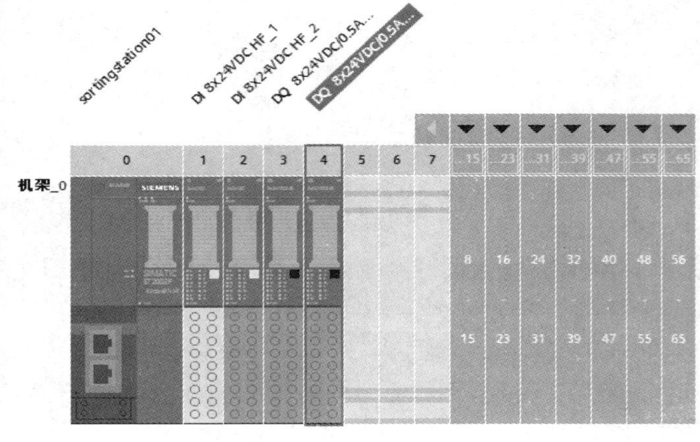

图 3-37　数字输出模块的添加

在添加完输入输出模块后，需要查看和检查它们的地址范围。在“设备概览”选项卡中可以查看到，并可以在必要时对 DI 和 DQ 的地址予以适当调整，如图 3-38 所示。

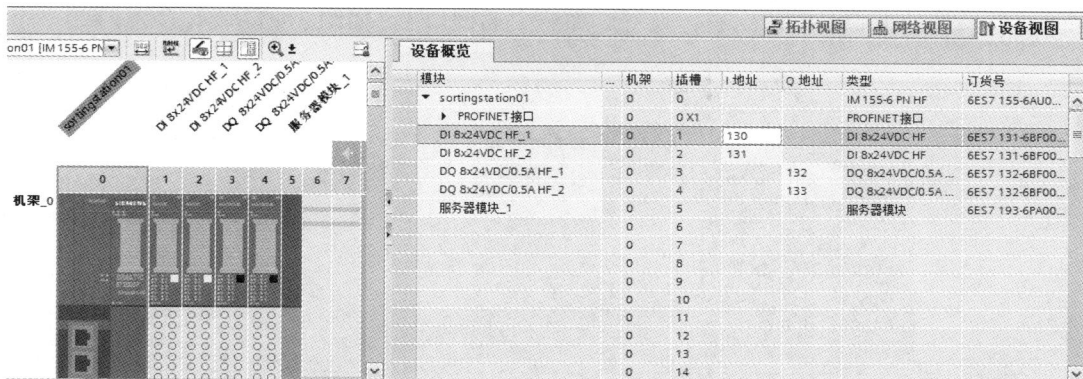

模块	...	机架	插槽	I 地址	Q 地址	类型	订货号
sortingstation01		0	0			IM 155-6 PN HF	6ES7 155-6AU0...
PROFINET接口		0	0 X1			PROFINET接口	
DI 8x24VDC HF_1		0	1	130		DI 8x24VDC HF	6ES7 131-6BF00...
DI 8x24VDC HF_2		0	2	131		DI 8x24VDC HF	6ES7 131-6BF00...
DQ 8x24VDC/0.5A HF_1		0	3		132	DQ 8x24VDC/0.5A ...	6ES7 132-6BF00...
DQ 8x24VDC/0.5A HF_2		0	4		133	DQ 8x24VDC/0.5A ...	6ES7 132-6BF00...
服务器模块_1		0	5			服务器模块	6ES7 193-6PA00...
		0	6				
		0	7				
		0	8				
		0	9				
		0	10				
		0	11				
		0	12				
		0	13				
		0	14				

图 3-38 输入输出模块的地址范围

9. 服务器模块的添加

同样是在“EP 200SP”的设备视图下进行添加设置。在视图右侧的“硬件目录”窗口中选择“服务器模块”目录，然后单击所需的型号“6ES7 132-6BF00-0CA0”，并将其添加到插槽 5 中，如图 3-39 所示。

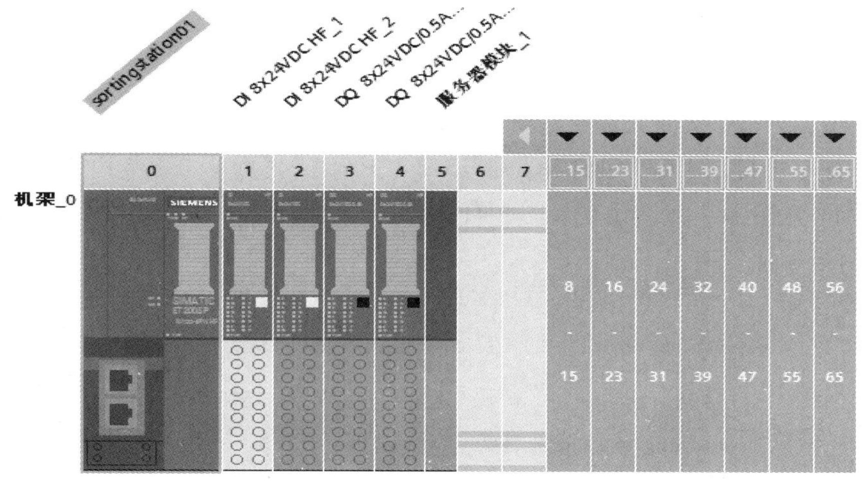

图 3-39 服务器模块的添加

10. 基座单元电位组的设置

对基座单元电位组的设置，是在设备视图下进行操作的。选中要设置的插槽口，然后在“属性”选项卡中对电位组进行设置。如选中插槽口 1，如图 3-40 所示。

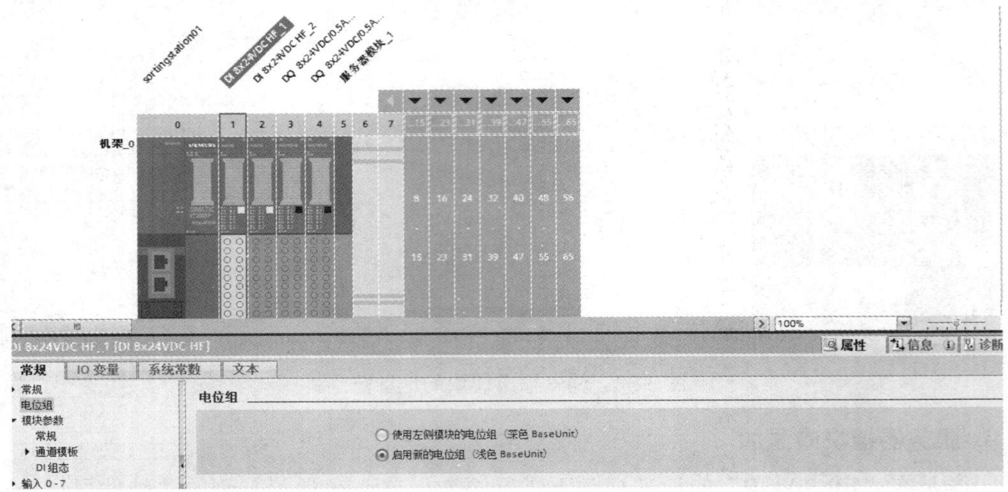

图 3-40　电位组的设置

在此界面下，选中“常规”目录下的“电位组”选项，在此选项下，勾选“启用新的电位组(浅色 BaseUnit)”选项，此时组态内的基座单元就会变为浅色。同样也可以对其他的插槽口按此步骤进行修改。

11. 保存和编译硬件组态

在进行编译之前，需要先保存好项目，即单击“保存项目”按钮，然后就可以对项目进行编译。先单击目录“CPU-1512[CPU 1512-1 PN]”，然后单击工具栏上方的编译按钮 。若编译没有错误，则会出现如图 3-41 所示的界面。

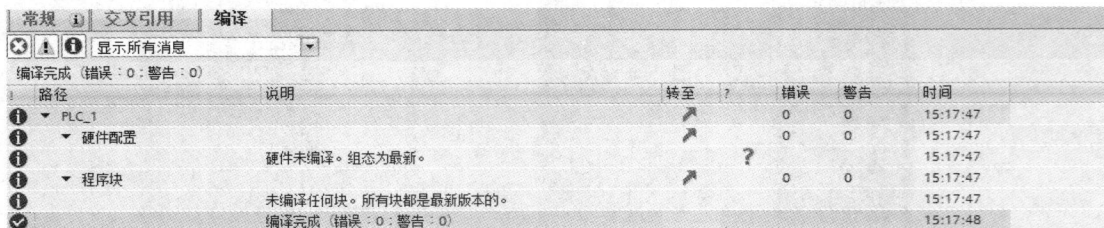

常规　交叉引用　编译

显示所有消息

编译完成（错误：0；警告：0）

!	路径	说明	转至	?	错误	警告	时间
	▼ PLC_1				0	0	15:17:47
	▼ 硬件配置				0	0	15:17:47
		硬件未编译。组态为最新。		?			15:17:47
	▼ 程序块				0	0	15:17:47
		未编译任何块。所有块都是最新版本的。					15:17:47
		编译完成（错误：0；警告：0）					15:17:48

图 3-41　编译界面

12. 硬件组态下载到设备上

为了使整个 CPU 完成下载动作，要先单击“CPU-1512[CPU 1512C-1 PN]”目录，然后单击下载按钮，系统则自动切换到组态连接属性的管理器窗口，如图 3-42 所示。

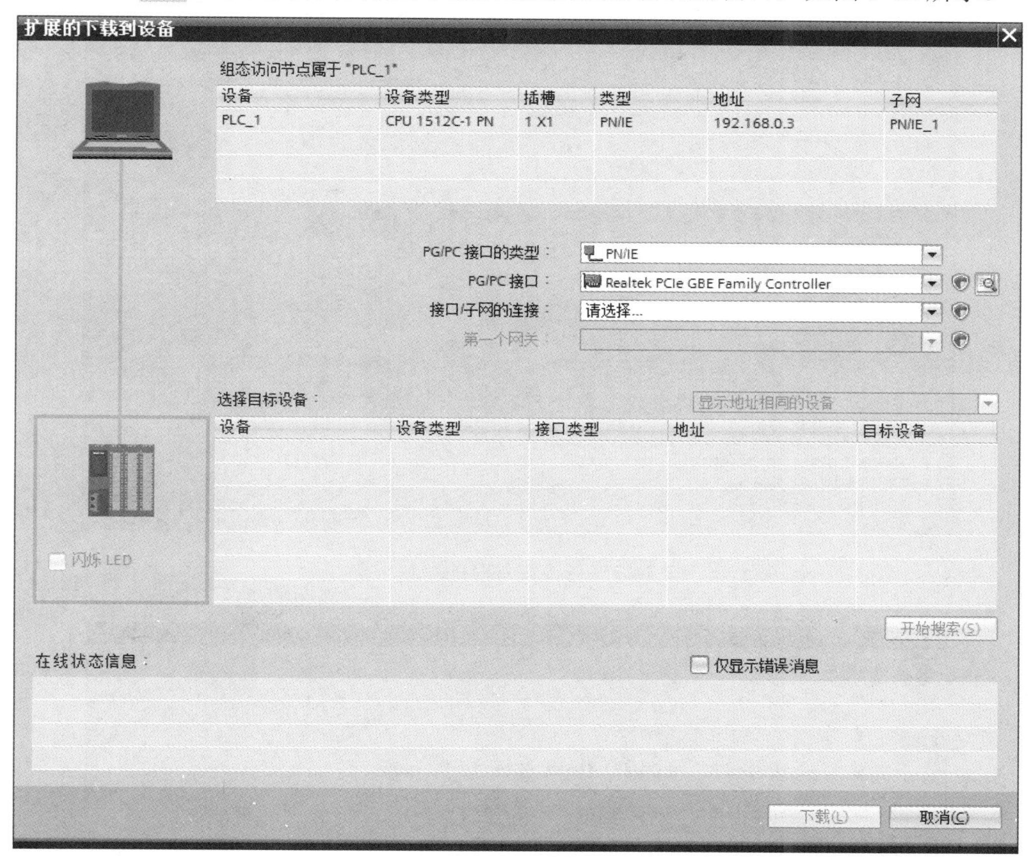

图 3-42　硬件组态下载到设备界面

为完成硬件组态下载需要对此窗口里的选项进行设置。首先在“PG/PC 接口的类型”的下拉选项中选择“PN/IE”，再在“接口/子网的连接”的下拉选项中选择“PN/IE_1”，然后单击“开始搜索”按钮，在“选择目标设备”栏中会显示所有可连接的控制设备。选中目标设备“PLC_1”，再单击窗口下方的“下载”按钮，如图 3-43 所示。单击完“下载”按钮后，则会弹出“下载预览”窗口，如图 3-44 所示，单击此窗口中的“装载”按钮就完成了下载动作。

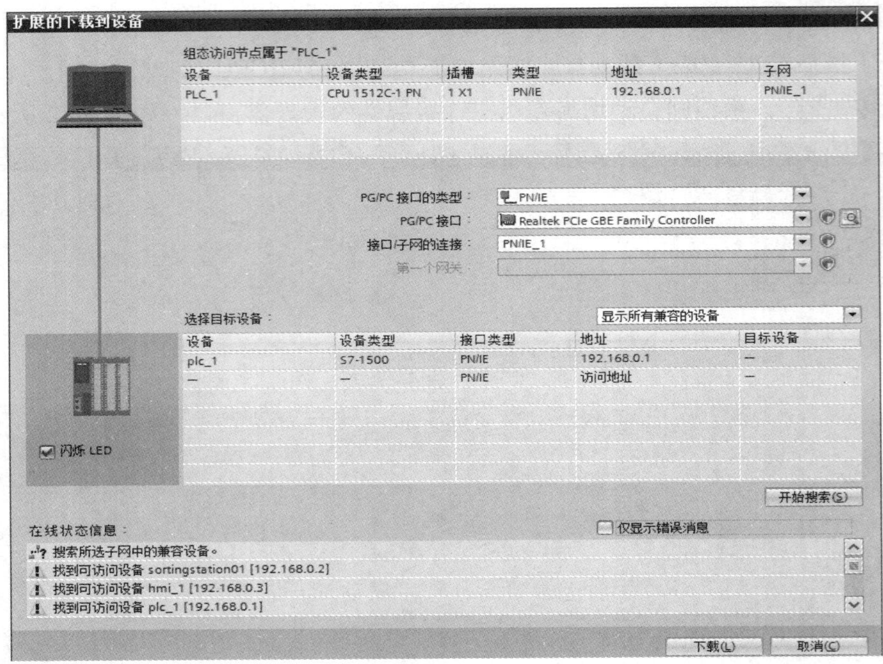

图 3-43　连接设备时的参数设置

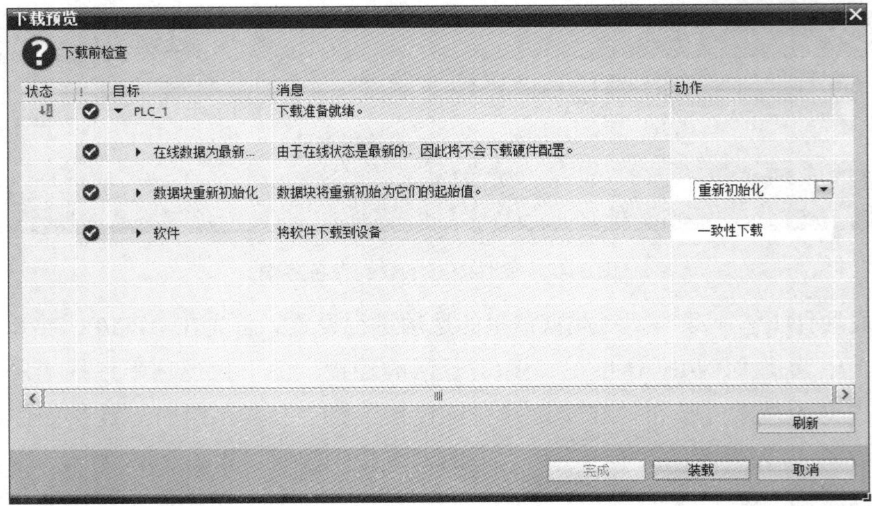

图 3-44　下载预览界面

13. 项目归档

完成以上操作步骤后，需要将项目归档。选择工具栏左上方的菜单“项目”，再单击下拉菜单中的“归档”命令。则弹出“是否要保存项目”对话框，单击“确认”按钮即可完成项目归档。

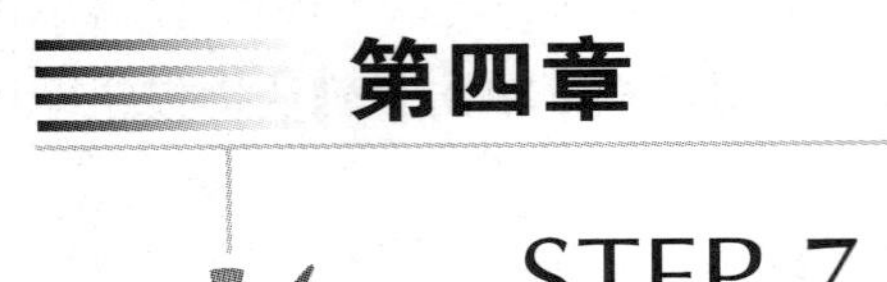

第四章 STEP 7 的结构化编程基础

PLC 对自动化设备的控制除了需要有先进的硬件基础，还需要配置完善的软件环境和设计缜密的程序的配合，程序设计的好坏直接影响系统控制的稳定性和灵活性。TIA 博途软件平台的强大功能改进了传统 PLC 编程的方式，采用结构化的编程方式提高了系统设计程序的可扩展性和设计的灵活性。

4.1　PLC 系统运行的原理

PLC 采用一种“顺序采样，不断循环”的工作模式，整个扫描过程可分为输入采样、用户程序执行、输出刷新 3 个阶段。PLC 不断循环执行这 3 个阶段，这种工作方式称为扫描工作方式，如图 4-1 所示。PLC 每循环扫描一次这 3 个阶段所用的时间称为一个扫描周期，或称循环周期、工作周期。当 PLC 循环采样开始的时候，CPU 从输入模块读取输入的信号状态，并将其存放在输入映像寄存器中，当程序执行完成以后，程序的输出值则保存在输出映像寄存器中，在循环采样结束的时候，将输出映像寄存器中的内容刷新到实际输出模块。

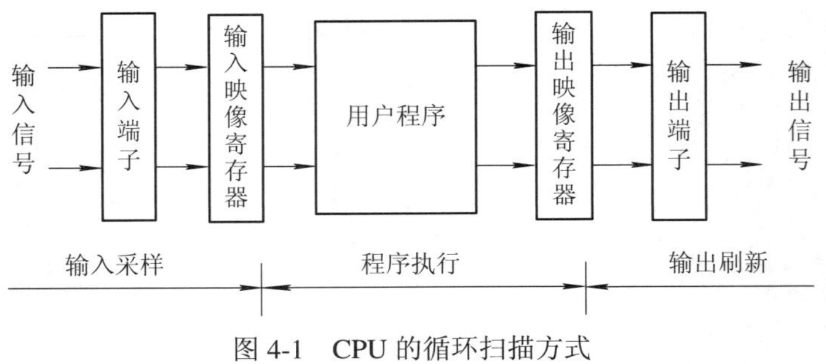

图 4-1　CPU 的循环扫描方式

1. 输入采样阶段

PLC 以扫描工作方式按顺序将所有输入信号读入到寄存器中。将输入状态读到输入映像寄存器(PII，简称输入映像)中存储，这一过程称为采样。在一个工作周期内，这个采样结果的内容不会改变，而且这个采样结果将在 PLC 执行程序时被使用。

2. 程序执行阶段

PLC 按顺序对程序进行扫描，即从上到下、从左到右地扫描每条指令，并分别从输入映像寄存器、内部元件寄存器(内部继电器、定时器、计数器等)和输出映像寄存器中获得所需的数据进行运算、处理，再将程序执行的结果写入寄存执行结果的输出映像寄存器(PIQ)中保存。但这个结果在整个程序未执行完毕之前不会送到输出端口上。这就是说，反映各输出元件状态的输出元件映像寄存器中所存储的内容，会随着程序执行的进程而变化，在一个扫描周期内，所有程序全部执行完毕后，输出元件映像寄存器的内容才最后固定下来。

3. 输出刷新阶段

在执行完所有用户程序后，PLC 将输出映像寄存器中的内容更新到输出端口，从而驱动用户设备，这就是输出刷新。

PLC 重复执行上述 3 个阶段，每重复一次的时间即为一个扫描周期，用符号 T 表示。PLC 在一个扫描周期中，输入采样和输出刷新的时间一般为 4 ms 左右，而程序执行时间可因程序的长度不同而不同。PLC 的一个扫描周期一般在(40～100)ms 之间。

从 PLC 的扫描方式可知，PLC 与输入、输出接口并不是直接对接的，而是通过一个过程映像寄存器来通信。在 PLC 的用户程序执行过程中，PLC 只与过程映像寄存器中的数据进行通信。过程映像寄存器属于 PLC 系统寄存器，只在一次循环开始的时候从输入接口读取数据，并在一次循环结束的时候向输出接口输出数据，因此这套机制可以保证 PLC 执行程序过程中不受外部信号变化的干扰，也能保障运行速度。

4.2　结构化的编程方式

通用的 PLC 编程方式采用线性化编程，根据系统中设备动作的先后顺序按照从上到下的方式一步一步编写程序，整个用户程序都在一个组织块内。这种编程方式对于小系统简单动作的程序编写非常有利，方便编写，利于程序监控，容易理解，尤其有利于程序初学者使用。

在实际工作需求中，往往一个系统的组成极其复杂，工艺控制类型也比较多。如果采用线性化编程，需要将整个控制逻辑放在一个组织块中进行编程，不利于开发人员的分工协作，而且会有大量的通用程序在整个程序中多次出现，增大了程序的体量，导致编程的效率和容错率降低。这种情况下，建议采用结构化编程方式。

结构化编程是不同于线性化的另一种编程方式，它将整个自动化任务拆解成多个小的任务部分，这样可以方便各种变量的快捷调用，适用于复杂系统的编程。该编程方式需要设计人员对系统功能有深入地理解和综合，除此之外也需要对数据进行管理。

结构化编程是将相关的任务进行归类，将共性的控制内容在 FC(功能)或者 FB(功能块)中编程，然后在需要的时候在程序块中进行调用。这可以理解为建立一些不同的子程序，然后在主程序中进行调用。这对编程者的要求较高，需要首先对系统的整体结构进行统一规划，找到程序中多次出现的通用控制内容，然后将系统分解成不同的部分。对这些不同部分分别进行编程，通用的程序可以多次调用，独立的程序也可以独立开发，这样既可以实现功能的复用，也可以让程序更加清晰易读。另外对 PLC 来说，内存资源是有限的，各种变量可以在全局数据块中创建，然后直接在各个子程序之间调用，在执行该子程序的时候，变量被调用，执行完成就被释放，这比线性化编程需要执行完全部程序再释放内存的机制更有利于资源空间的合理利用。因此，结构化编程主要具有以下优点：

- 更容易进行大规模程序编程。
- 各个程序可实现标准化，通过更改参数可被其他项目反复使用。
- 方便修改程序。
- 可分别测试程序段，简化了调试过程。
- 有利于内存资源合理利用。

在 TIA 博途 STEP 7 中为了实现结构化编程，将多种程序块在主循环程序中调用。常用的程序块类型与经典 STEP 7 相同，包括：

- 组织块(OB)。
- 函数(FC)。
- 函数块(FB)。
- 数据块(DB)。

在主循环组织块 OB 的执行过程中，可根据需要调用不同的函数或函数块，被调用的函数或函数块还可嵌套调用其他的函数或函数块。当被调程序执行完后，又回到主调程序中继续执行，最终回到主程序，从而不断循环执行，它们在程序中的调用方式如图 4-2 所示。

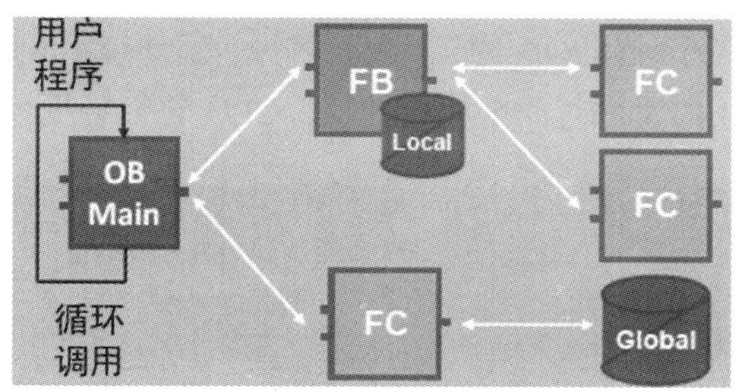

图 4-2　结构化编程的程序块调用方式

图中用户的主程序为组织块 OB，采用循环调用的方式。OB 程序执行过程中，调用函数块 FB 和它的背景数据块，FB 中还需调用两个函数 FC。FC 执行完毕返回 FB 中，FB 执行完成后再返回 OB 中继续执行。OB 继续执行过程中，还需调用另外的 FC，该 FC 根据需要调用全局数据块 Global。该 FC 执行完毕再返回 OB 中，直到 OB 程序结束。然后 OB 再从头调用，周而复始，循环进行。

4.2.1　组织块 OB

组织块(OB)构成了控制器(CPU)操作系统与应用程序之间的接口。组织块由操作系统调取并控制以下过程：① 系统启动；② 循环程序处理；③ 系统中断处理；④ 错误处理。

自动化项目中必须至少有一个程序循环 OB。决定 PLC 行为的程序被写入到此程序循环 OB 中。操作系统每个循环调用该 OB 一次，从而开始执行 OB 中包含的程序。每次程序执行结束后，重新开始循环。经典的 STEP 7 软件中，只有 OB1 为循环 OB，但在 TIA 博途平台下的 STEP 7 可以有多个循环组织块，不过要求 OB 的序号必须大于 123。

主程序循环 OB 可以通过调用其他组织块来中断组织块的程序执行。在执行复杂的自动化任务期间，程序会被构造成在程序循环 OB 中调用并依次执行的若干块。

项目里可通过启动事件 OB 来调取用于循环程序处理的 OB。启动事件 OB 在 PLC 启动后只执行一次，一般完成系统的初始化工作，执行完毕后调用循环组织块，启动 OB 就不再执行了。

系统中断处理和错误处理的 OB 包括各种时间中断、循环中断，以及系统诊断的各种错误处理等。缺省各种中断都有对应的 OB 编号和优先级。

在 S7-1500 CPU 中，所有的组织块从低到高共 26 个优先级，1 最低，26 最高，事件将按照定义的优先级执行。当同时发出多个 OB 请求的时候，从优先级最高的 OB 开始执行；

如果当前的 OB 优先级低于请求 OB 的优先级，那么就会中断当前 OB 的执行；如果优先级相同，那么则按照 OB 的发生时间来顺序处理。CPU 的中断执行过程如图 4-3 所示。

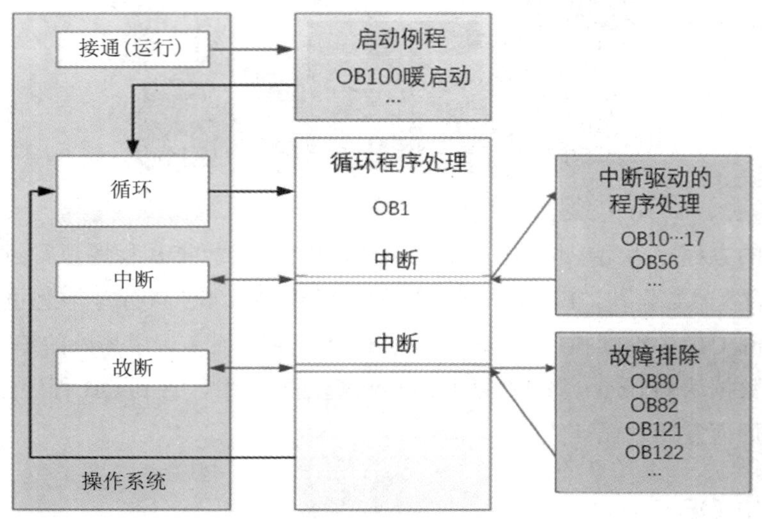

图 4-3　CPU 的中断执行过程

在西门子博途系统中，启动 OB 和循环程序 OB 的优先级最低，其他的错误诊断、时间中断等的优先级都较高。当系统程序运行过程中出现各种中断时，必须先执行中断程序，然后再执行循环程序。系统中的多个中断 OB 块需要按照 OB 块的优先级顺序执行。如果事件有已经设置好的 OB 优先级，那么这个事件就按照优先级进入队列处理，但如果事件没有预先设置 OB 优先级，那么就执行系统的默认响应。常用的 OB 优先级和编号如表 4-1 所示。分析表中的默认系统响应可以发现，除了扫描超出监控时间和部分编程错误的默认系统响应为停机外，其余的 OB 缺失或有错误时，默认的系统响应均为忽略。

表 4-1　常用的 OB 优先级和编号

事件源的类型	优先级(默认优先级)	OB 编号	默认的系统响应	OB 数目
启动	1	100，≥123	忽略	0～100
循环程序	1	1，≥123	忽略	0～100
时间中断	2～24(2)	10～17，≥123	不适用	0～20
延时中断	2～24(3)	20～23，≥123	不适用	0～20
循环中断	2～24(8～17，与频率有关)	30～38，≥123	不适用	0～20

续表

事件源的类型	优先级(默认优先级)	OB 编号	默认的系统响应	OB 数目
硬件中断	2～26(18)	40～47，≥123	忽略	0～50
状态中断	2～24(4)	55	忽略	0 或 1
更新中断	2～24(4)	56	忽略	0 或 1
制造商或配置文件特定的中断	2～24(4)	57	忽略	0 或 1
等时同步模式中断	16～26(21)	61～64，≥123	忽略	0～2
时间错误	22	80	忽略	0 或 1
一旦超出最大循环时间			STOP	
诊断错误中断	2～26(5)	82	忽略	0 或 1
卸下/插入模块	2～26(6)	83	忽略	0 或 1
机架错误	2～26(6)	86	忽略	0 或 1
MC 伺服中断	17～26(25)	91	不适用	0 或 1
MC 插补器中断	16～26(24)	92	不适用	0 或 1
编程错误(仅限全局错误处理)	2～26(7)	121	STOP	0 或 1
I/O 访问错误(仅限全局错误处理)	2～26(7)	122	忽略	0 或 1

4.2.2　函数 FC

函数(FC)是不带“存储器”的程序块，也就是说它没有用于保存模块参数值的存储器，因此在调用 FC 的时候，必须给所有的形参分配实参，即调用时必须接通全部接口。为了能够保存数据，必须预先创建全局数据块(DB)。

一般情况下，FC 具有以下两个作用：

(1) 作为子程序使用。FC 可以被其他逻辑块调取，可以满足某些功能，比如基于某个输入值返回一个结果或者以二进制逻辑关联方式操作单个控制器等。

(2) 可以在程序的不同位置多次调用同一个 FC。函数中带的量一般都是形参，可以通过不同的调用，给形参赋予不同的实参值，实现对功能类似的设备统一编程和控制。

对应于以上两种作用，FC 主要有两种类型：一种为无形参函数，即子程序功能；另一种为带有形参的函数。无形参函数与调用的函数或组织块之间没有数据交互，不需要定义内部变量，只是运行函数中的程序。带有形参的函数可应用于具有相似功能的设备但具有不同的输入、输出接口的控制编程。例如控制 3 组电动机，每组电动机的运行逻辑相同，如果分别对每一个电动机编程，除输入、输出地址不同外，每个电动机控制程序基本相同，重复编程的工作量比较大。因此可使用 FC 将一个电动机的控制程序作为模板，在程序中多次调用该函数，并赋值不同的参数，即可实现对多个电动机的控制。

当 FC 需要与外部调用程序的参数进行交互时，需要设计内部变量。FC 内的各种变量主要用来表达程序逻辑，这些变量就是前面提到的形式参数，这些形式参数所对应的系统内的变量就是实参。也就是说在调用这个 FC 的时候，系统内的实际参数值会先写入 FC 的形式参数，然后程序开始运行，并将运算后的形式参数再写入实际参数。

FC 的参数接口有多种类型，如图 4-4 所示，包括 Input、Output、InOut、Temp、Constant 5 种类型。

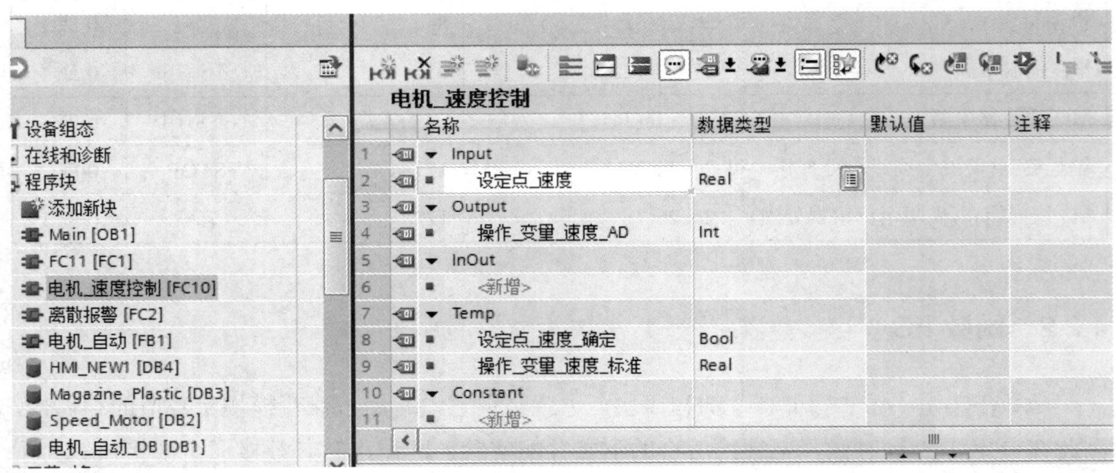

图 4-4　FC 的参数接口类型

(1) Input 为输入参数，只能读取输入参数，函数调用时将用户程序数据传递到函数中，实参可以为常数。

(2) Output 为输出参数，只能读出，函数块调用时将函数块的执行结果传递到用户程序中，实参不能为常数。

(3) InOut 为输入/输出参数，既可读也可写，函数块调用时由函数块读取其值后进行运算，函数执行完后将结果返回，实参不能为常数。

(4) Temp 为临时变量，用于函数内部临时存储中间结果，不占用背景数据块空间。临时变量在函数块调用时生效，函数执行完成后，临时变量区被释放。要注意，由于 Temp 是局部变量，它的值是随机的，使用时必须初始化，对其赋值。

(5) Constant 为 FC 内设定的用符号定义的常量，比如程序中需要一个 π 的值为 3.14，为了方便后面的多次调用，可以先定义一个量 π，若以后需要修改，则只需要在声明处修改一次即可，不需要每一个 3.14 都去单独修改，这使得程序可读性增强，且易于维护。

Temp 参数是接口区中一类比较特殊的参数，Temp 遵循着先赋值(初始化)再使用的原则。临时变量是可以应用于所有的块(OB，FC，FB)中，当执行的时候它们被用来存储临时变量。临时变量在本函数内有效，在函数外无效。与 FB 中的 Static 变量有固定的内存地址不同，Temp 变量是系统分配的临时地址，每次调用系统都会对地址指向的量重新赋值。但在 S7-1500 CPU 中对 FC 块访问临时变量进行了优化，每次定义 FC 的时候，FC 中的临时变量都会由系统自动清零，而非优化的 FC 则没有这个功能。

例如 OB1 中调用 FC1，则 FC1 中的临时变量将会调用 OB1 的局部堆栈。若 OB1 调用的 FC1 中又调用了 FC2，则 FC2 中的临时变量会单独占用 FC1 的局部堆栈中的特定区域，两个 FC 的临时变量不会覆盖。但若 OB1 分别调用了 FC1 和 FC2，此时 FC1 和 FC2 都是调用 OB1 的公共局部堆栈，则它们的临时变量很可能会被覆盖。

4.2.3　函数块 FB 和背景数据块 DB

函数块即 FB，它是逻辑块，与 FC 的命名原则、调用方法等都比较接近，也是一种代码块。最主要的不同在于 FB 拥有储存数据的能力，它将输入、输出和输入/输出参数永久地存储在背景数据块(DB)中，这些变量即使在模块处理过程结束之后仍可供使用。在程序执行完后，值会被存储而不消失，因此它们也被称作“有记忆”的模块。

FB 与 FC 的区别在于，FB 可以执行某些 FC 不能实现的功能，例如，模块中需要定时器或计数器时，或者程序中某些参数状态需要存储记录时。但 FB 中的变量也并不全部需要存储，它也可以调用临时变量，但临时变量不会被保存在背景数据块中，而是仅在一个循环的周期时间内有效。当其他逻辑块 OB 调用函数块 FB 时，都会执行 FB。函数块 FB 也可在一个程序内的不同位置被多次调用。由此，FB 可简化经常重复的复杂功能的编程。

当 FB 被调用的时候，会有一个背景数据块(DB 的一种)供 FB 使用，这个背景数据块可以自动创建，也可以手动创建。当 FB 有嵌套调用的时候，即一个 FB 调用另一个 FB，就会出现数据的调用存储问题，这时系统会弹出分配数据块的对话框，提供两种选择，分别是多重背景数据块和独立背景数据块。独立背景数据块属于此 FB 单独使用的背景数据块，而多重背景数据块则包含多个背景数据块的数据，多重背景数据块方便了不同 FB 之间各种参数调用，它将多种接口参数整合到一个共同的数据区。但若是一个 FC 调用一个 FB，则不会生成多重背景数据块。

多重背景数据块可减少用户背景数据块的数量，提高用户程序的复用性和清晰度，尤其适用于包含定时器、计数器、边缘检测等需要的程序数据块中。

与函数 FC 相同，函数块 FB 也带有参数接口区，如图 4-5 所示。参数类型除输入参数(Input)、输出参数(Output)、输入/输出参数(InOut)、临时变量(Temp)、常量(Constant)外，还有静态变量(Static)。Static 静态变量不参与参数传递，只用于存储中间过程值。例如电机驱动的 FB 可将电机的工作时间、运行速度等变量进行记录，这时可以在 FB 中定义一些静态变量(Static)，对这些状态量进行检测。FB 的输入参数、输出参数、输入/输出参数及静态变量都会存储在背景数据块中，在执行完函数块之后，这些值依然有效。但临时变量并不存储在背景数据块中。与 FC 不同的是，FB 具有存储区，其输出参数在没有初始化的情况下会输出背景数据块的初始值。

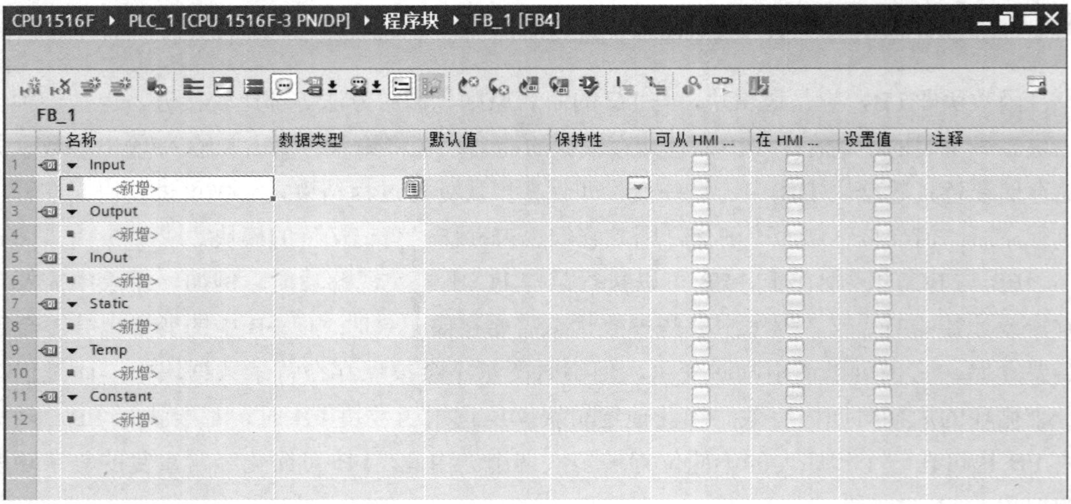

图 4-5　FB 的参数接口

4.2.4　数据块 DB

数据块 DB 与逻辑块的不同之处在于它所包含的不是指令，而是用户数据。数据块里包含的是用户程序需要处理的变量。按照功能划分，数据块分为全局数据块、背景数据块和基于用户数据类型(用户定义数据类型、系统数据类型或数组类型)的数据块。

全局数据块可以接收来自其他所有模块的数据，并加以利用。但背景数据块的访问权原则上只对其对应所属的功能块开放，其调用关系的区别如图 4-6 所示。

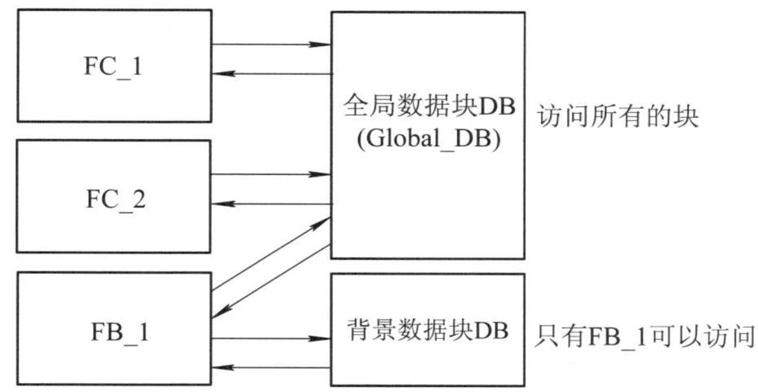

图 4-6　全局数据块和背景数据块之间的调用区别

背景数据块 DB 与 FB 相关联。在创建背景数据块 DB 时，必须指定它所属的 FB，而且该 FB 必须已经存在。在调用一个 FB 时，既可以为之分配一个已经创建的背景数据块 DB，也可以直接创建一个新的 DB，该 DB 将自动作为背景数据块。

用户自定义数据类型数据块可以由不同的数据类型组成，提供一个固定格式的数据结构，便于用户使用。用户自定义数据类型的变量在程序中作为一个整体变量使用。如果该类型用户自定义数据在程序中多次使用，则可建立基于用户数据类型的数据块。

4.3　TIA 博途软件的数据访问方式

4.3.1　数据优化访问方式

在 TIA 博途软件中数据的访问方式对经典 STEP 7 中的访问方式进行了优化改进，所有的变量自动根据其数据类型排列，这种排列方式既保证变量之间的数据间隙最小，又方便处理器对变量数据的提取。在博途软件中只有需要与以前版本兼容时才会出现非优化的数据访问方式。优化与非优化的数据访问方式对比如图 4-7 所示。

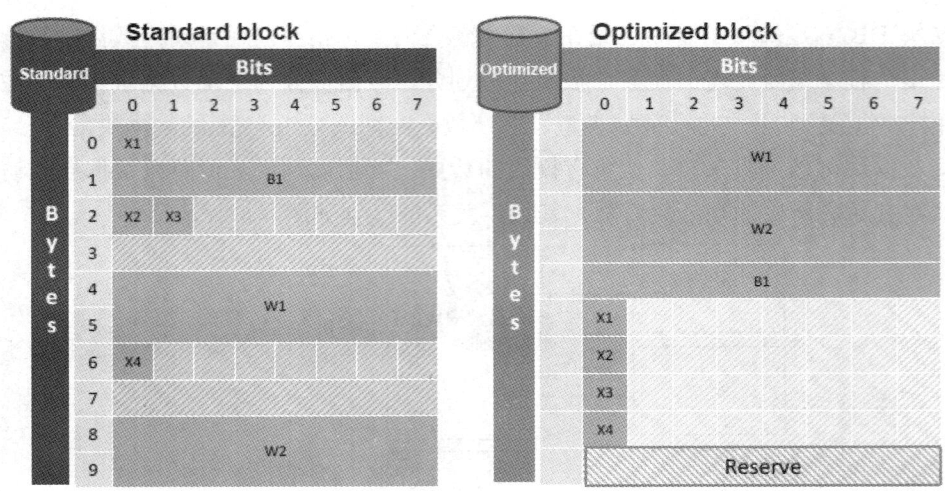

图 4-7　优化与非优化的数据访问方式对比

由图中两种访问方式的对比可以看出：

(1) 在非优化的数据访问方式中，如需对位信号进行访问，CPU 需要先访问该字节，再对其中的某一位进行处理，访问速度慢；而采用优化的数据访问方式时，如需对位信号进行访问，CPU 可直接对存储该位信号的字节进行访问，访问速度快。

(2) 假如 CPU 需要对字进行读取/存储访问，在非优化的方式中 CPU 需要颠倒变量的高低字节，这需要花费 CPU 大量时间，因此访问速度慢；而优化的方式对字读取/存储时，无需颠倒该变量的高低字节，因此访问速度快。

(3) 优化的数据访问方式通过预留的存储空间可以实现下载无需初始化的功能。

因此，采用优化的数据访问方式，数据的读取、存储的操作更便捷，访问速度更快，而且变量定义采用符号方式，不会出现变量数据覆盖问题，预留存储空间方便数据的更改而不必担心内存的影响。

注意：只有符号访问的方式才能进行数据方式的优化！若地址访问方式则不能进行优化。

在博途软件的运行环境下，默认数据块已经被设置为优化的块访问方式。如果不是，可手动设置为优化的块访问方式：先选择要设置的数据块，再选择“常规”选项卡下的“属性”选项进行修改，如图 4-8 所示。

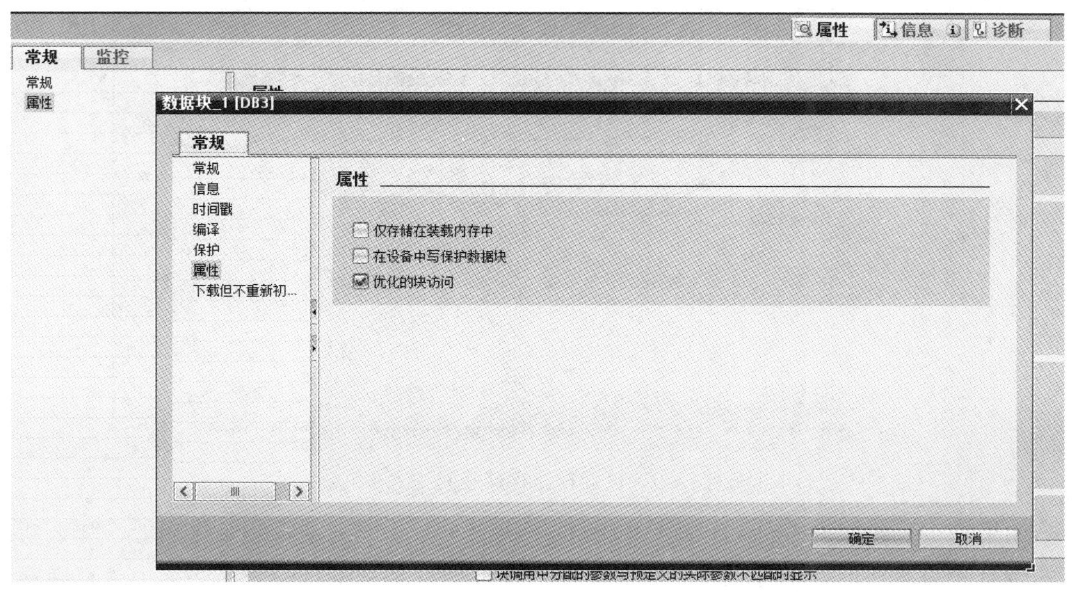

图 4-8　设置数据块为优化访问方式

4.3.2　下载无需重新初始化功能

在 STEP 7 V12 以上版本中使用 S7-1500 产品系列的 CPU 中的数据块具有下载而无需重新初始化的功能，即在 CPU 运行期间，增加全局数据块的变量时可不需要将 CPU 设置为 STOP 模式，即可下载已修改的块，此时也不会影响已经加载变量的过程值。这是一种简单的程序更改实施方式，这一加载过程(无需重新初始化的加载)不会对受控对象造成任何影响，但要求这些块的访问方式必须为优化访问方式。

由于采用优化访问方式的函数块或数据块已经默认包含一个预留存储区间，该预留区间在初期并未使用，可用于后续的函数块接口的扩展或者数据块变量的增加。默认预留存储空间大小为 100 B，可以修改这一预留存储区域大小以适应用户的需求，最大可以设置为 2 MB。默认情况下预留可保持性存储区中没有设置预留区域，这是因为预留可保持性存储区由 CPU 提供，这一存储区大小是有限的(例如 CPU 1516 为 484 000 B)。如果增加的变量需要设置为预留可保持性存储区属性，那么就需要设置预留可保持性存储器的大小。在数据块的“常规”选项卡下的“下载但不重新初始化”选项中即可设置预留存储区的大小，如图 4-9 所示。

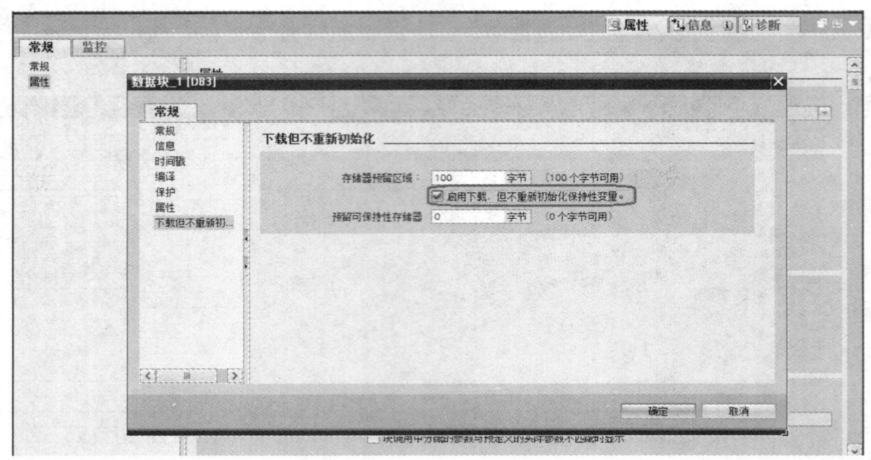

图 4-9　设置预留存储空间的大小

如果希望已经带有存储器预留区域的程序块用于下载无需重新初始化功能，那么新声明的所有变量都将保存到存储器预留区域中，所以所有新增变量的大小必须小于存储器预留区域的大小。执行无需重新初始化的下载不会影响任何已经加载的变量或对程序运行造成不利影响。要执行下载无需重新初始化功能，可单击数据块窗口中的下载无需初始化按钮 实现，如图 4-10 所示。

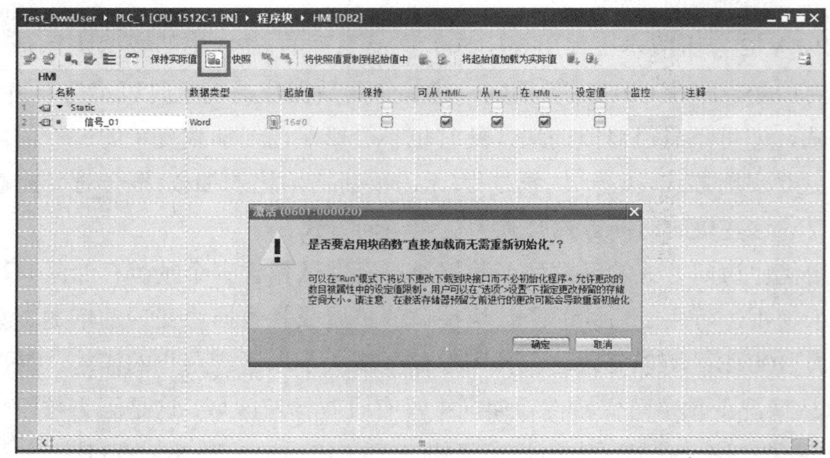

图 4-10　启用下载无需重新初始化功能

注意： 一旦激活了下载无需初始化按钮，则无法再删除现有变量。除了“默认值”“起始值”和“注释”属性之外，其他属性均不得再进行更改。同时，也不能再次修改图 4-9 中存储器预留区域的大小。

4.4　设计实例：机床加工主轴移动控制系统

设计机床的加工主轴移动控制系统，主要为了对滑轨电机和进刀电机的运动进行控制，包括手动和自动控制。如果所有控制程序全部放在 OB1 主程序中实现，则会出现电机控制的代码反复出现，程序冗长且可读性比较差，因此程序设计时将电机的手动控制和自动控制都分别放在不同程序或程序块中实现，OB1 主程序只负责子函数的调用。

由于手动控制中一个按钮对应一个输出，无特殊保存的状态，可采用函数 FC 实现。自动运行控制中输出点的状态与传感器信号以及可能的时间控制有关，因此建议采用函数块 FB 实现。

由于机床加工中滑轨电机的运行和进刀电机的手动控制方式类似，因此手动控制中滑轨左移、滑轨右移、进刀电机正转、进刀电机反转均可调用同一个 FC。

由于滑轨电机和进刀电机的自动控制二者之间有逻辑连接关系，而且滑轨电机的换向控制主要靠两侧的传感器检测实现，而进刀电机每次的进给量无对应的传感器，主要靠运行时间确定，因此滑轨电机的自动运行和进刀电机的自动运行可分别设计 FB 来实现。完整的自动运行程序可设计为 FC，分别调用滑轨电机自动运行 FB 和进刀电机自动运行 FB。整个机床控制程序的整体框架如图 4-11 所示。

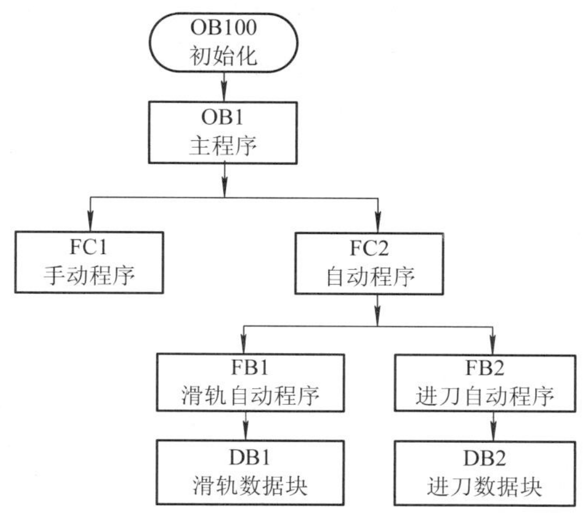

图 4-11　机床控制程序框架

后面章节将对具体 FC 和 FB 的编写进行设计说明。

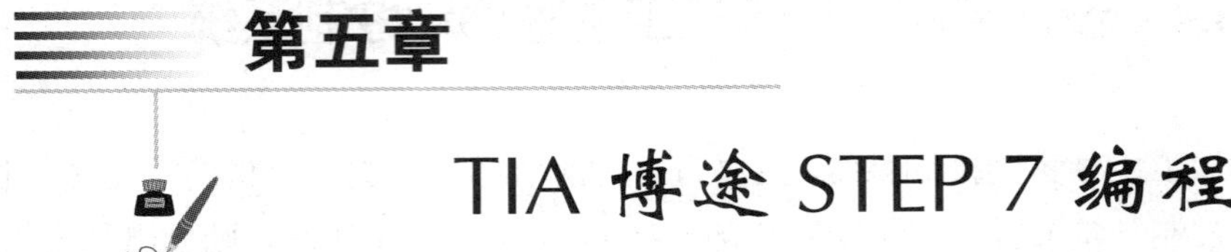

第五章　TIA 博途 STEP 7 编程

5.1　STEP 7 的编程环境

当 PLC 的硬件配置完成后，就可以对项目的程序进行设计，在 TIA 博途平台下，STEP 7 的编程操作与经典 STEP 7 的编程方式类似，采用结构化的方式，分模块设计整个自动化项目的程序。

5.1.1　界面介绍

在博图软件中，程序编程的操作主要在项目视图中完成，具体界面如图 5-1 所示。整个视图共分为 8 个部分，分别介绍如下。

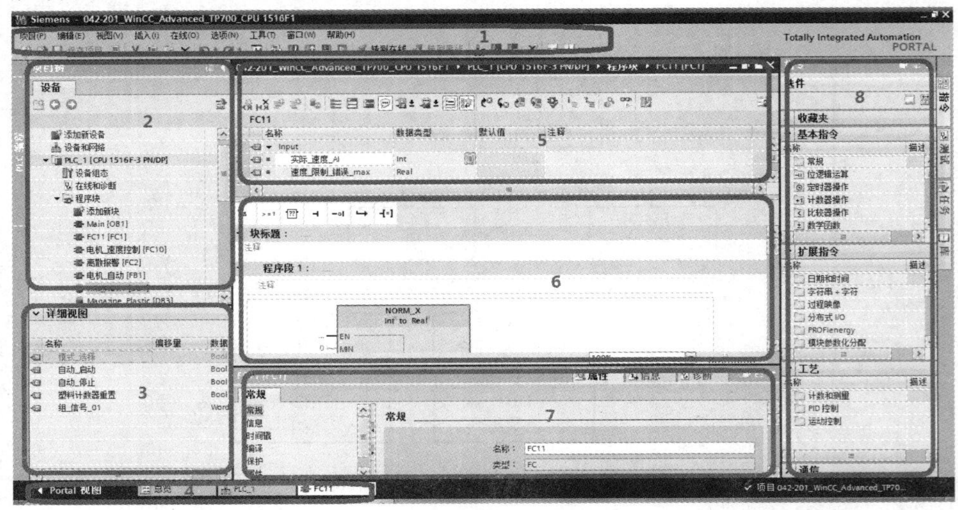

图 5-1　项目视图

1. 菜单栏、工具栏

菜单栏中含有所需要的全部操作指令，工具栏中含有常用的一些快捷操作按钮，如常用的编译按钮、下载按钮和仿真按钮等。

2. 项目树

使用项目树功能可以访问所有组件和项目数据，通过选中各个组件可以快捷地完成对组件的操作，比如添加新的组件或者编辑组件。

3. 详细视图

在详细视图中可以看到项目树中所选组件所含有的参数变量，其中包含文本列表和变量。当编辑程序的时候，可以直接从某个数据块的详细视图中拖放变量到程序块中。

4. “切换到 Portal 视图“按钮和编辑器栏

“切换到 Portal 视图”按钮可以用来在 Portal 视图和项目视图之间进行切换。编辑器栏显示已经打开的编辑器，可以是程序块、数据块等组件。如果打开了多个组件，那么可以在编辑器栏对这些要编辑的组件进行快速的切换。

5. 变量管理工作区

该工作区用于设置各种各样的变量，以方便下面的程序段使用。

6. 程序段工作区

该工作区为主要工作区，程序的编写等工作都在这一区域完成，工作区内显示着正在进行编译的对象，有多个按钮可以方便程序段的编译。如果在工作中需要同时查看多个对象，则可以单击水平拆分编辑器空间按钮或者垂直拆分编辑器按钮，也可以选择浮动按钮。

7. 巡视窗口

该窗口共有 3 个选项卡，分别为属性、信息和诊断选项卡。属性选项卡显示所选对象的属性，并可以在该区域修改和编辑属性。信息选项卡显示所选对象的附加信息，并显示编译后的报警和报错信息。诊断选项卡显示系统诊断事件。

8. 任务选项卡

该选项卡根据所编辑对象或所选对象提供了用于执行附加操作的任务选项。这些操作包括从库中或者从硬件目录中选择对象、在项目中搜索和替换对象、将预定义的对象拖入工作区等。

5.1.2　编程语言

TIA 博途 STEP 7 中支持梯形图 LAD、语句表 STL、功能块图 FBD、结构化控制语言 SCL 和图表化的 GRAPH 等 5 种编程语言，常用的主要为梯形图 LAD、语句表 STL 和功能块图 FBD 3 种。不同的编程语言可以为具有不同编程习惯和不同知识背景的编程人员提供多种选择。

(1) LAD 是一种图形编程语言，也就是我们常说的梯形图编程，它采用的是一种基于电路图的表示法，是一种使用比较多的编程语言。梯形图由触点、线圈和方框表示的指令构成。梯形图和继电器原理图类似，对于熟悉继电器控制电路的技术人员来说比较容易掌握。LAD 的特点是易于学习，编程指令可以直接从指令集窗口中拖放到程序中使用。

(2) STL 是一种基于文本的编程语言。STL 程序通常分为若干个程序段，每个程序段中可包含一行或多行语句。语句表的指令丰富，编写的程序很简洁，适合熟悉汇编语言的人员使用。语句表用一组助记符来表示程序的各种功能，这一组助记符包括 PLC 处理的所有功能。每一条指令都包含操作码和操作数两个部分，每条语句都代表一条 CPU 指令，CPU 将自上而下执行指令。

(3) FBD 也是一种图形编程语言，采用基于电路系统的表示法，程序以一个或者多个程序段表示，程序段包含一个或多个逻辑运算路径。二进制信号扫描用函数框连接。逻辑表示法以布尔代数中使用的图形逻辑符号为基础。FBD 用类似于与门、或门的框图来表示逻辑运算关系，方框的左侧一般为输入量，右侧为输出变量，有“非”运算时在其端口处加一个小圆圈来表示，各个方框之间直接用线连接，CPU 的读取顺序是从左到右。与梯形图相似，编程指令也可以从指令集窗口中直接拖放使用，大部分程序可以与梯形图程序相互转换。

(4) SCL 是一种类似于 PASCAL 的高级编程语言，除可操作 PLC 的典型指令外，还具有以下高级语言特性：循环、选择、分支、数组、高级函数等。SCL 非常适合于复杂的运算功能、数学函数、数据管理和过程优化等。它可以通过简单的语句实现复杂的功能，程序逻辑比较清晰，其可读性较强。因此，对于具有良好的高级语言基础的技术人员而言，SCL 反而更容易上手。

(5) GRAPH 是一种图表化的语言，非常适合顺序控制程序，是一种类似于状态转移图的编程方式。

任何一种编程语言都有相应的指令集。指令集包含最基本的编程元素，用户可以通过指令集使用基本指令编写函数和函数块。

注意：与经典 STEP 7 相比，TIA 博途软件中 SCL、LAD、FBD 与 STL 编译器都是相互独立的，可直接转化为机器代码，这 4 种编程语言的效率是相同的。除 LAD、FBD 以外，各编程语言编写的程序间不能相互转化。在经典 STEP 7 中，LAD、FBD 编写的程序需要先经过STL语言的翻译后才能转化为机器代码，因此TIA 博途中的程序编译器提升了LAD、FBD 的编译性能。二者的区别如图 5-2 所示。

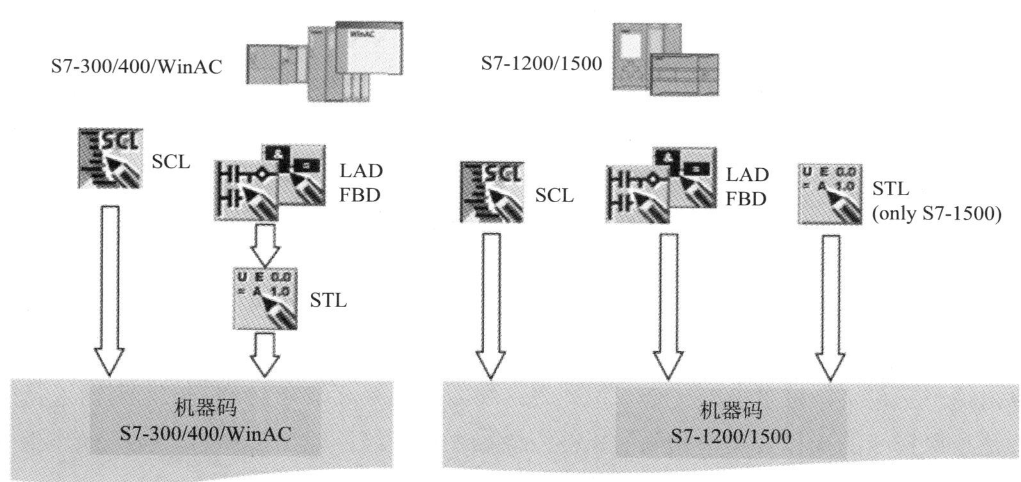

图 5-2　经典 STEP 7 和 TIA 博途 STEP 7 中编程语言的区别

5.1.3　TIA 博途编程指令的使用

考虑到编程的通用性，下面主要介绍梯形图 LAD 的指令使用方式。

梯形图编程语言使用基于电路图的表示法，即块中的每个 LAD 程序被分为若干程序段，每个程序段包含一根电源线和至少一个梯级。通过添加其他梯级可扩展程序段，也可以使用分支在特定梯级中创建并联结构。梯级和程序段按照从上到下、从左到右的顺序执行。图 5-3 中显示了一个 LAD 程序段的基本结构，主要包括电源线、梯级、分支、触点、线圈、功能框等。

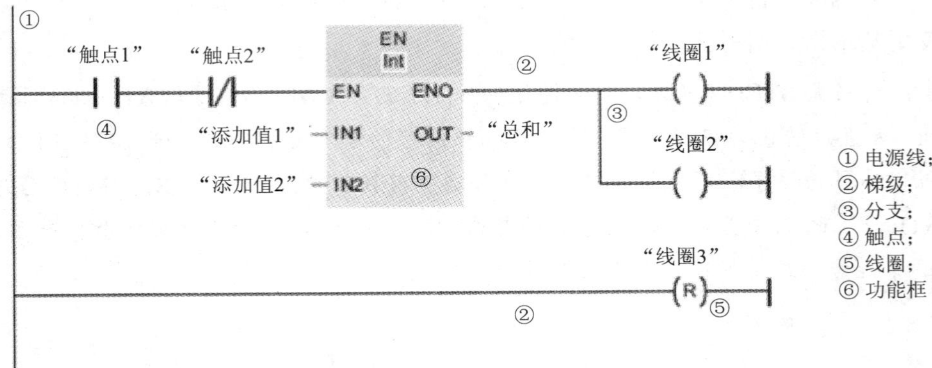

图 5-3　LAD 程序段的基本结构

在 TIA 环境中指令的使用非常方便，可以采用拖放的方式直接应用。所有需要的指令都来自项目视图中右侧任务选项卡的“指令”区域，在这里可以找到需要的指令，并直接拖到其左侧的程序工作区中即可。指令中所需的输入、输出变量，可以是来自本地的变量，也可以是来自全局变量。

在 TIA 博途 STEP 7 中，所有指令都可以在该指令显示的地方就地选择其他类似的指令。当选中一个需要更改的指令时，在这个指令的右上角就会出现一个橙色三角块，用鼠标单击这个三角块，可以出现一个下拉列表，如图 5-4 所示。下拉列表中所有可选择的指令均是与原指令的操作数类型相同的指令，例如图中的线圈输出指令为“位”操作指令，所有与“位”操作相关的指令，比如置位、复位、取反等都可直接替换。

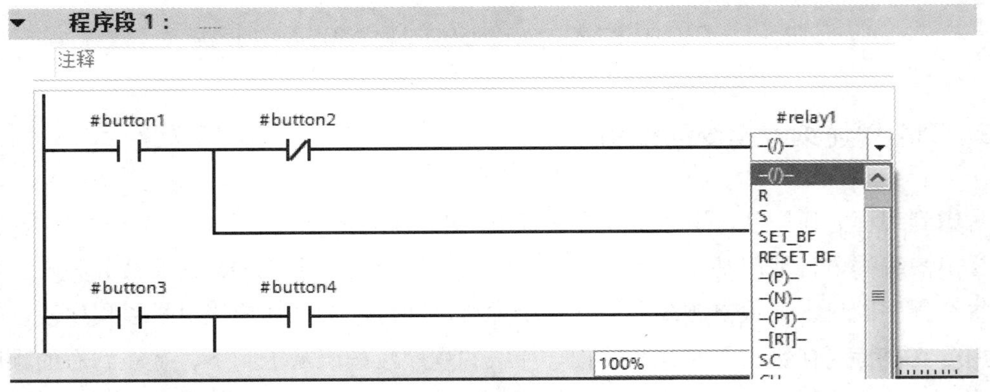

图 5-4　指令修改的选择列表

在 TIA 博途中，不仅指令本身可以选择和替换，指令内的参数也可以选择和替换。如图 5-5 所示的判断是否在范围内的指令 IN_RANGE，在指令操作数的参数类型右侧有一个橙色三角块，单击三角块可选择变量的类型，包括 Int、SInt、LInt 等多种类型，参数选择和替换的操作如图 5-5 所示。

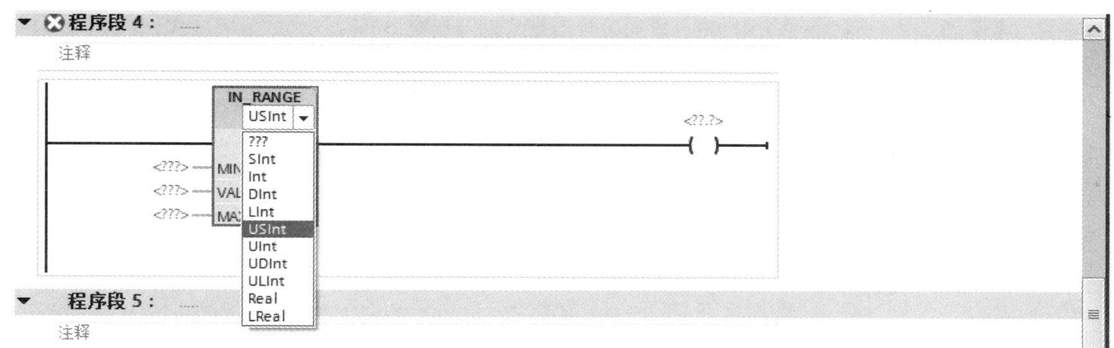

图 5-5　指令参数的选择和替换

另外在博途 STEP 7 编程环境中，有一个新的特点，即在输出类指令后仍可以继续编辑。而在其他的 PLC 编程软件中都有一个共同的编程原则，即输出指令后不能再输入条件指令。在实际的电路连接中，同一条线路上的继电器等输出元件与开关、传感器等输入信号的连接顺序不影响输出的逻辑运算结果，因此新的 TIA 博途 STEP 7 中输出类指令不再作为一条编程语句结束的标志，可以在其后面继续添加指令，如图 5-6 所示。当 Tag_1 为“1”时，Tag_2 的输出为“1”；当 Tag_1 和 Tag_3 同时为“1”时，置位 Tag_4。

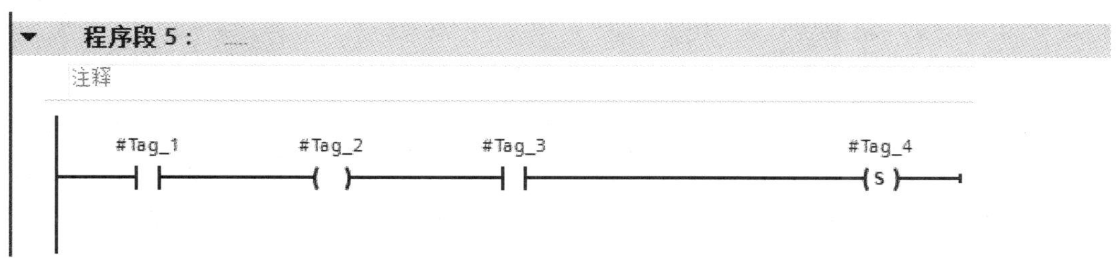

图 5-6　输出指令后仍可编辑的程序结构

博途 STEP 7 中，指令的适应性也很强，例如通常只对两个输入操作数进行运算的指令，也可应用于需要的输入量比较多的情况，使用时可以通过双击插入输入量按钮来增加输入量接口，如图 5-7 中比较指令输入量接口的增加。

图 5-7　增加比较指令的输入量接口

5.2　变量与数据访问

5.2.1　PLC 的变量

在 TIA 博途的软件编程中，采用符号变量的寻址方式代替了以往的绝对地址寻址方式。根据应用范围不同，变量可分为以下几类：

(1) 局部变量。局部变量仅适用于定义这些变量的块，如 FC 或 FB 中的变量。

(2) 全局变量。全局变量在变量表中定义，适用于整个 PLC。

不管是全局变量还是局部变量，PLC 变量由以下部分组成：

(1) 名称。即变量的名称，例如变量 start_button，它只对一个 PLC 有效，并且在整个程序和此特定 PLC 中只能出现一次。

(2) 数据类型。限定数据类型定义值的表示形式和允许值的范围，例如，BOOL 数据类型指定变量只接受二进制值“0”和“1”。

(3) 地址。变量地址是绝对地址，它定义变量读出或写入的存储区，例如，I0.1。

程序中多数指令都通过变量来操作，即为指令分配变量后，会使用指定变量的值来执行该指令。符号变量编程的方式有很多优点，变量编程时不需要关注变量在内存中的存储方式，方便了变量在 TIA 博途中集中管理。例如在程序或 HMI 画面的多个位置使用某个变量，则对该变量所做的更改会立即在所有编辑器中生效。符号变量编程还可以集中更改程序中使用的寻址方式。若没有变量提供的符号寻址功能，则每次 PLC 输入和输出的组态发生变化时，在用户程序中反复使用的寻址方式必须在程序中的多个位置需要更改。总结起来，符号变量编程主要优点为：

(1) 通过有含义的标签提高程序的可读性。

(2) 方便在所有使用变量的位置同时更新。

(3) 有利于变量在存储器内部的内存优化。

(4) 更快捷地输入符号。

(5) 通过类型检查减少编程错误。

5.2.2　PLC 变量表

在 TIA 博途 STEP 7 中，全局变量存放在变量表(Tag Table)中。PLC 变量表包含对于某个 PLC 有效的变量和常量的定义。当创建一个项目时，系统会自动为项目创建一个 PLC 默认变量表，如图 5-8 所示。默认变量表包含 PLC 变量、用户常量和系统常量，可以在默认变量表中声明所有的 PLC 变量。

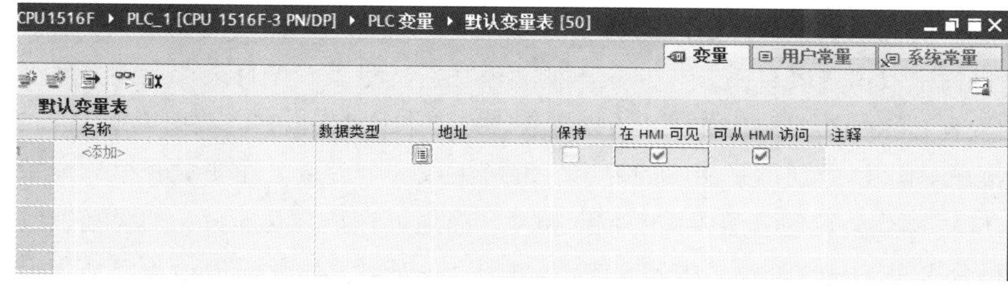

图 5-8　PLC 默认变量表

变量表中所定义的符号名称允许使用字母、数字和特殊符号，但不能使用引号。表 5-1 给出了“变量表”(Tags)选项卡中表格各列的含义。

表 5-1　“变量表”选项卡中表格各列的含义

列	说　明
	可以单击该符号，以便通过拖放操作将变量移动到程序段中以用作操作数
名称	为变量定义的且在整个 PLC 中唯一的名称
数据类型	为变量指定的数据类型
地址	变量地址
保持性	保持性变量的值将保留，即使在电源关闭后也是如此
监视值	PLC 中的当前数据值。仅当在线连接可用并选择“监视”(Monitoring)按钮时，此列才会出现
在 HMI 可见	选择在 HMI 中是否可见
可从 HMI 访问	选择 HMI 是否可以进行操作
注释	用于记录变量的注释

在 PLC 变量目录下除包含默认变量表外，还包含“显示所有变量”和“添加新变量表”两个选项。在博途软件下，除了默认变量表外，用户还可以根据需要创建多个针对组变量的用户定义变量表。双击“添加新变量表”选项，可以创建用户定义变量表，还可以对用户变量表进行重命名、整理合并为组或删除等操作。用户变量表主要包含 PLC 变量和用户常量。“显示所有变量”选项包含有默认变量表和用户变量表中全部的 PLC 变量、用户常量和 CPU 系统常量，该表不能删除或移动。

5.2.3　生成变量的方式

生成 PLC 变量表的方式非常灵活，可以在 PLC 变量表中直接创建，也可以在程序编辑器中创建 PLC 变量，另外还可以通过 Excel 表直接导入，下面分别介绍这 3 种创建方式。

1. 在 PLC 变量表中直接创建变量

在项目树中双击“PLC 变量”目录下的“添加新变量表”子目录，在该文件夹下自动生成“变量表 table_1[0]”，双击打开该变量表，在“名称(Name)”“数据类型(Data Type)”“地址(Address)”栏分别填写相应的内容，即可生成一个变量。在变量表第二行新添加一个变量，TIA 博途会自动分配相同的数据类型，而地址计数自动加 1。如果地址或数据类型不同，可分别在下拉寻址菜单中勾选更改，如图 5-9 所示。在变量(Tags)的工具栏中有“插入一个变量”和“新添加一个变量”两个按钮，单击“插入一个变量”按钮，将会在当前光标所在变量的上方插入一行以便输入新的变量；单击“新添加一个变量”按钮，将会在当前光标所在变量的下方插入一行以便输入新的变量。

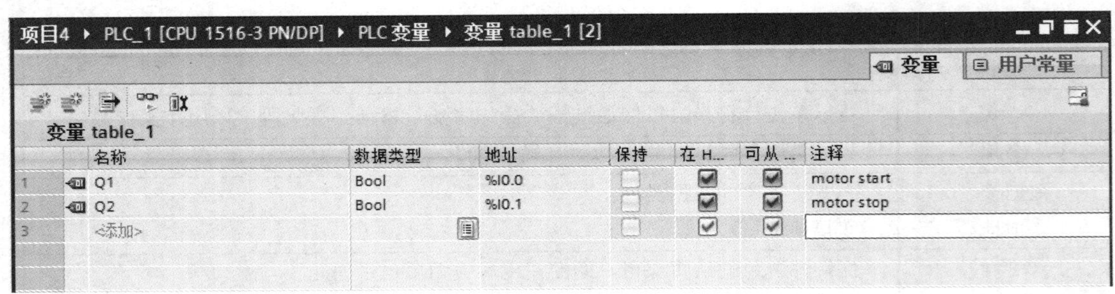

图 5-9　在 PLC 变量表中直接创建变量

2. 在程序编辑器中创建变量

在程序编辑过程中，也可临时生成一个变量。例如在某个程序段，在输出触点的操作数占位符中输入一个变量名称，如“tag_out_2”，然后按回车键确认输入内容。单击鼠标右键，在弹出的下拉列表中打开“定义变量”(Define Tag)对话框，如图 5-10 所示，单击“定义”按钮确认定义后，则会自动在系统变量表中生成变量“tag_out_2”。

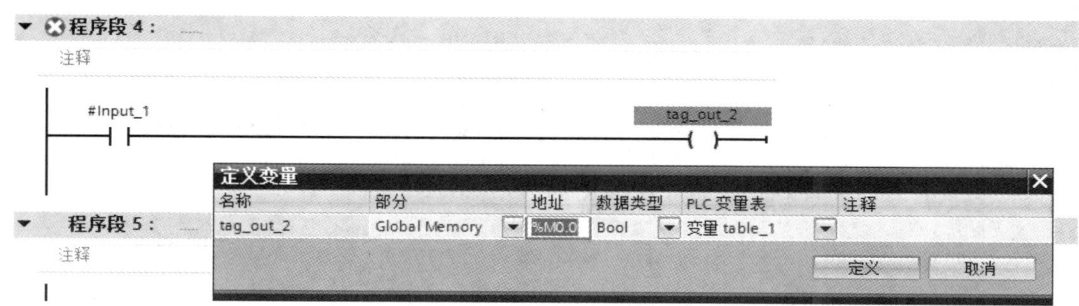

图 5-10 在程序段中直接定义变量

3. 通过 Excel 表直接导入变量

TIA 博途软件全面兼容 Office 软件中的操作，Excel 中的表格可以直接导入变量表中。对于项目中需要定义的变量较多时，可先在 Excel 中按照 PLC 变量表的格式定义好所有的变量，并保存，如图 5-11 所示。

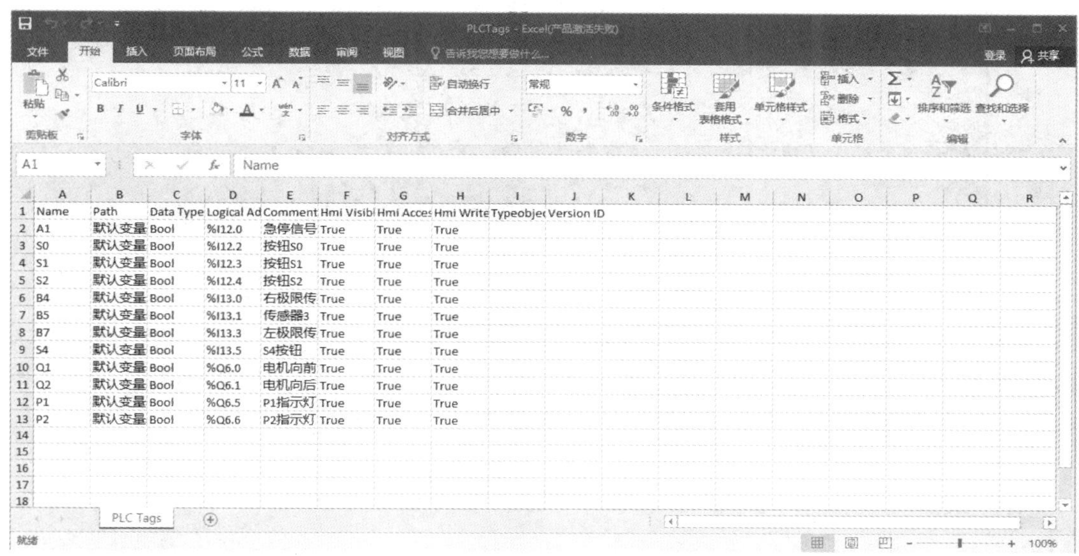

Name	Path	Data Type	Logical Ad	Comment	Hmi Visibl	Hmi Acces	Hmi Write	Typeobjec	Version ID
A1	默认变量	Bool	%I12.0	急停信号	True	True	True		
S0	默认变量	Bool	%I12.2	按钮S0	True	True	True		
S1	默认变量	Bool	%I12.3	按钮S1	True	True	True		
S2	默认变量	Bool	%I12.4	按钮S2	True	True	True		
B4	默认变量	Bool	%I13.0	右极限传	True	True	True		
B5	默认变量	Bool	%I13.1	传感器3	True	True	True		
B7	默认变量	Bool	%I13.3	左极限传	True	True	True		
S4	默认变量	Bool	%I13.5	S4按钮	True	True	True		
Q1	默认变量	Bool	%Q6.0	电机向前	True	True	True		
Q2	默认变量	Bool	%Q6.1	电机向后	True	True	True		
P1	默认变量	Bool	%Q6.5	P1指示灯	True	True	True		
P2	默认变量	Bool	%Q6.6	P2指示灯	True	True	True		

图 5-11 Excel 中创建的变量表

在 TIA 博途的项目树中鼠标右键单击已创建的变量表旁的空框，以便将 Excel 中生成的变量表添加进去，在弹出的下拉列表中选择“导入文件”命令。再在弹出的“导入”对话框中选择已生成的 Excel 变量表，并单击“确定”按钮确认选择，如图 5-12 所示。若导入过程结束，将打开确认窗口，在其中可以查看待导入的日志文件。单击“确定”按钮后，表中所有的变量就全部保存在 PLC 的变量表中，如图 5-13 所示。

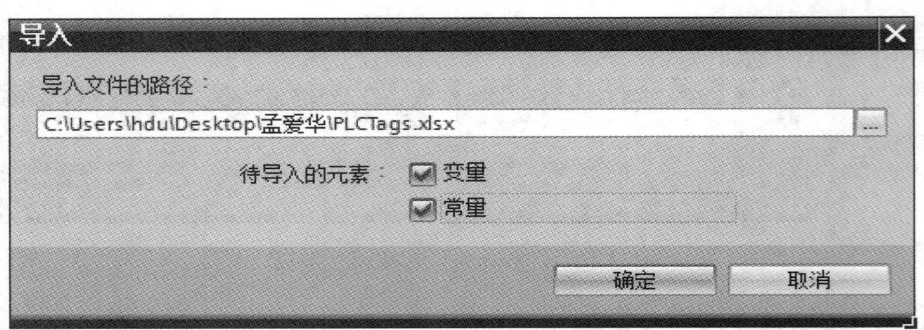

图 5-12　选择导入 Excel 变量表

test ▸ PLC_1 [CPU 1512C-1 PN] ▸ PLC 变量 ▸ 默认变量表 [83]

变量　用户常量　系统常量

默认变量表

	名称	数据类型	地址	保持	可从 ...	从 H...	在 H...	监控	注释
1	A1	Bool	%I12.0	☐	☑	☑	☑		急停信号，常闭
2	S0	Bool	%I12.2	☐	☑	☑	☑		按钮S0
3	S1	Bool	%I12.3	☐	☑	☑	☑		按钮S1
4	S2	Bool	%I12.4	☐	☑	☑	☑		按钮S2
5	B4	Bool	%I13.0	☐	☑	☑	☑		右极限传感器
6	B5	Bool	%I13.1	☐	☑	☑	☑		传感器3
7	B7	Bool	%I13.3	☐	☑	☑	☑		左极限传感器
8	S4	Bool	%I13.5	☐	☑	☑	☑		S4按钮
9	Q1	Bool	%Q6.0	☐	☑	☑	☑		电机向前
10	Q2	Bool	%Q6.1	☐	☑	☑	☑		电机向后
11	P1	Bool	%Q6.5	☐	☑	☑	☑		P1指示灯
12	P2	Bool	%Q6.6	☐	☑	☑	☑		P2指示灯
13	<添加>			☐	☑	☑	☑		

图 5-13　生成的 PLC 变量表

如果生成的变量的地址相同，系统会用橙色高亮显示，可删除变量或更改变量地址，但如果变量表中有相同的变量名称，系统会自动在名称后面添加数字加以区分。

5.3　常用的编程指令

在博途 STEP 7 中可以使用项目视图的“指令”任务选项卡中提供的 LAD 指令创建任

务程序。所有 LAD 指令主要分为 3 种类型：

(1) 触点。可以使用触点创建或中断两个元素之间的载流连接。在这种情况下，元素可以是 LAD 程序元素或电源线的边沿。电流从左向右传输，可以使用触点查询操作数的信号状态或值，并根据电流的结果对其进行控制。

(2) 线圈。可以使用线圈修改二进制操作数。线圈可根据逻辑运算结果的信号状态置位或复位二进制操作数。

(3) 功能框。功能框是具有复杂功能的 LAD 元素，但空功能框除外。可以使用空功能框作为占位符，在其中选择所需的运算。

在“指令”任务选项卡中可找到触点、线圈和功能框的各种变体，这些变体根据其功能被划分到不同的目录模块中，主要包括基本指令、扩展指令、工艺指令(工艺功能)、通信指令(通信功能) 4 大模块。基本指令为编程中的常用指令，如位逻辑运算、定时器、计数器、数学函数等；扩展指令可实现更多功能的扩展指令，如日期和时间、中断、报警等；工艺指令主要实现各种工艺功能，如 PID 控制、运动控制等；通信指令可实现各种通信方式，如 S7 通信、开放式用户通信等。

下面将主要对基本指令的注意事项进行介绍。

5.3.1　位逻辑指令

位逻辑指令是指处理数字量输入、输出以及其他数据区布尔型变量的相关指令，包括标准触点指令、线圈指令、取反指令和沿检测指令等。此处仅介绍最为常用的标准触点指令和线圈指令，如表 5-2 所示，其他指令可根据需要参考 S7-1500 产品用户手册中的指令集。

位逻辑中的输出信号状态采用常开触点和常闭触点来表示，与继电器－接触器控制方法中的常开、常闭触点的含义略有不同。PLC 中的常开触点，当信号动作时，该信号位为“1”，表示触点闭合；信号无动作时，该信号位为“0”，表示触点断开。常闭触点与常开触点的逻辑正好相反，当信号动作时，该信号位为“0”，表示触点断开；信号无动作时，该信号位为“1”，表示触点闭合。触点间的“与”“或”“异或”等逻辑关系需要通过多个触点的串联、并联实现。

线圈的输出和置位、复位指令与其他 PLC 指令中的应用含义相同，但在博途 STEP 7 中，除了输入开关可以取反外，逻辑运算的输出可以采用取反线圈实现。取反后的线圈运算结果相当于将输入条件的运算结果取反后输出。

表 5-2 位逻辑常用 LAD 指令

指令名称	指令符号	操作数类型
常开触点	#bit	bit　Bool
常闭触点	#bit	bit　Bool
输出	#bit	bit　Bool
取反输出	#bit	bit　Bool
复位输出	#bit R	bit　Bool
置位输出	#bit S	bit　Bool
置位/复位触发器	#bit SR S Q R1	bit\S\Q\R1　Bool
复位/置位触发器	#bit RS R Q S1	bit\R\Q\S1　Bool

布尔指令的使用和对应的时序图如图 5-14 所示。

当“button1”和“button2”的值均为“1”时，“relay1”的值取反输出为“0”，其余状态下“relay1”输出为“1”；“relay2”的值与“button1”的位逻辑相同。“relay3”的输出值受“button3”“button4”和“button5”的影响，当“button3”和“button4”的值同时为“1”时，置位“relay3”并保持，直到“button3”和“button5”同时为“1”时，复位“relay3”。

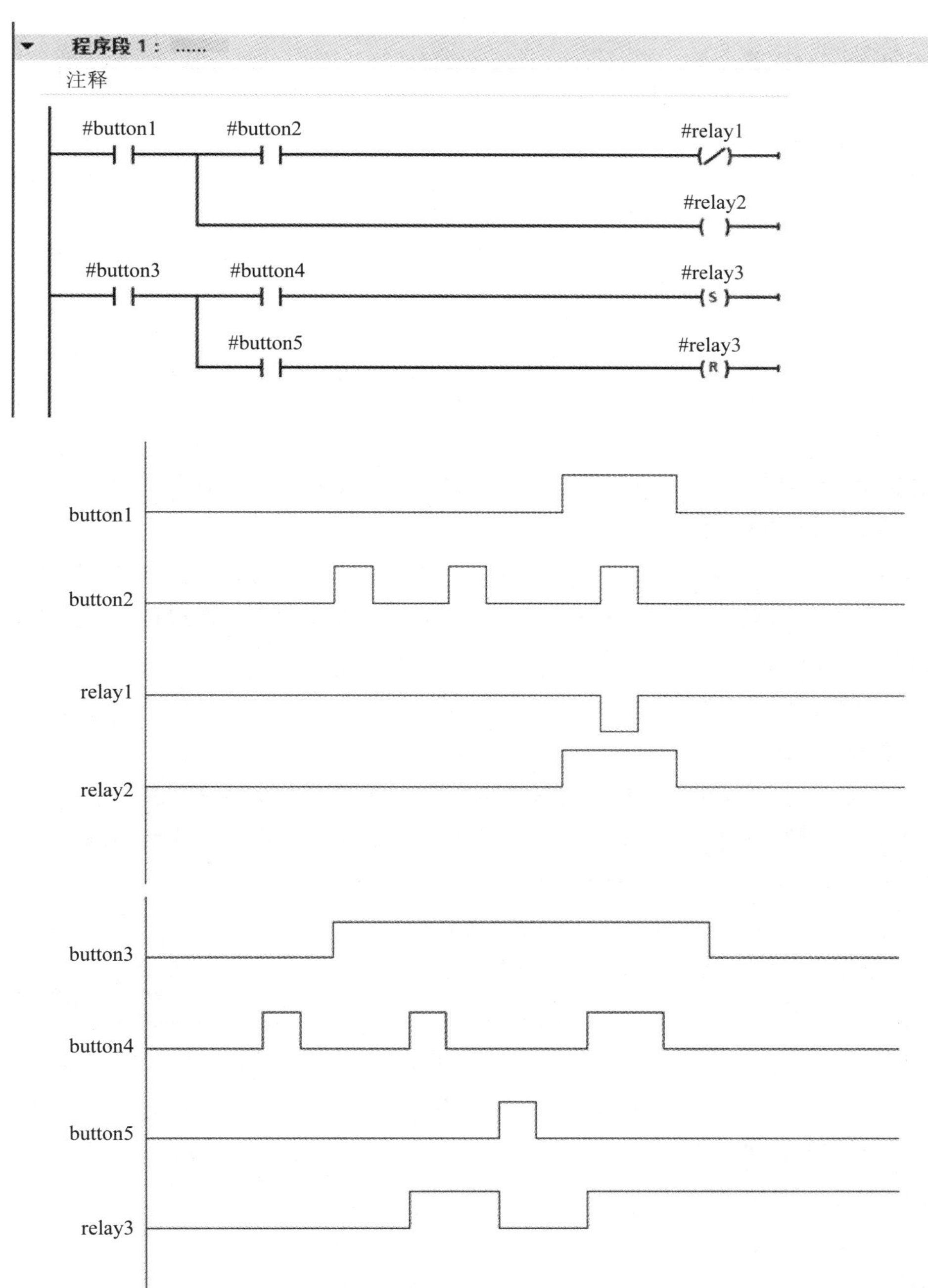

图 5-14　布尔指令的使用和对应时序图

5.3.2 定时器指令

SMATIC S7-1500 CPU 可以使用 SIMATIC 定时器和 IEC 定时器。

SIMATIC 定时器即 S5 定时器，包括接通延时定时器(SD)、断开延时定时器(SF)、脉冲定时器(SP)、扩展脉冲定时器(SE)和保持型接通延时定时器(SS) 5 种类型。

常用的 IEC 定时器包括脉冲定时器(TP)、接通延时定时器(TON)、断开延时定时器(TOF)和保持型接通延时定时器(TONR) 4 种类型。

IEC 定时器占用 CPU 的工作存储器资源，数量与工作存储器大小有关。SIMATIC 定时器是 CPU 的特定资源，数量固定，例如 CPU 1513 的 SIMATIC 定时器的个数为 2048。相比而言，IEC 定时器可设定的时间要远远大于 SIMATIC 定时器可设定的时间。

SIMATIC S7-1500 中的 S5 定时器使用 S5 Time 的数据类型，格式为

S5T#Xh_ Xm_ Xs_Xms

其中 h 表示小时；m 表示分钟；s 表示秒；ms 表示毫秒。时间数据以 BCD 码的格式存储，占用 16 个字节。BCD 码的时间值最大为 999，同样一个定时器，通过选择不同的时基可以改变定时器的定时长度。

Time 类型数据(IEC 时间)采用 IEC 标准的时间格式，占用 4 个字节，格式为

T#Xd_ Xh_ Xm_ Xs_ Xms

操作数内容以毫秒为单位。在规定的取值范围内，Time(IEC 时间)类型数据可以与 DInt 类型的数据相互转换(T#Oms 对应 L#0)，DInt 数据每增加 1，时间值增加 1 ms。

LTme(IEC 时间)时间数据类型长度为 8 个字节，格式为

LT#Xd_ Xh_ Xm_ Xs_ Xms _Xus_ Xns

操作数内容以纳秒为单位，LInt 数据每增加 1，时间值增加 1 ns。其中 d 表示为天；h 表示小时；m 表示分钟；s 表示秒；ms 表示毫秒；us 表示微秒；ns 表示纳秒。

与 SIMATIC S5 定时器相比，IEC 定时器更准确，定时时间更长，但是每一个 IEC 定时器需要占用一定的 CPU 的存储区，必须带有背景数据块，与 HMI 之间的数据转换也比较方便。两种定时器的计时方式也不相同，IEC 定时器采用正向计时的方式，而 SIMATIC S5 定时器采用倒计时的方式。

常用的 IEC 定时器指令见表 5-3 所示。

生成脉冲指令 TP 的使用和对应的时序图如图 5-15 所示。

表 5-3　常用的 IEC 定时器指令

指令名称	指令符号	操作数类型
生成脉冲 TP	#IEC_Timer_0_Instance_0 TP Time IN　Q PT　ET	IN\Q　Bool PT\ET　Time
接通延时 TON	#IEC_Timer_0_Instance_0 TON Time IN　Q PT　ET	IN\Q　Bool PT\ET　Time
关断延时 TOF	#IEC_Timer_0_Instance_0 TOF Time IN　Q PT　ET	IN\Q　Bool PT\ET　Time
时间累加器 TONR	#IEC_Timer_0_Instance_0 TONR Time IN　Q R　ET PT	IN\R\Q　Bool PT\ET　Time

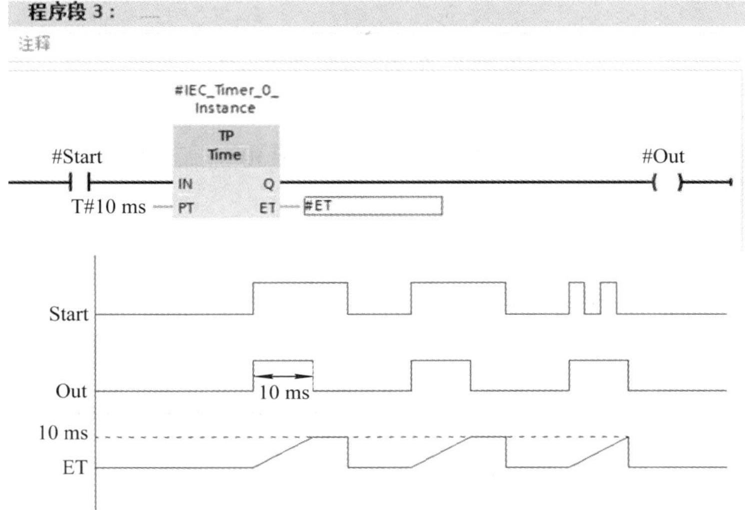

图 5-15　生成脉冲指令的使用和对应时序图

使用生成脉冲(Generate Pulse)指令可以将输出 Q 置位为预设的一段时间。当输入 IN 的逻辑运算结果 (RLO) 从“0”变为“1”(信号上升沿)时，启动该指令。指令启动时，预设的时间 PT 开始计时。无论后续输入信号的状态如何变化，都将输出 Q 置位由 PT 指定的一段时间。只要 PT 持续时间仍在计时，即使检测到新的上升沿，Q 输出的信号状态也不变化。所以当 Start 信号为“1”时，触发定时器 IEC_Timer_0，定时器输出为“1”，信号持续时间为 PT 指定的 10 ms。当 Start 信号出现两个连续的短脉冲时，由于 PT 持续时间不到 10 ms，所以只激发一个输出信号。

可以在 ET 输出上查询当前时间值。该定时器值从 T#0s 开始，在达到持续时间值 PT 后结束。如果达到已组态的持续时间 PT，并且输入 IN 的信号状态为“0”，则输出 ET 将复位。

TON 接通延时指令的使用如图 5-16 所示。当“I0.0”信号开始 5 ms 后输出“Q0.0”信号，直到“I0.0”信号由“1”变为“0”。

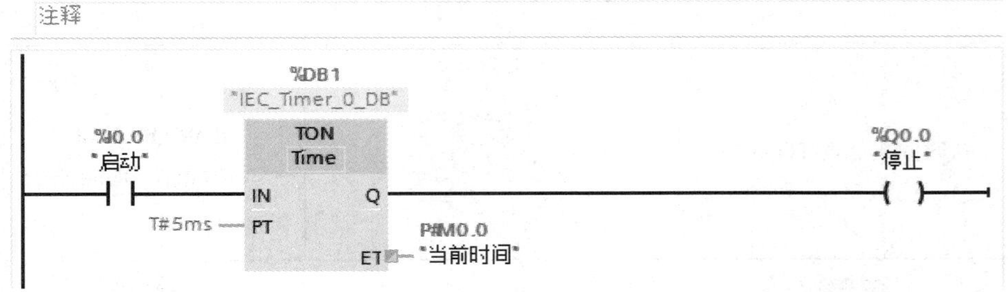

图 5-16　接通延时指令的使用

TOF 关断延时指令的使用如图 5-17 所示。当“I0.0”信号由“0”变为“1”时，输出“Q0.0”信号，直到“I0.0”信号由“1”变为“0”并延时 10 ms 后，“Q0.0”才由“1”变为“0”。

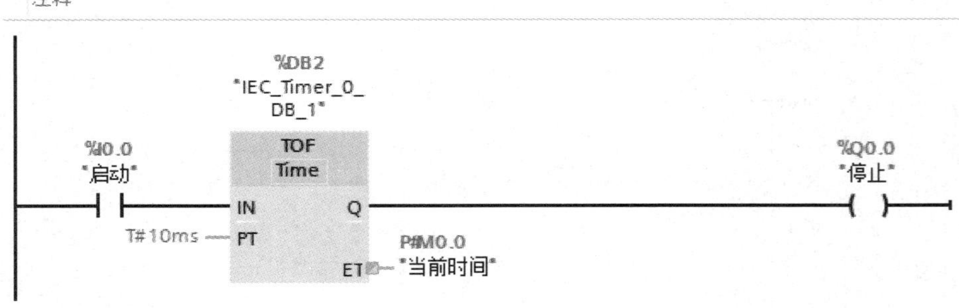

图 5-17　关断延时指令的使用

TONR 时间累加器指令的使用和对应的时序图如图 5-18 所示。

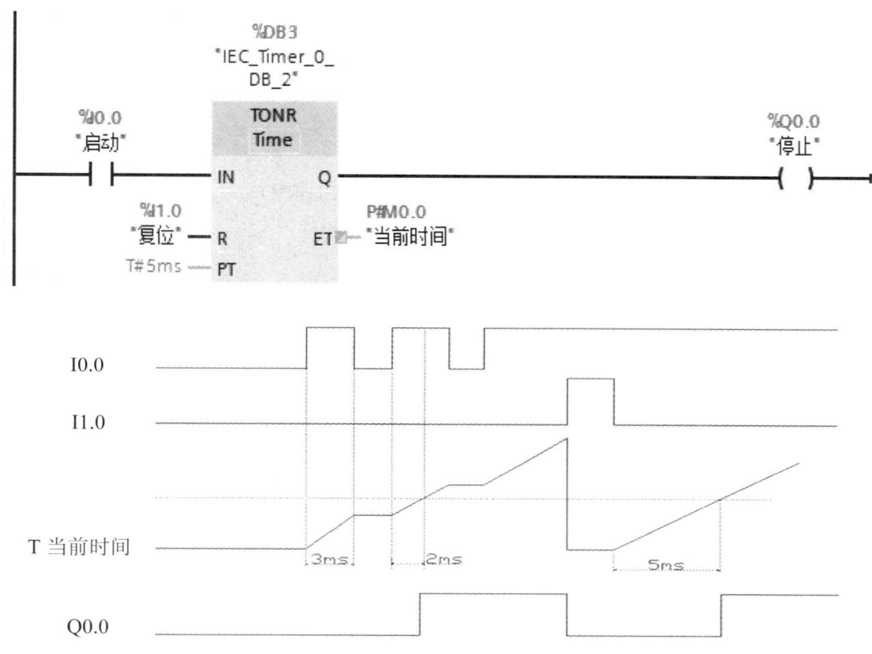

图 5-18 时间累加器指令的使用和对应时序图

当“I0.0”信号输出为“1”的时间小于设定的时间时，定时器的当前时间会记录并保持输入信号为“1”的时间，当累加的时间达到设定的时间后，定时器输出“Q0.0”为“1”，直到“复位”信号为“1”时，输出信号“Q0.0”变为“0”。

5.3.3 计数器指令

SMATIC S-150 CPU 可以使用 IEC 计数器和 SIMATIC 计数器。IEC 计数器占用 CPU 的工作存储器资源数量与工作存储器大小有关。SIMATIC 计数器是 CPU 的特定资源，数量固定，例如 CPU 1513 的 SIMATIC 计数器的个数为 2048。相比而言 IEC 计数器可设定的计数范围要远远大于 SIMATIC 计数器可设定的计数范围。

SIMATIC 计数器可实现加法计数和减法计数，采用的计数器包括加计数器(S_CU)、减计数器(S_CD)和加减计数器(S_CUD) 3 种类型，计数范围为 0～999。

如果大型项目中计数器不够用，可以使用 IEC 计数器，IEC 计数器包括加计数器(CTU)、减计数器(CTD)和加减计数器(CTUD)。与 IEC 定时器类似，每一个 IEC 计数器需要占用一定的 CPU 的存储区，也必须带有背景数据块。常用的 IEC 计数器指令见表 5-4 所示。

表 5-4　常用的计数器指令

指令名称	指令符号	操作数类型
加计数 CTU	#IEC_Counter_ 0_Instance_0 CTU Int CU　Q R　CV PV	CU\R\Q　Bool PV　整数 CV　整数\Char\Date
减计数 CTD	#IEC_Counter_ 0_Instance_0 CTD Int CD　Q LD　CV PV	CU\R\Q　Bool PV　整数 CV　整数\Char\Date
加减计数 CTUD	#IEC_Counter_ 0_Instance_0 CTUD Int CU　QU CD　QD R　CV LD PV	CU\R\Q\QU\QD　Bool PV　整数 CV　整数\Char\Date

CTU 加计数器指令的使用如图 5-19 所示。

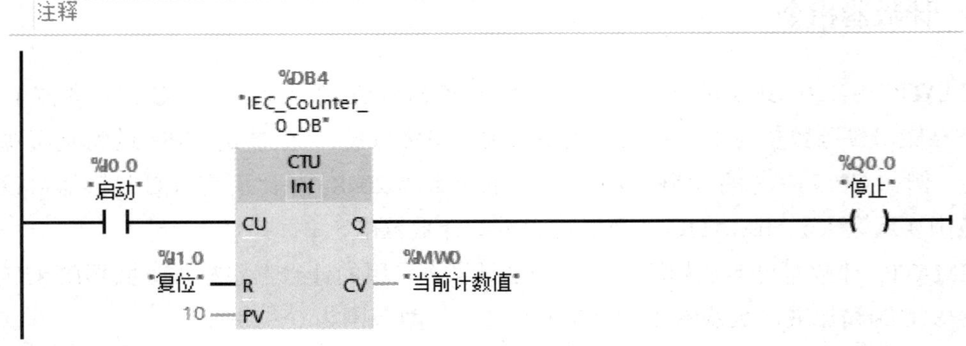

图 5-19　CTU 加计数器指令的使用

CTUD 加减计数器指令的使用和对应的时序图如图 5-20 所示。

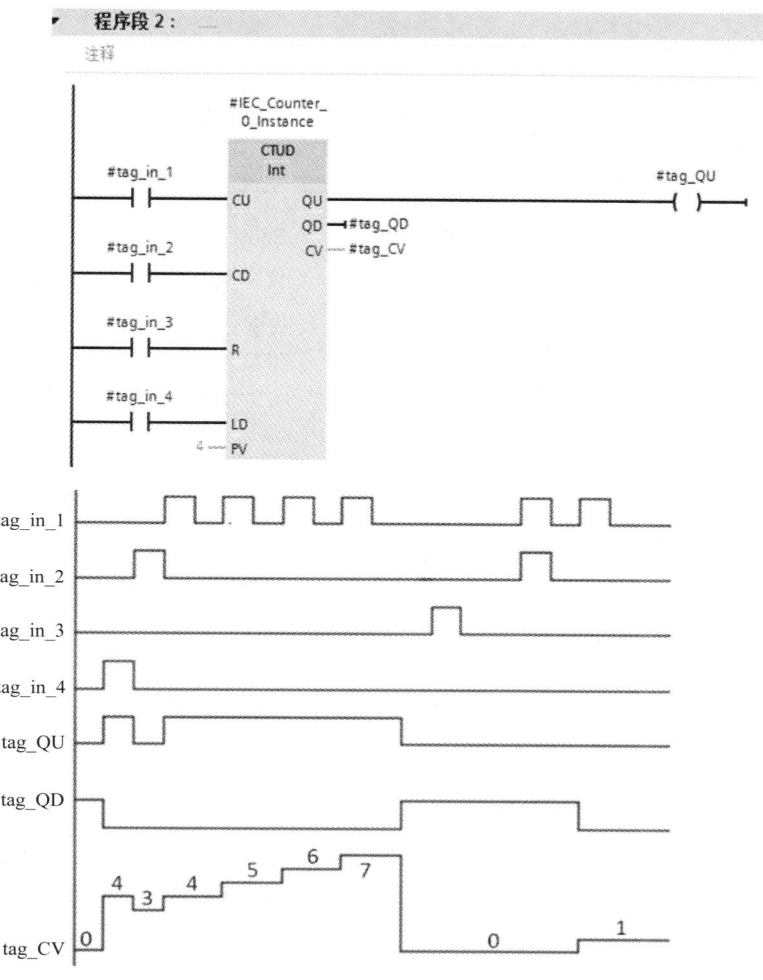

图 5-20　CTUD 加减计数器指令的使用和对应时序图

当加载信号的“tags_in_4”为“1”时，将计数器的设定值“4”赋值给计数器，每发送一个向上计数信号“tag_in_1”，则“tag_CV”值加 1；每发送一个向下计数信号“tag_in_2”，则“tag_CV”值减 1。如果在一个程序周期内，输入 CU 和 CD 都出现信号上升沿，即“tag_in_1”信号和“tag_in_2”信号同时为“1”时，则“tag_CV”的当前计数器值保持不变。当发送复位信号“tag_in_3”时，“tag_CV”值复位为 0。当“tag_CV”值大于等于 4 时，“tag_QU”值输出为“1”；当“tag_CV”值等于 0 时，“tag_QD”值输出为“1”。

5.3.4 移动操作指令

各个移动操作指令的接口详情如表 5-5 所示。

表 5-5 移动操作指令接口详情

指令名称	指令符号	操作数类型	
移动值指令	MOVE EN — ENO IN — OUT1	IN/ENO IN/OUT1	Bool 位字符串/整数/浮点数/定时器/日期时间/Char/WChar/Struct/Array/Timer/Counter/IEC/UDT
移动块指令	MOVE_BLK EN — ENO IN OUT COUNT	EN/ENO IN/OUT COUNT	Bool 二进制数/整数/浮点数/定时器/Date/Char/WChar/TOD/LTOD USInt/UInt/UDInt/ULInt
交换指令	SWAP ??? EN — ENO IN OUT	EN/ENO IN/OUT	Bool Word/DWord/LWord

MOVE 移动值指令的使用如图 5-21 所示。此指令是将 IN 端的数值传送到 OUT1 的地址中。

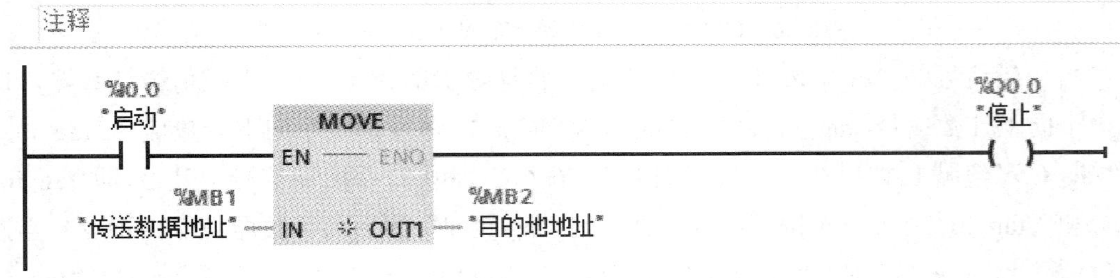

图 5-21 MOVE 移动指令的使用

MOVE_BLK 移动块指令的使用如图 5-22 所示。需要注意的是输入端和输出端必须是数组，COUNT 是从源区域到目标区域的元素个数。

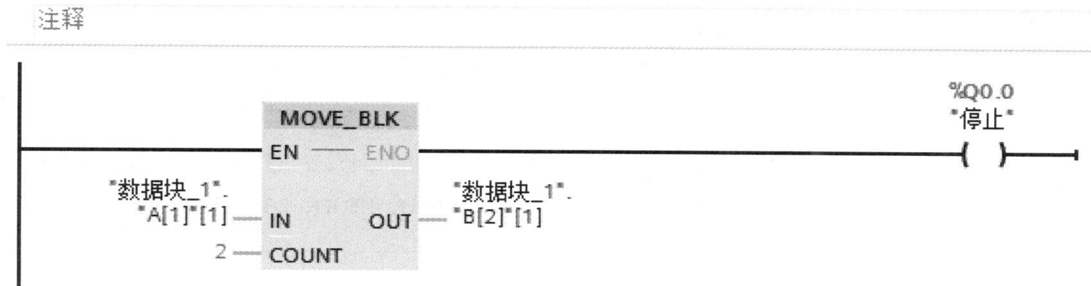

图 5-22　MOVE_BLK 移动块指令的使用

SWAP 交换指令的使用如图 5-23 所示。这个指令将 IN 中的字节顺序改变后输出到 OUT 中。指令框中的“<???>”表示的是该指令的数据类型，有 Word、DWord、LWord 三种类型。

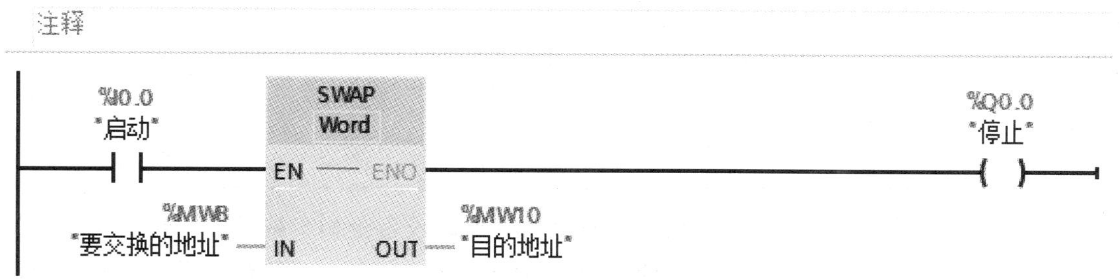

图 5-23　SWAP 交换指令的使用

5.3.5　比较指令

比较指令有等于、不等于、大于或等于、小于或等于、大于、小于、值在范围内等。将需要比较的两个操作数进行比较，若结果是真，则运算结果为 1，反之则为 0。多样的指令可以满足不同用户的需求。各个比较指令的接口详情如表 5-6 所示。

表 5-6　比较指令接口详情

指令名称	指令符号	操作数类型
等于比较指令	<???> == ??? <???>	位字符串、整数、浮点数、字符串、Time、LTime、Data、TOD、LTOD、DTL、DT、LDT
不等于比较指令	<???> <> ??? <???>	位字符串、整数、浮点数、字符串、Time、LTime、Data、TOD、LTOD、DTL、DT、LDT
大于或等于比较指令	<???> >= ??? <???>	位字符串、整数、浮点数、字符串、Time、LTime、Data、TOD、LTOD、DTL、DT、LDT
小于比较指令	<???> < ??? <???>	位字符串、整数、浮点数、字符串、Time、LTime、Data、TOD、LTOD、DTL、DT、LDT
值在范围内比较指令	IN_RANGE ??? <???> — MIN <???> — VAL <???> — MAX	MIN/VAL/MAX　整数、浮点数

等于比较指令有整数等于比较指令、双整数等于比较指令和实数等于比较指令。指令框中的“<???>”表示的是该指令的数据类型，有 Word、Int、Byte 等数据类型。若比较两个地址中的数值是相等的，则输出 1，反之则输出 0。该指令的使用如图 5-24 所示。

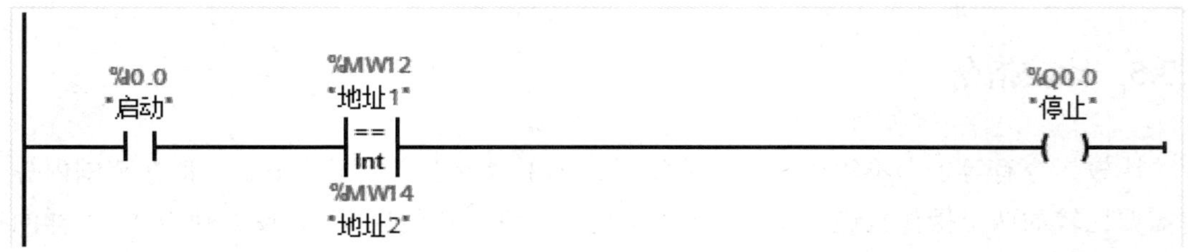

图 5-24　等于比较指令的使用

不等于比较指令有整数不等于比较指令、双整数不等于比较指令和实数不等于比较指令。指令框中的“<???>”表示的是该指令的数据类型，有 Word、Int、Byte 等数据类型。若比较两个地址中的数值是不相等的，则输出 1，反之则输出 0。该指令的使用如图 5-25 所示。

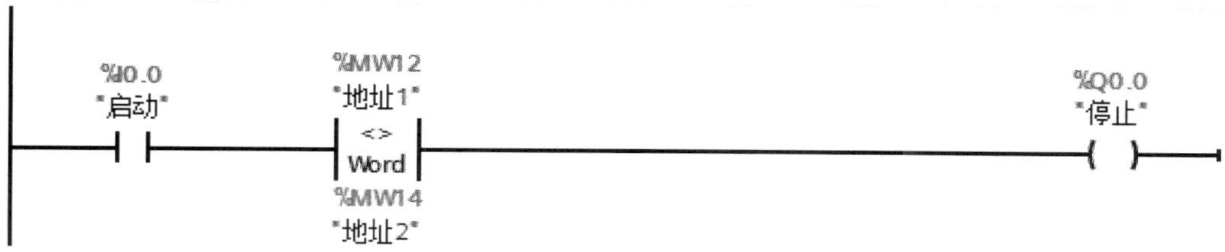

图 5-25　不等于比较指令的使用

大于或等于比较指令有整数大于或等于比较指令、双整数大于或等于比较指令和实数大于或等于比较指令。指令框中的“<???>”表示的是该指令的数据类型，有 Word、Int、Byte 等数据类型。该指令的使用如图 5-26 所示。若比较两个地址中 MW12 的值大于或等于 MW14 的值，则输出 1，反之则输出 0。

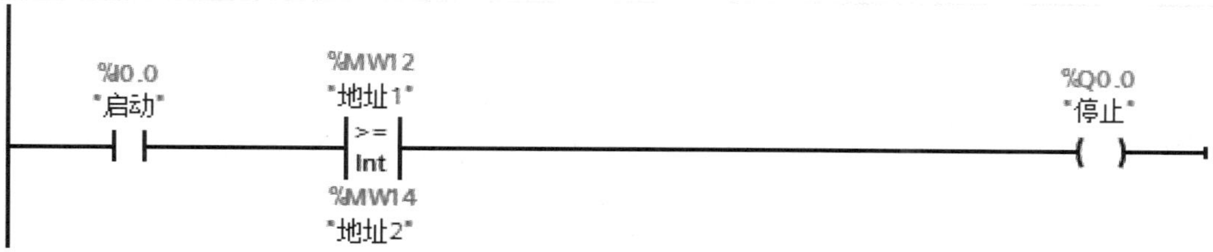

图 5-26　大于或等于比较指令的使用

小于比较指令有整数小于比较指令、双整数小于比较指令和实数小于比较指令。指令框中的“<???>”表示的是该指令的数据类型，有 Word、Int、Byte 等数据类型。该指令的使用如图 5-27 所示。若两个地址中 MW12 的值比 MW14 的值小则输出 1，反之则输出 0。

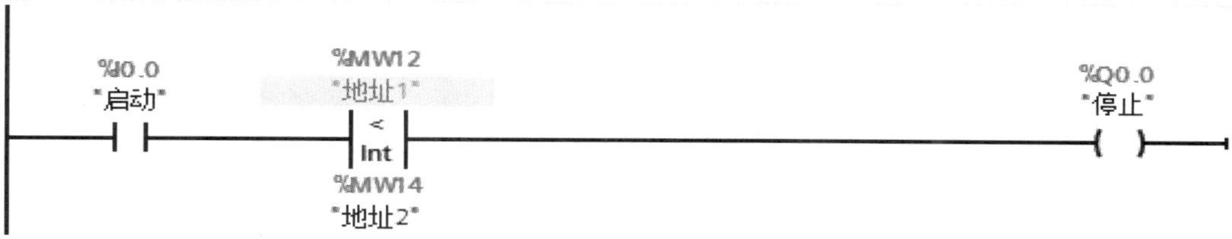

图 5-27　小于比较指令的使用

值在范围内指令是判断 VAL 中的值是否在 MIN 和 MAX 的范围内，也就是 VAL 的值小于等于 MAX 并且大于等于 MIN。若满足条件则功能框输出的信号状态为 1，反之则为 0。指令框中的“<???>”表示的是该指令的数据类型，有 Int、LInt、DInt 等数据类型。该指令的使用如图 5-28 所示。

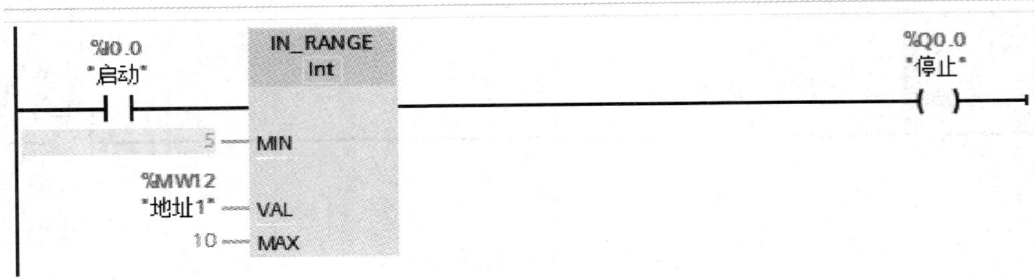

图 5-28　值在范围内指令的使用

其他指令的操作可参照西门子的编程语言手册，或在博途软件中选中需要的指令，按 F1 键获得该指令帮助。

5.3.6　字逻辑运算指令

字逻辑运算指令包括与运算(AND)、或运算(OR)、异或运算(XOR)、求反码(INVERT)、解码(DECO)、编码(ENCO)等运算指令。各个比较指令接口的详情如表 5-7 所示。

表 5-7　字逻辑指令接口详情

指令名称	指令符号	操作数类型
与逻辑指令	AND ??? EN ENO <???> IN1 OUT <???> <???> IN2	EN/ENO　Bool IN1/IN2/OUT　位字符串
异或逻辑指令	XOR ??? EN ENO <???> IN1 OUT <???> <???> IN2	EN/ENO　Bool IN1/IN2/OUT　位字符串

续表

指令名称	指令符号	操作数类型
解码指令	DECO UInt to ??? EN — ENO <???> — IN　OUT — <???>	EN/ENO　Bool IN　UInt OUT　位字符串
编码指令	ENCO ??? EN — ENO <???> — IN　OUT — <???>	EN/ENO　Bool IN　位字符串 OUT　Int

与运算指令是将两个输入位 IN1 和 IN2 的值进行“与”的计算，然后将计算的结果送到输出端 OUT 中。指令框中的“<???>”可以选择该指令可运算的数据类型，有 Byte、Word 等。该指令的使用如图 5-29 所示。

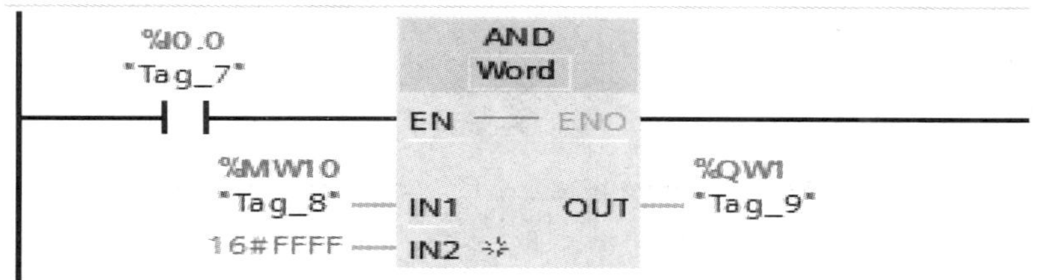

图 5-29　与运算指令的使用

异或指令就是判断两个输入端 IN1 和 IN2 的值是否一致，如果不一致，则输出端 OUT 为 1，否则为 0。指令框中的“<???>”表示的是该指令的数据类型，有 Byte、Word 等。该指令的使用如图 5-30 所示。

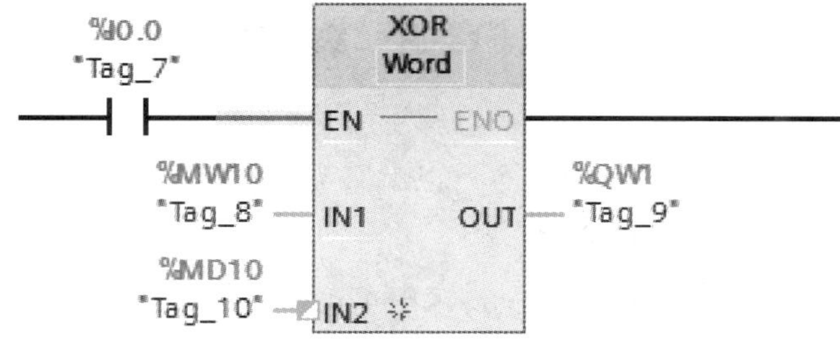

图 5-30　异或指令的使用

解码指令是先读取输入端 IN 中的值，然后在输出值中找出 IN 的值所对应的位并置位。指令框中的“<???>”表示的是该指令的数据类型。图 5-31 所示就是将 MD10 中的第 2 位置 1。

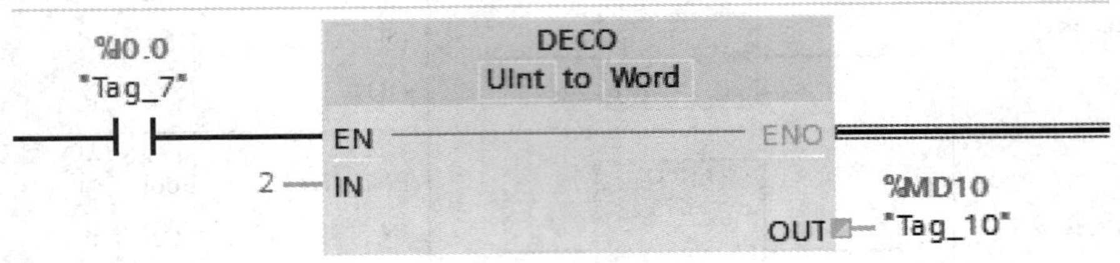

图 5-31　解码指令的使用

编码指令是将输入端 IN 中的值最低有效位找出，然后将这个最低有效位的位数输入到 OUT 中。此例中 MD10 的最低有效位是第 2 位，所以 MW10 就等于 2，如图 5-32 所示。

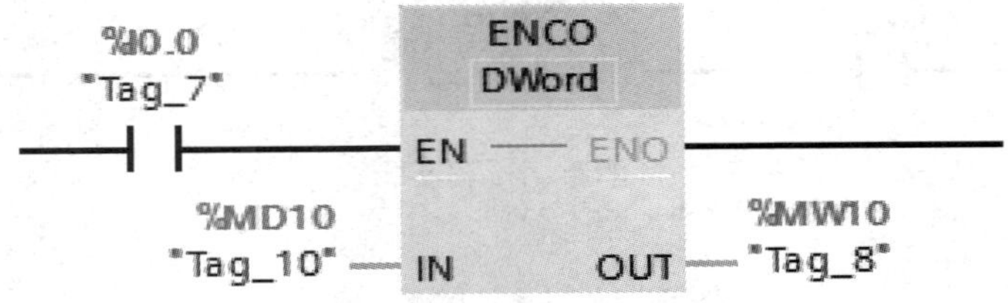

图 5-32　编码指令的使用

5.4　FC 的编写

对于系统中需要反复调用的一段指令可以编写为一个 FC，省去重复编写代码的问题，节省内存空间，并可提高程序的可读性。

新建 FC 首先需在项目树“程序块”目录中单击“添加新数据块”选项，选择 FC，并为其分配一个名称，不同的 FC 名称不可重名，可以以其要实现的功能命名。然后选择合适的编程语言，如图 5-33 所示。

图 5-33　新建 FC

勾选“新增并打开”选项，项目视图会自动打开一个窗口，以便创建刚添加的数据块。对于有输入、输出接口的 FC 可在接口说明里对该 FC 的输入、输出的变量进行定义和注释说明。例如控制电机运行的 FC 的接口说明如图 5-34 所示。

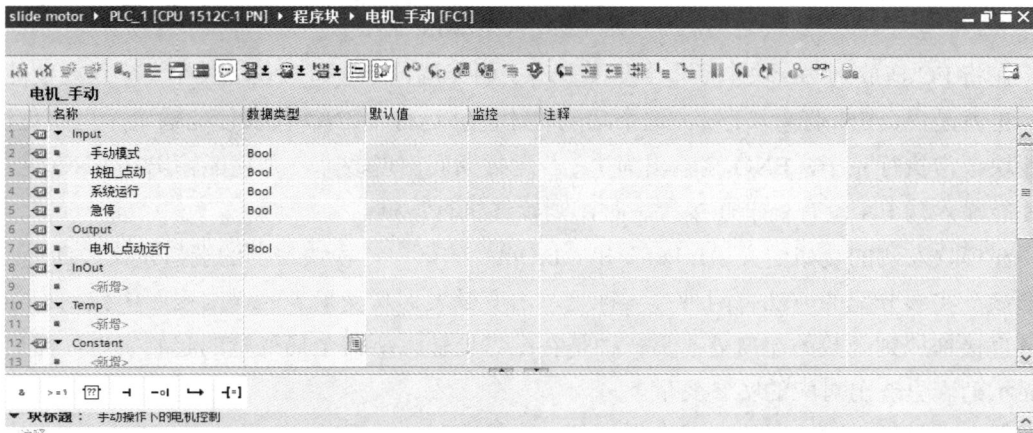

slide motor ▸ PLC_1 [CPU 1512C-1 PN] ▸ 程序块 ▸ 电机_手动 [FC1]

电机_手动

	名称	数据类型	默认值	监控	注释
1	▼ Input				
2	手动模式	Bool			
3	按钮_点动	Bool			
4	系统运行	Bool			
5	急停	Bool			
6	▼ Output				
7	电机_点动运行	Bool			
8	▼ InOut				
9	<新增>				
10	▼ Temp				
11	<新增>				
12	▼ Constant				
13	<新增>				

▼ 块标题：手动操作下的电机控制

图 5-34　FC 的接口说明

为了增加程序的可维护性，提高程序的可读性，可在程序块的标题栏和程序段注释中对此 FC 完成的功能和要求加以说明，方便使用。对于 FC 程序的编写与主程序等的编程方式相同，根据项目的逻辑关系，采用符合该编程语言的指令进行逻辑连接。

编写好的 FC 程序进行保存后即可被 OB 或其他函数块调用。调用 FC 与调用一般函数的指令相同，可从项目树中直接拖放到调用程序中，如图 5-35 所示。FC 端口上的“<??.?>”对应的形参需分配对应的实参，需要注意的是必须给它的全部接口连接变量。

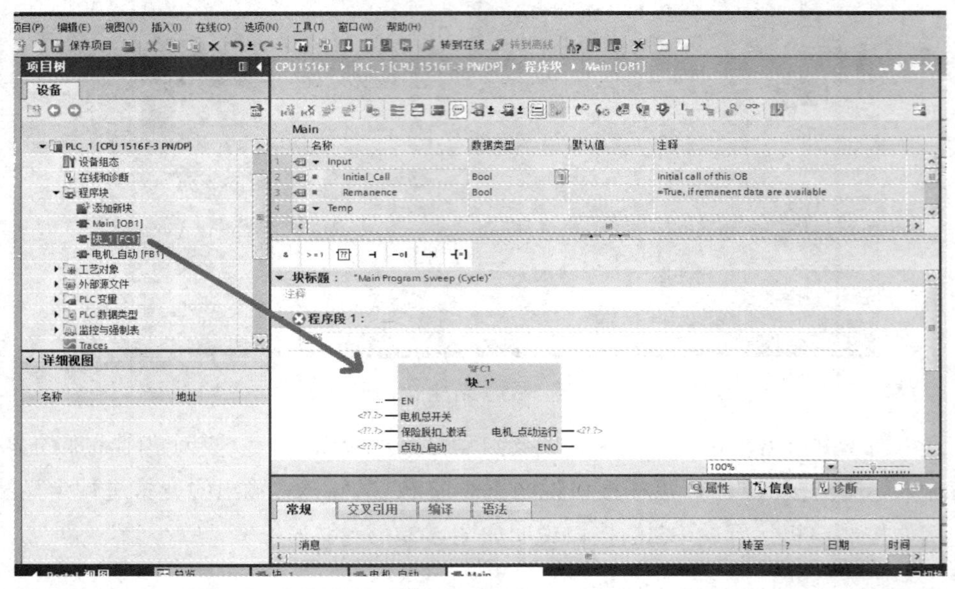

图 5-35　FC 的调用

在将 FC 拖放到 OB 块中后，会发现多出了两个端口 EN 和 ENO，其中 EN 代表使能输入，也就是说，EN 端输入为 1，这个功能块才能够运行；ENO 代表使能输出，也就是说，功能块正常执行完毕，ENO 端输出为 1。若运行期间出现故障，则使能输出端 ENO 重置。当使能输入端 EN 没有处于连接状态时，则始终执行该框。

在模块左侧的端口定义“InPut”和“InOut”的形参，模块右侧的端口定义“Output”的形参。实参分配的方法有两种：一种是单击变量表，从变量表的详细视图中找到相应的变量直接拖放到函数的端口处；另一种是在端口处输入所需全局变量的起始字母，然后从所显示列表里选出对应的实参变量。

保存项目后，对编写的程序进行编译、下载后可进行调试。如果在线 CPU 中有 FC，但 Offline 中没有 FC，则下载时自动清除 CPU 中的 FC。

5.5 FB 的编写

FB 与 FC 的区别在于 FB 拥有背景数据块，建立 FB 方法与 FC 的建立方式类似。每个 FB 都有对应的背景数据块 DB，背景数据块 DB 不用手动创建，系统会在调用 FB 时自动生成，所以背景数据块的结构也只能在 FB 的接口参数区进行修改。

FB 块接口类型包括 Input、Output、InOut、Static、Temp 和 Constant 6 种类型，如图 5-36 所示。其中 Input、Output、InOut 和 Static 区域的数据会存储在背景数据块中，背景数据块 DB 的格式与 FB 接口的格式相同。临时变量存放在临时堆栈中，其数值只在一个扫描周期内有效，因此在每个循环中都要重新赋值一次。FB 接口中没有 FC 中的 Return 类型，但增加了 Static 类型。对于 FB 中的参数可以设置或修改其默认值、保持性、可从 HMI/OPC 访问、在 HMI 中是否可写等属性。通过设置 FB 的保持性可以实现 FB 参数的掉电保持能力，保持性变量在 CPU 掉电时其当前数据仍被保留，不会丢失。

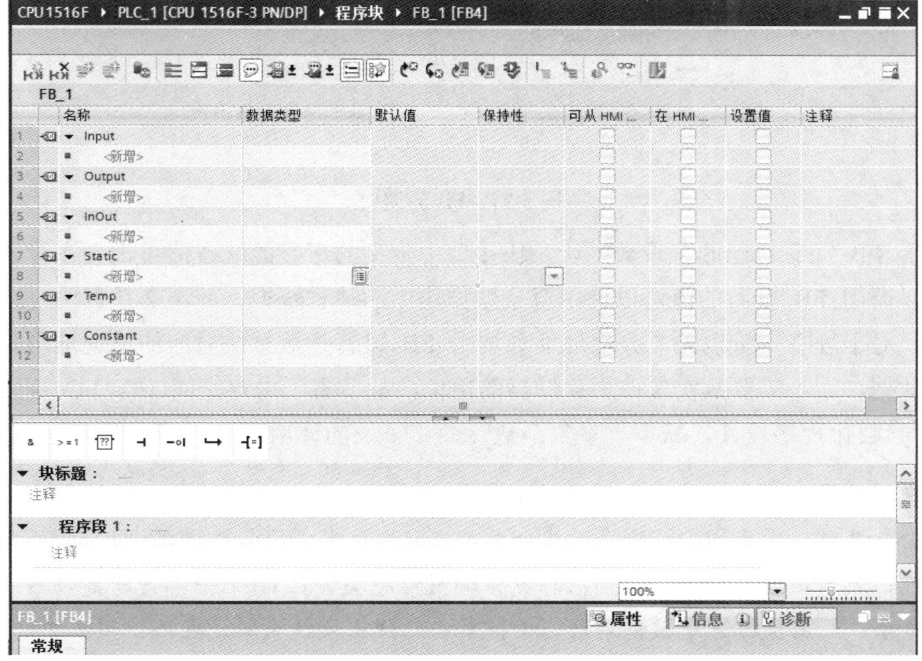

图 5-36　FB 的编程界面

新建的 FB 的编程界面如图 5-36 所示，界面中的上半部分为参数接口定义区，下半部分为编程工作区。

根据程序逻辑完成 FB 的编程后，可在主程序 OB 中对 FB 进行调用。在调用程序段中将 FB 从项目树中拖放到编程线上，此时系统将自动创建背景数据块。在弹出的对话框中给背景数据块分配一个名称并单击“确定”按钮确认接受此命名。此时，便可将包含的确定接口、背景数据块及 EN 和 ENO 接口的程序块添加到程序网络中，如图 5-37 所示。

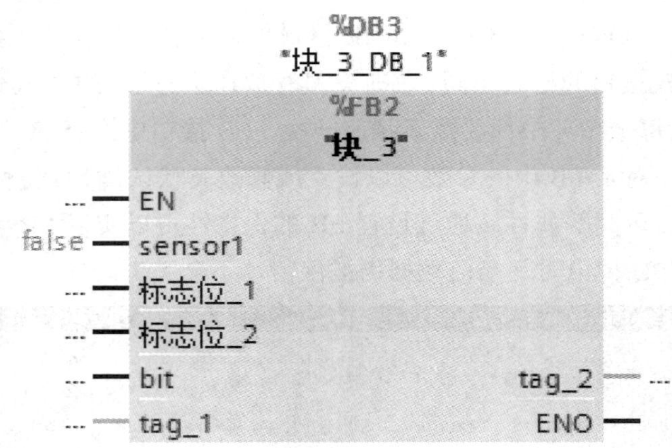

图 5-37　FB 的调用

由于 FB 拥有自己的背景数据块，块接口中定义的形参的缺省值可设置在背景数据块中，所以调用 FB 参数的值可以使用背景数据块中的缺省数据，而不必在调用时给每个形参赋值，对于静态变量也无需分配地址。调用 FB 时背景数据块对应的位地址用来保存相应变量数据，而不需要赋实参占用存储器的地址，故节省了内存空间。与 FC 相比，使用 FB 进行参数化程序设计，减少了参数个数，简化了块的调用。

注意：如果在某个程序中调用了带形参的 FC 或 FB，后来又修改了被调用块接口中的参数类型或名称，或者增加、删除了某个参数，则此时在调用程序中被调用的 FC 或 FB 则变为红色，表示块调用无效，必须及时更新调用程序块。在 OB1 中单击“更新不一致的块调用”命令，或用鼠标选中被调用块，右键单击，弹出快捷菜单，在快捷菜单中选择“更新块调用”选项，系统会自动更新数据，如图 5-38 所示。

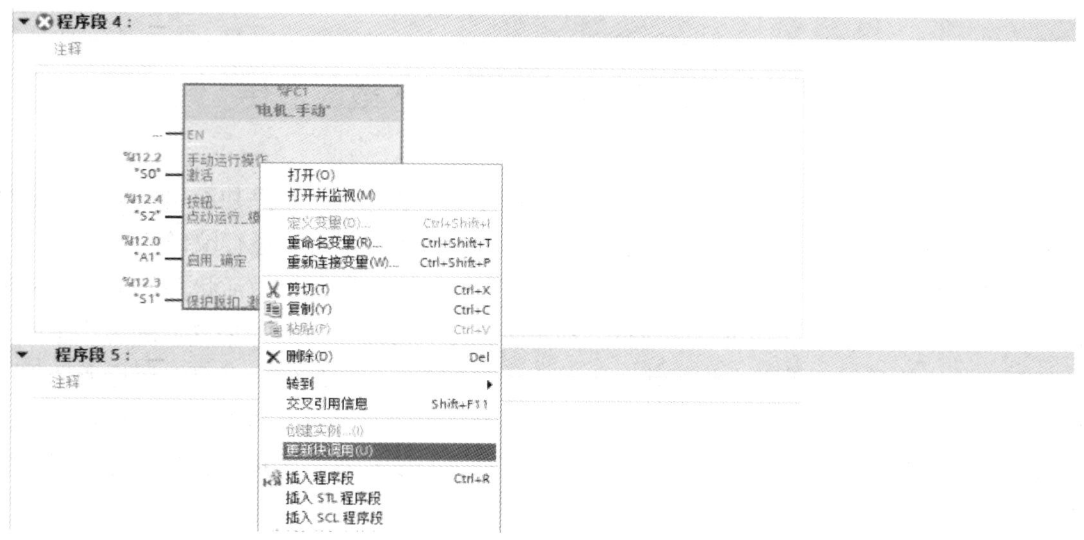

图 5-38　程序块修改后更新调用块

更新过程中会弹出接口同步操作窗口，在此窗口中可方便对比块在更改前后的差别，如图 5-39 所示。左边红色的为原程序块，右边黑色的为更新后的块。对于更新后的块中有增加的接口时，系统自动用问号表示，提示编程人员需要为其赋实参。

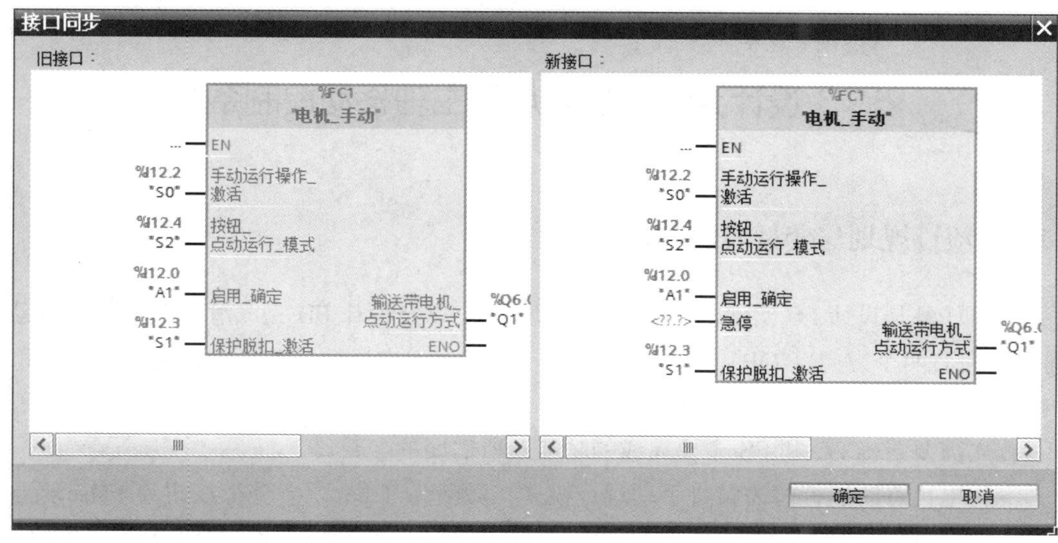

图 5-39　接口同步窗口

5.6　程序的保存、编译、下载、上传

程序编译过程中需要及时保存程序，防止程序意外丢失。当程序块编辑完后，需要进行编译，没有编译错误方可下载。当然，也可以在程序下载时自动进行编译检查。

编译操作可使用项目工具条中的编译按钮进行。如果鼠标激活状态位于程序编辑器，此时单击编译按钮，则只对当前打开的单个程序块进行编译。如果鼠标激活状态位于项目树中程序块目录下的某个程序块，则单击编译按钮，则程序编译器只对鼠标所选程序块进行编译。如果用鼠标选中整个程序块目录，则可对该文件夹下所有程序块进行编译。如果鼠标选中的是项目根目录，则可对该项目下的所有文件进行编译，包括硬件配置、软件程序块、HMI 等。

程序块的下载方式与编译类似，需要用鼠标激活程序编辑器，或选中项目树中程序块目录或某个程序块，单击项目工具条的下载按钮，建立与 PLC 的连接关系后即可进行下载。

在程序调试过程中，有时因为调试版本与 CPU 的在线版本不一致，则需要进行上传操作，上传与下载的操作类似，单击工具条上的上传按钮，建立连接后，选择需要上传的内容为整个项目或部分程序块，执行上传操作。

5.7　设计实例：机床加工主轴移动控制系统

5.7.1　项目规划与变量表的创建

主要任务是设计 FC 实现滑轨电机的点动运行，以及设计 FB 完成滑轨电机的自动运行(向左、向右两个方向)。OB1 为主程序，暂不考虑进刀电机的联动，滑轨电机的手动和自动控制均在 OB1 中进行 FC 和 FB 的调用。

首先需要明确 FC 和 FB 中要完成的功能及所需要的参数。

滑轨电机点动运行时需将“手动运行模式”激活为 True，“急停”按钮为 False，当一切检查完成以后，将“启动_确定”激活为 True，当按下“点动运行”按钮以后，滑轨电机将点动运行。

自动运行模式下的具体运行过程为：当一切准备就绪，按下“启动”按钮以后，滑轨电机开始运行，当触发左极限位置传感器时，滑轨电机向右运行；当触发右极限位置传感器时，滑轨电机向左运行，如此循环往复。

FC 中需要的全部参数和相应的注释如表 5-8 所示。FB 中所需的所有参数和注释说明如表 5-9 所示。

表 5-8　FC 参数表

输入量	数据类型	注　释
手动运行模式	Bool	滑轨电机进入手动运行模式
启动_确定	Bool	全部准备条件满足
点动运行	Bool	控制滑轨电机点动运行
急停	Bool	急停
输出量	数据类型	注　释
滑轨电机点动运行	Bool	滑轨电机点动运行

表 5-9　FB 参数表

输入量	数据类型	注　释
自动运行模式	Bool	滑轨电机进入自动运行模式
启动	Bool	滑轨电机启动
启动_确定	Bool	全部准备条件满足
急停	Bool	急停
开始位置传感器	Bool	滑轨的两侧极限位置传感器
结束位置传感器	Bool	滑轨的两侧极限位置传感器
输出量	数据类型	注　释
滑轨电机自动运行	Bool	滑轨电机自动运行
静态变量	数据类型	注　释
中间运算变量 1	Bool	用于存放中间运算结果
中间运算变量 2	Bool	用于存放中间运算结果

在第三章中建立的硬件配置的基础上，将程序切换至项目视图，开始程序的编写。首先需要创建一个变量表，可采用手工输入的方式，也可在 Excel 表中建好后直接导入。此处选择 Excel 批量导入的方式，生成的变量表参见 5.2 节中图 5-13。

5.7.2 FC 编写引导指南

在 PLC 的 Portal 视图中添加一个新的块，则就创建一个新的 FC 块，并将其命名为“滑轨电机点动运行”，设置编程语言为 FBD，勾选“新增并打开”选项，然后单击“加”按钮，此时会自动进入项目视图中所创建的功能块中，如图 5-40 所示。

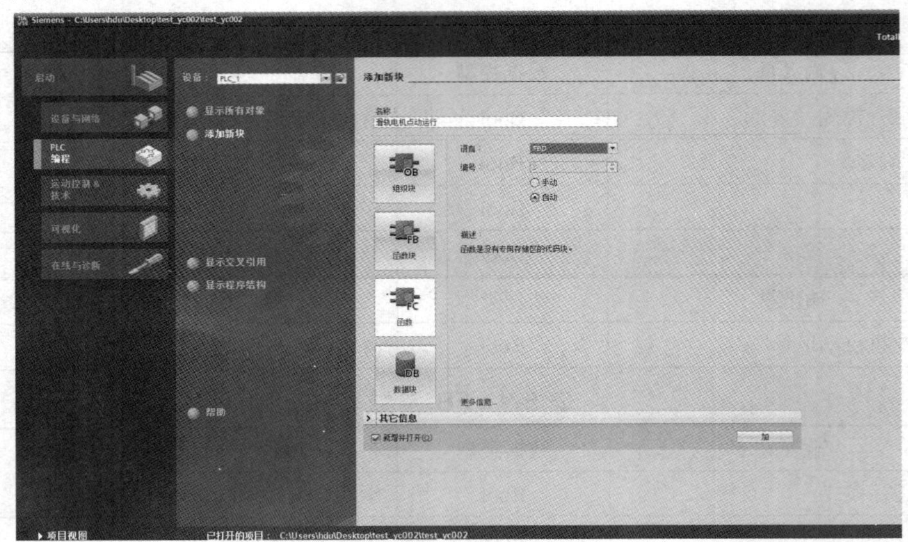

图 5-40 创建块的界面

1. FC 参数设置

首先需要给新创建的 FC 添加一些接口，将前面规划好的接口一一添加进去，在 Input 接口区添加 4 个布尔量，在 Output 接口区添加一个布尔量，注意检查数据类型，并给各个量补充注释。具体参数设置如表 5-41 所示。

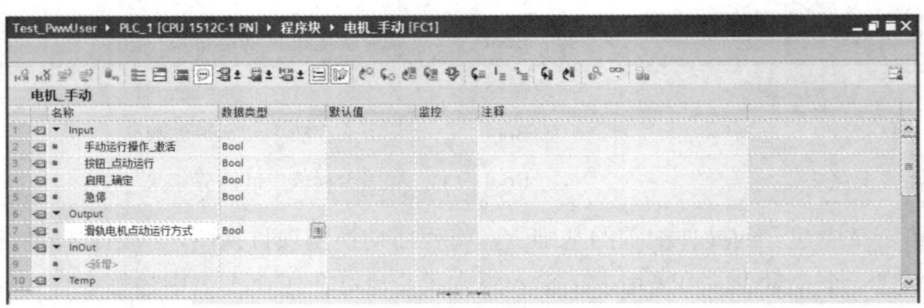

图 5-41 FC 接口布尔量的添加

在编辑程序之前，需要给程序块添加一个注释性质的标题，以方便后期的程序阅读，如图 5-42 所示。

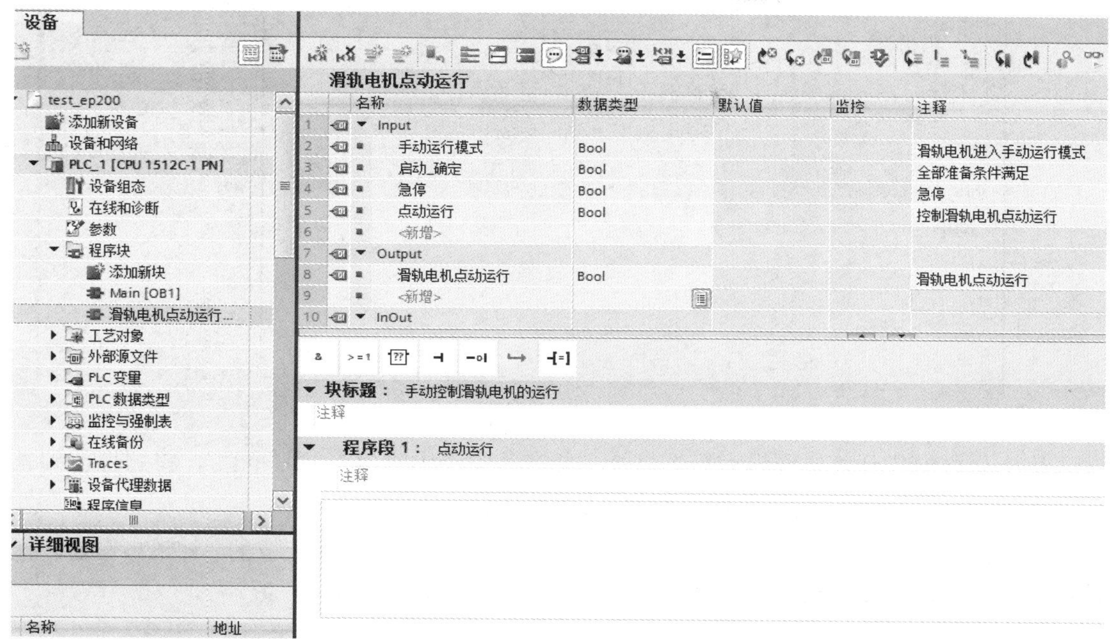

图 5-42　块标题的添加

2. 程序的编写

在程序的编写过程中，添加指令有两种常用的方式：一种是通过接口区下方的快速指令工具栏(如图 5-43 所示)，即在快速指令工具栏选中指令后直接在下方程序段中进行添加；还有一种是通过编程区右侧的“指令”工具栏(如图 5-44 所示)来添加各种指令，编程所需要的全部指令都可以在“指令”工具栏找到。

图 5-43　快速指令工具栏

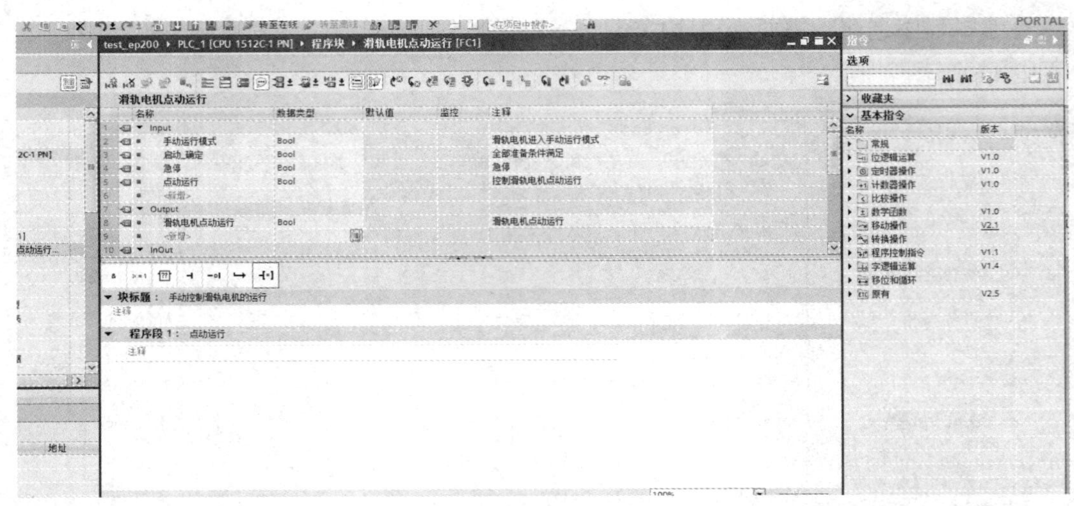

图 5-44　指令工具栏

从工具栏中找到“位逻辑运算”目录，并在其中选中赋值符 -[=] ，将它拖放到程序段 1 中(此时会出现绿线，光标也会带上“+”号)。

将 Output 接口区的“滑轨电机点动运行”参数拖放到程序块上方的“<??.?>”处，拖动操作时用鼠标点住参数前面的蓝色小方块即可拖动，如图 5-45 所示。

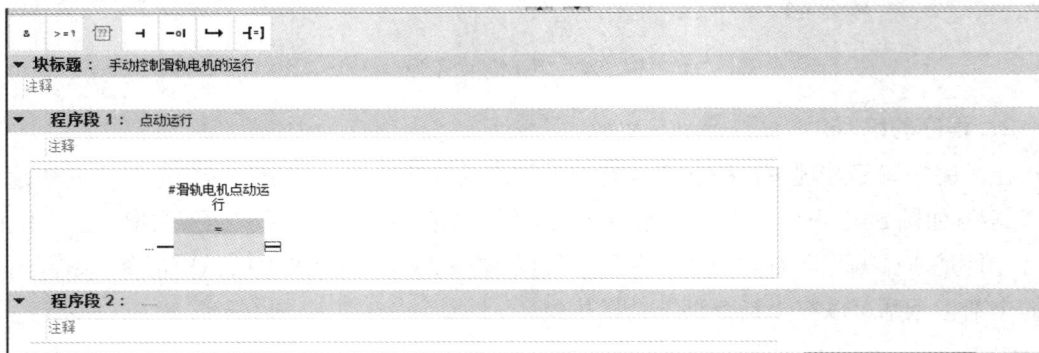

图 5-45　指令的添加

注意：参数拖放上去以后，其显示形式为“#滑轨电机点动运行”，“#”表示这是一个本地的接口区变量。其实在博途中有多种连接变量的方式，比如单击“<??.?>”就可以看到可用变量，也可以在“<??.?>”中直接键入想要的变量。

选中赋值运算符左侧输入端的连线，使其变成蓝色，然后在快速指令工具栏中单击“&”逻辑运算符，则可以在程序块上添加一个“与”逻辑运算，如图 5-46 所示。

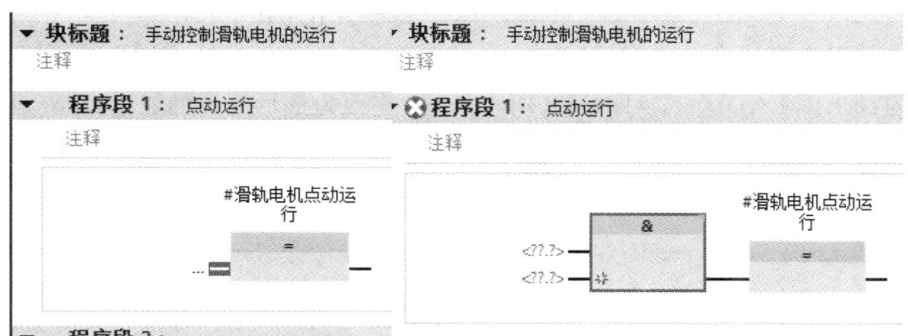

图 5-46　程序的编写

对于滑轨电机的点动运行，共需要满足 4 个输入条件，分别为“手动运行模式”“允许运行”“急停”“按钮点动”。点动运行相对于与逻辑运算需要更多的输入接口，可以通过双击黄色星形来添加新的输入端，然后将 4 个输入参数添加进去，如图 5-47 所示。因为“急停”按钮是常闭按钮，所以需要对该参数进行取反操作。取反操作方法为先选中“急停”按钮所连接的输入线，变成蓝色后，通过单击快速指令栏中的“取反”指令来完成。

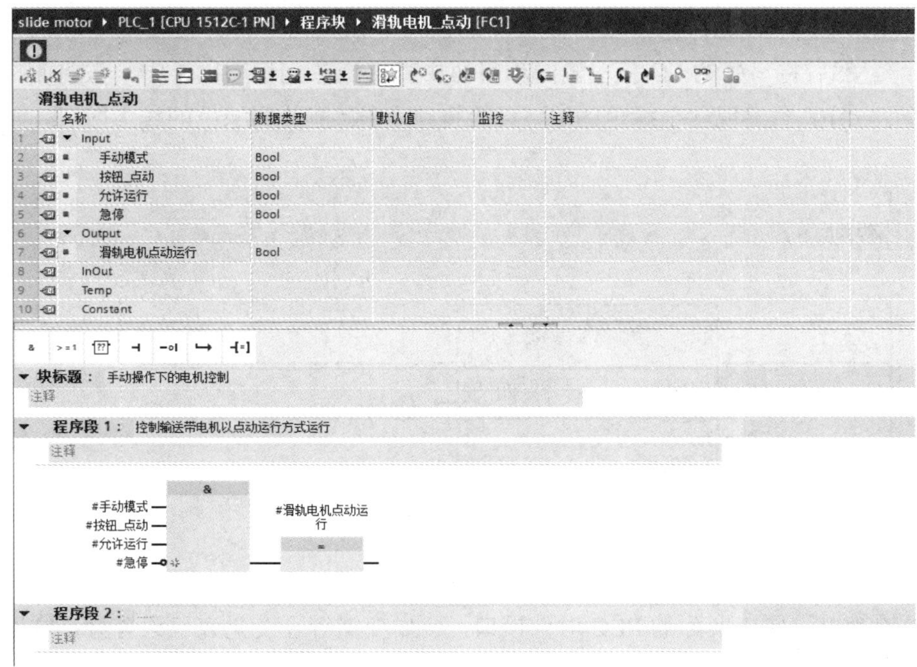

图 5-47　输入端的添加

至此，完成了 FC 的初步编辑，单击“保存”命令来保存项目。

接下来可以在模块中单击鼠标右键，在弹出的下拉列表中选中“切换编程语言”选项，将其更改为梯形图 LAD 方式，图 5-48 所示是 FC 更改为梯形图后的显示。

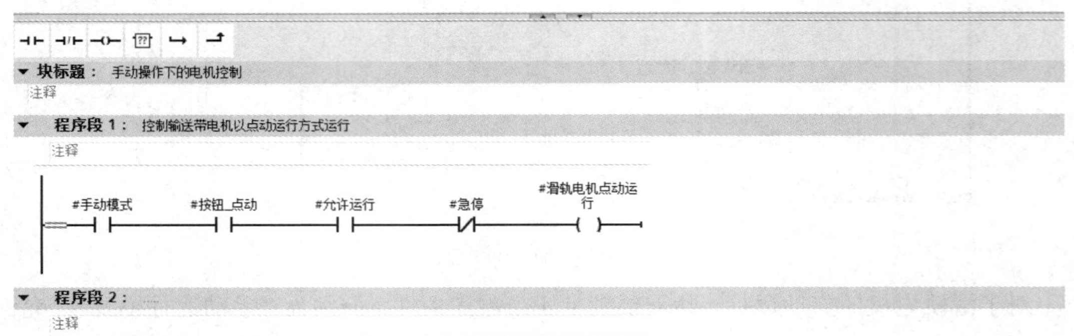

图 5-48　FC 的梯形图显示

3. OB1 中对 FC 的调用

在项目视图左侧项目树中双击 Main[OB1]打开主程序，编辑程序之前需要先为 Main[OB1]输入一个标题，以方便后面程序的读写。在这里，将其更改为“滑轨电机点动向左运行”。然后将写好的 FC 从左侧的项目树中直接拖放到程序段 1 中，与前面拖放“赋值”等指令一样，会出现一个绿色的线，直接将整个 FC 拖放到绿色的线上即可，如图 5-49 所示。

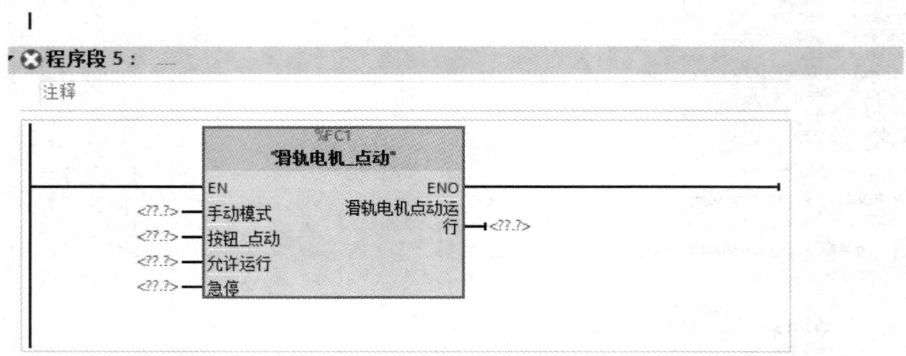

图 5-49　FC 模块的添加

这里的接口需要接实际的 PLC 对外接口，全局变量等在变量表已设置好，这里可直接引用。与调用 FC 中本地变量的方式类似，可以直接从变量表中拖放变量到各个接口，也可以通过单击“<??.?>”的方式在其上输入变量名。本例中添加如下几个接口变量：“S0”“S1”“S2”“S3”“Q1”和“Q2”，如图 5-50 所示。

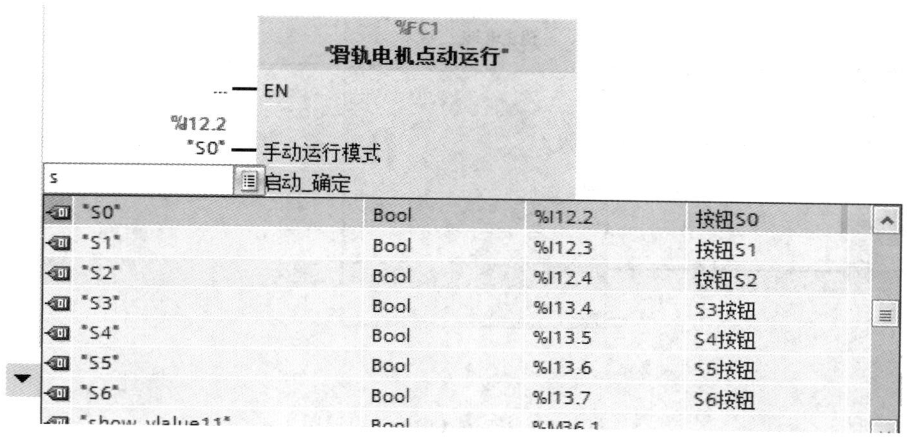

图 5-50　输入端变量的添加

为了防止电机的正转信号与反转信号同时加电，需对电机两个方向的输出进行互锁，同时也要对两个方向运行的按钮开关进行互锁。因此电机正转的“允许运行”的条件为电机反转输出和反转点动按钮均为“0”，取常闭触点，而电机反转的“允许运行”的条件为电机正转输出和正转点动按钮也均为常闭触点。

采用同样的方法对程序块 2 命名为“滑轨电机向右运行”，然后将 FC 调用进来，并添加各种参数，注意输出使用的变量为 Q2，变量添加完成以后，两个程序块如图 5-51 所示。

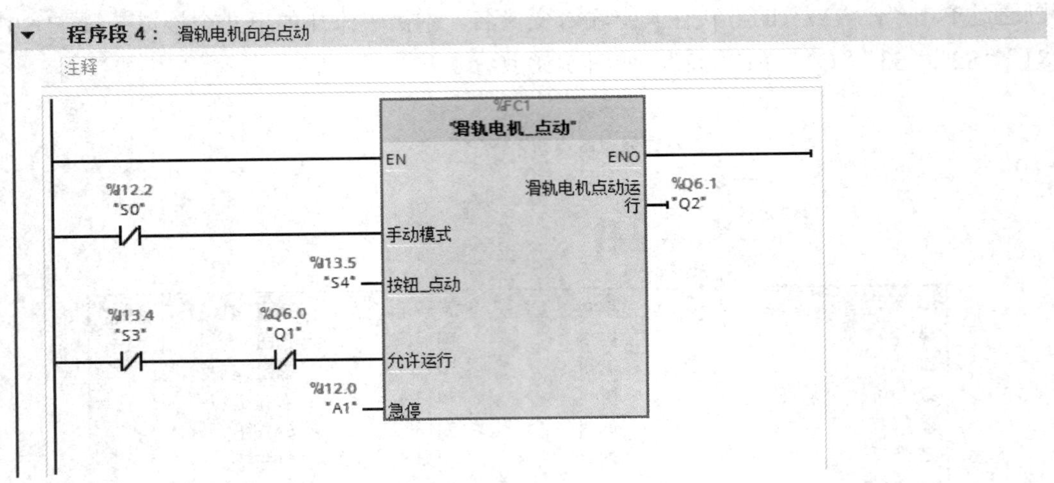

图 5-51　FC 在 OB1 中的调用

4．程序的保存、编译、调试与下载

先单击保存项目按钮，对项目进行保存。然后选中左侧项目树中的 PLC，然后单击编译按钮，如图 5-52 所示。注意编辑后系统给的编辑提示，如果有错误或者警告信息，则可以在提示栏中直接双击问题，程序即可直接跳转到问题所在处。

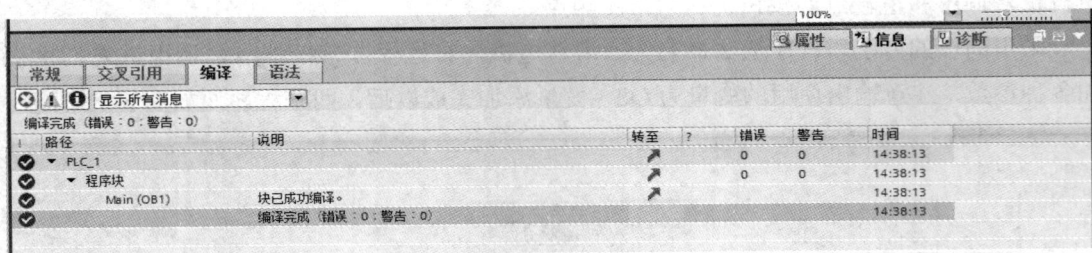

属性　信息　诊断

常规　交叉引用　编译　语法

显示所有消息

编译完成（错误：0；警告：0）

!	路径	说明	转至	?	错误	警告	时间
✔	▼ PLC_1		↗		0	0	14:38:13
✔	▼ 程序块		↗		0	0	14:38:13
✔	Main (OB1)	块已成功编译。	↗				14:38:13
✔		编译完成（错误：0；警告：0）					14:38:13

图 5-52　编译界面

程序编译没有问题以后，将整个程序下载到 PLC 中。

单击下载到设备按钮，将程序下载到 PLC 中，然后单击启用/禁用监视按钮来观测已下载的程序的运行(此处也可以通过在程序块上单击鼠标右键，在弹出的下拉列表中选择“打开并观测”选项来监视程序运行)，如图 5-53 所示，此处的观测显示结果和功能有关。通过 TRUE 或者 FALSE 来显示各项变量的状态。

完成后，对项目进行保存归档。

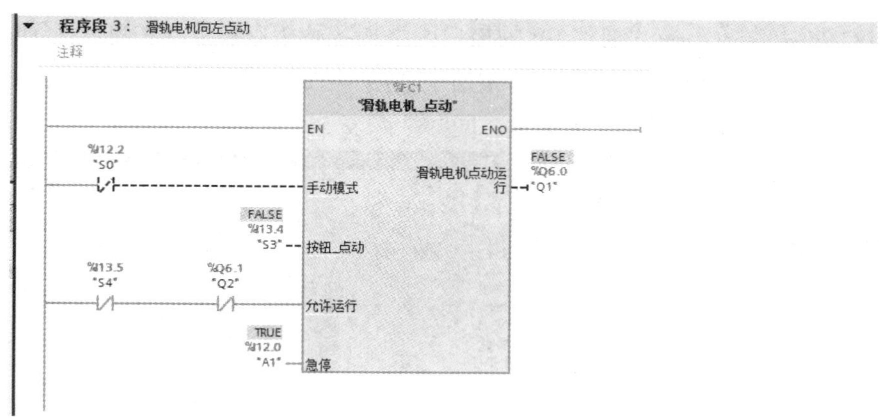

图 5-53　程序监控界面

5.7.3　FB 编写引导指南

在项目视图项目树“程序块”目录中单击“添加新块”选项，创建一个新的 FB，并将其命名为“滑轨电机自动运行”，设置编程语言为 FBD，勾选“新增并打开”选项，然后单击“确定”按钮，此时系统则会自动进入所创建的功能块中，如图 5-54 所示。

图 5-54　新块的添加

如同 FC 的编写一样，首先要在 FB 的接口区添加各种接口参数。FB 中新增了一个 Static 类型的变量，这是一个用于存放运算中间值的变量。添加接口参数时注意检查数据类型，并给各个变量补充注释，如图 5-55 所示，同时按照表 5-6 建立 FB 的参数表。

slide motor ▸ PLC_1 [CPU 1512C-1 PN] ▸ 程序块 ▸ 滑轨电机自动运行 [FB2]

滑轨电机自动运行

	名称	数据类型	默认值	保持	可从 HMI/...	从 H...	在 HMI ...	设定值	监控	注释
1	▼ Input									
2	自动运行模式	Bool	false	非保持	☑	☑	☑			
3	启动_确定	Bool	false	非保持	☑	☑	☑			
4	启动	Bool	false	非保持	☑	☑	☑			
5	停止	Bool	false	非保持	☑	☑	☑			
6	开始位置传感器	Bool	false	非保持	☑	☑	☑			
7	结束位置传感器	Bool	false	非保持	☑	☑	☑			
8	急停	Bool	false	非保持	☑	☑	☑			
9	▼ Output									
10	滑轨电机自动运行	Bool	false	非保持	☑	☑	☑			
11	▼ InOut									
12	<新增>									
13	▼ Static									
14	中间运算变量1	Bool	false	非保持	☑	☑	☑			
15	中间运算变量2	Bool	false	非保持	☑	☑	☑			
16	▼ Temp									
17	<新增>									
18	▼ Constant									
19	<新增>									

图 5-55　变量的添加

1．程序编辑

在程序编辑之前，需要给程序块添加一个注释性质的标题，以便后期的程序阅读，此处将程序块标题设置为“滑轨电机向左自动运行”。

程序指令的添加方式在 FC 中已有介绍，这里不再赘述。

对于滑轨电机的自动运行需要满足两个启动条件，首先需要检查完成加电的“启动_确定”输入，其次需要激活“自动运行模式”的输入，这两个都是自带保持性质的信号。当按下“启动”按钮后电机可以启动运行，当按下“停止”或“急停”按钮时电机要停止运行。

为了判断电机的运行方向，可以利用滑轨运动平台上左、右极限开关确定，当滑轨运动到极限位置时需停止运行并改变方向。例如当滑轨运动到左极限位置传感器时，电机向左运动信号就会停止；当滑轨运动到右极限位置传感器的时候，电机向左运动信号又会被激活并保持。同样，当滑轨运动到右极限位置传感器时，电机向右运动信号就会停止；当滑轨运动到左极限位置传感器的时候，电机向右运动信号又会被激活并保持。为了使该 FB 适用两个方向电机的运行，左、右极限开关传感器分别用“开始位置传感器”和“结束位置传感器”表示，在电机向左和向右运行时分别对应不同的传感器。

FBD 语言编写程序通常以赋值语句开始。从指令栏添加一个“赋值”指令，并将“滑轨电机自动运行”添加在上面，其输入端有多个输入参数，首先需要添加一个“与”逻辑运算，在与逻辑运算的输入端，分别连接“启动_确定”和“自动运行模式”两个输入，如图 5-56 所示。

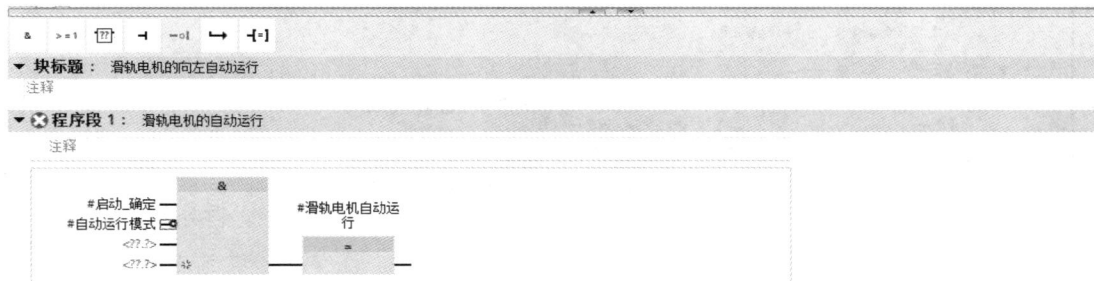

图 5-56　FBD 程序编辑的界面

为了实现按下“启动”按钮电机能够保持运行，按下“停止”或“急停”按钮时能停止运行，可通过 SR 指令实现。这个指令函数的主要功能是当 S 端得到一个信号(从 0 变为 1)时，其 Q 端就持续输出“1”；当 R1 端得到一个信号时，其 Q 端就持续输出“0”。其中“启动”按钮接在 S 端，“停止”和“急停”接在 R1 端，如图 5-57 所示。

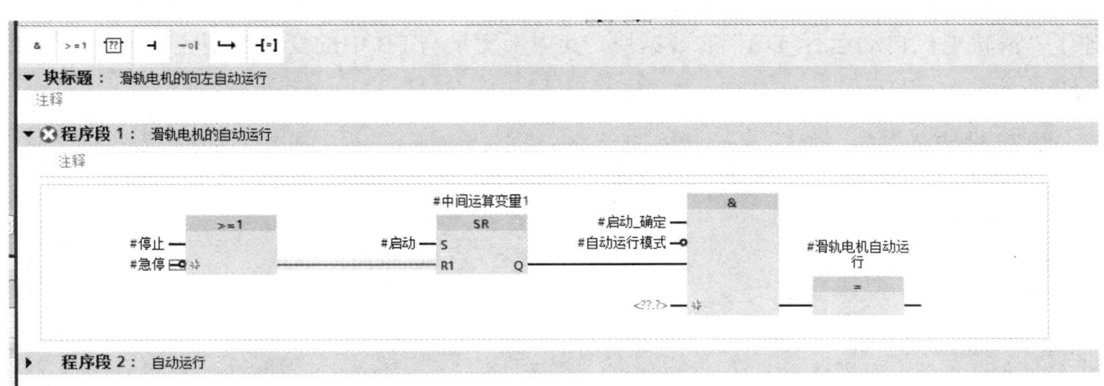

图 5-57　SR 指令的编写

在系统自动运行状态时，当电机向左运行到左极限位置或向右运行到右极限位置时，电机需要变换方向，即电机的开始位置传感器也是电机启动的信号，结束位置传感器也是电机停止的信号，因此，将两个位置传感器的状态加入电机运行状态控制程序中，电机自动运行的程序块修改为如图 5-58 所示。

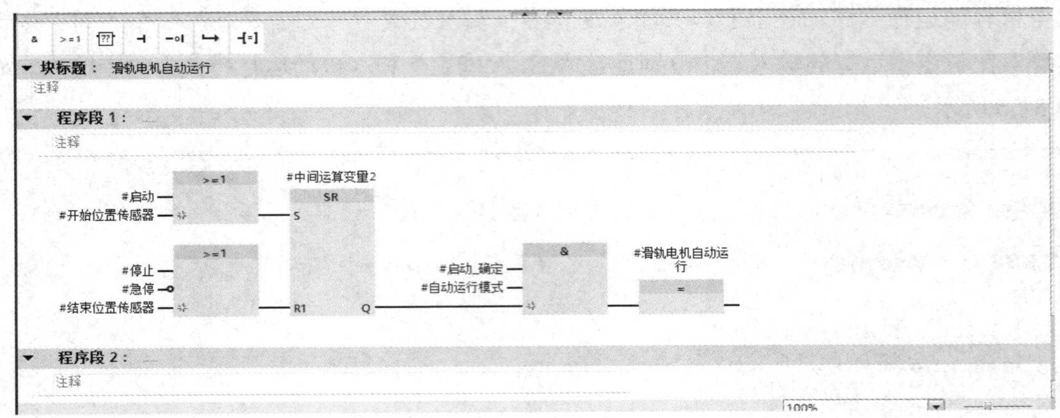

图 5-58　电机自动运行 FB 的程序

至此，完成了 FB 的初步编辑，单击“保存”命令来保存项目。

2．在 OB 中调用 FB 程序

在 OB 中调用 FB 程序与在 OB1 中调用 FC 类似，即先对 OB1 的程序段 1 添加一个注释性质标题，然后将整个“滑轨电机自动运行(FB1)”程序块拖放到 OB1 的程序段 1 上。此时系统自动弹出一个对话框生成一个背景数据块，选择自动生成后，程序块中则自动创建了“滑轨电机自动运行_DB”的数据块，其内部变量与 FB 中的变量类型完全一致，如图 5-59 所示。

滑轨电机自动运行_DB

	名称	数据类型	起始值	保持	可从 HMI/...	从 H...	在 HMI ...	设定值	监控	注释
1	▼ Input			☐	☐	☐	☐	☐		
2	自动运行模式	Bool	false	☐	☑	☑	☑	☐		
3	启动_确定	Bool	false	☐	☑	☑	☑	☐		
4	启动	Bool	false	☐	☑	☑	☑	☐		
5	停止	Bool	false	☐	☑	☑	☑	☐		
6	开始位置传感器	Bool	false	☐	☑	☑	☑	☐		
7	结束位置传感器	Bool	false	☐	☑	☑	☑	☐		
8	急停	Bool	false	☐	☑	☑	☑	☐		
9	▼ Output			☐	☐	☐	☐	☐		
10	滑轨电机自动运行	Bool	false	☐	☑	☑	☑	☐		
11	InOut			☐	☐	☐	☐	☐		
12	▼ Static			☐	☐	☐	☐	☐		
13	中间运算变量1	Bool	false	☐	☑	☑	☑	☐		
14	中间运算变量2	Bool	false	☐	☑	☑	☑	☐		

图 5-59　FB 的背景数据块

FB 的调用需要对其上的各个接口进行赋值，与 FC 相同，这里也是连接实际的 PLC 的对外接口，本例子中添加如下几个接口变量："S0""S1""S2""A1""B4""B7""Q1""Q2"。程序中"开始位置传感器"连接 B4，表示右极限位置传感器；"结束位置传感器"连接 B7，表示左极限位置传感器；"滑轨电机自动运行"连接 Q1，表示向左运行。程序的调用与赋值如图 5-60 所示。

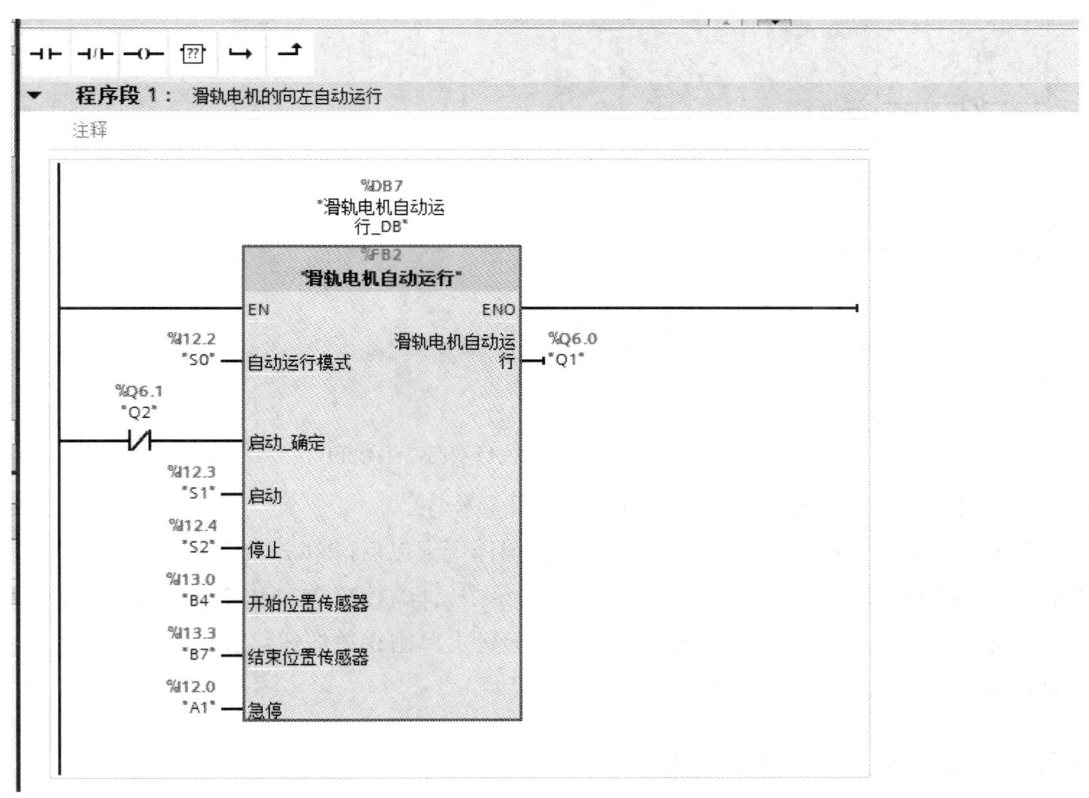

图 5-60　OB1 中调用电机自动向左运行 FB

滑轨电机向右自动运行的程序调用与向左类似，在新程序段添加该自动运行 FB 时还需重新生成一个新的背景数据块，结构与"滑轨电机自动运行_DB"相同，只是名字不同，以保证系统自动运行时中间运算变量的状态不会相互干扰。另外电机运行的起始和结束条件需要改变，"开始位置传感器"连接 B7，"结束位置传感器"连接 B4，"滑轨电机自动运行"连接 Q2，表示向右运行，程序如图 5-61 所示。

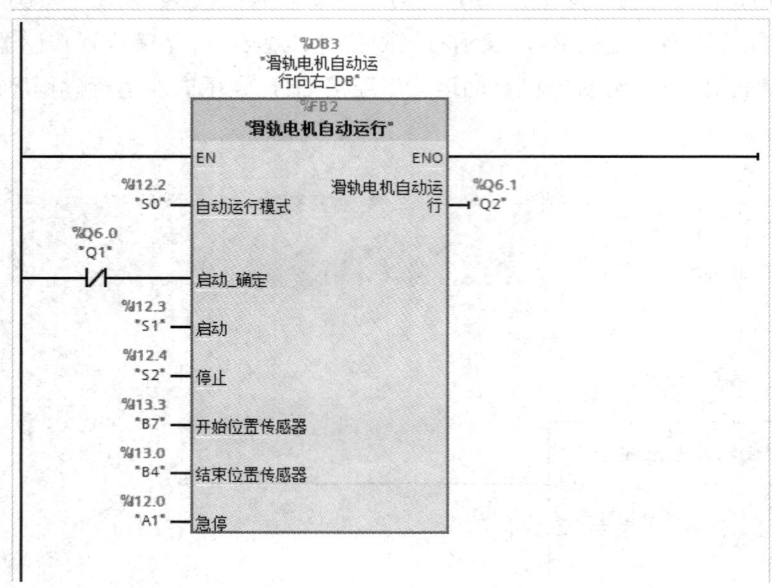

图 5-61　OB1 中调用电机自动向右运行 FB

编辑并赋值完成以后，单击“保存”命令保存程序。

然后选中整个 PLC，单击编译按钮，确保编译无误以后，单击下载到设备按钮，将整个程序下载到 PLC 中。可以在 OB1 的程序块上单击鼠标右键，在弹出下拉列表中选择“打开并监视”选项来监测整个程序的运行。在实验台上单击相关按钮可进行测试，验证电机自动往复运动的状态是否满足系统设定的要求。

5.7.4　OB1 程序编写引导指南

由于滑轨电机的手动程序 FC 和自动运行程序 FB 中都对电机的左、右运行输出进行调用，若在同一主程序中均调用时会出现双线圈输出，影响程序的运行结果，因此在 OB1 中调用子程序时需要设定调用条件。滑轨电机手动程序的调用需要在系统处于手动状态时进行，即 S0 为“0”时；自动程序的调用需要在系统处于自动运行状态时进行，即 S0 为“1”时。因此，需要修改 OB1 中对 FC 和 FB 的调用的使能条件“EN”，OB1 程序修改为图 5-62 所示。

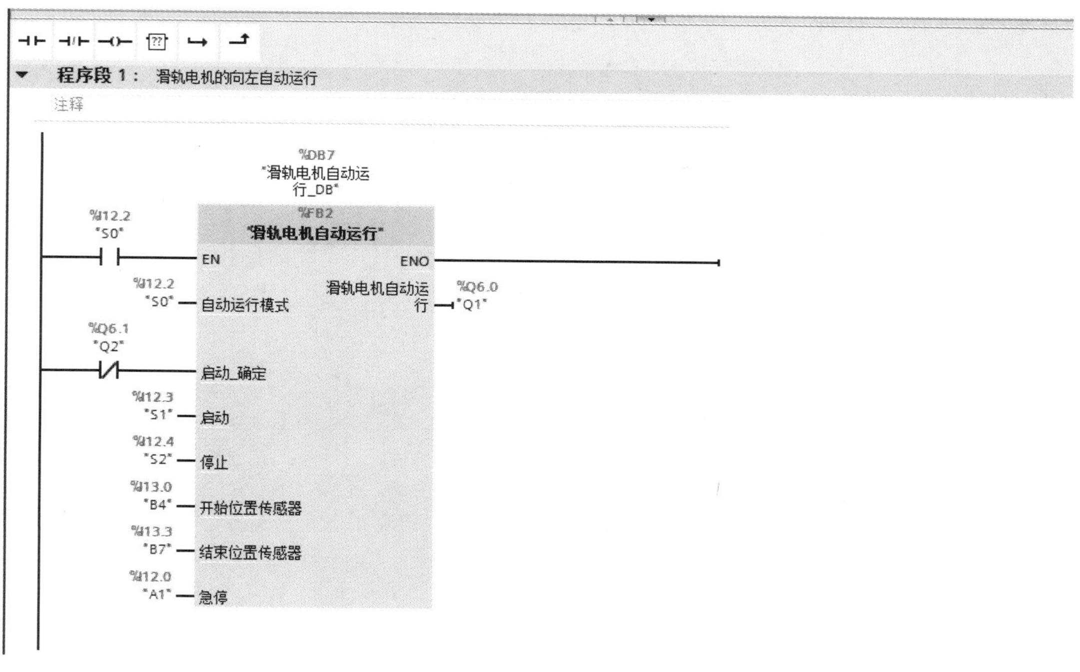
程序段 1： 滑轨电机的向左自动运行
注释
%DB7
"滑轨电机自动运行_DB"
%FB2
"滑轨电机自动运行"
%I2.2 "S0"
EN
ENO
%I2.2 "S0" 自动运行模式
滑轨电机自动运行
%Q6.0 "Q1"
%Q6.1 "Q2"
启动_确定
%I2.3 "S1" 启动
%I2.4 "S2" 停止
%I3.0 "B4" 开始位置传感器
%I3.3 "B7" 结束位置传感器
%I2.0 "A1" 急停

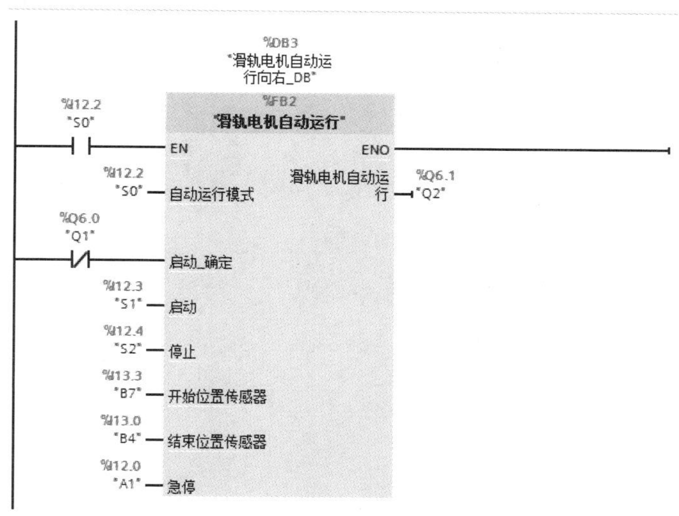
程序段 2： 滑轨电机的向右自动运行
注释
%DB3
"滑轨电机自动运行向右_DB"
%FB2
"滑轨电机自动运行"
%I2.2 "S0"
EN
ENO
%I2.2 "S0" 自动运行模式
滑轨电机自动运行
%Q6.1 "Q2"
%Q6.0 "Q1"
启动_确定
%I2.3 "S1" 启动
%I2.4 "S2" 停止
%I3.3 "B7" 开始位置传感器
%I3.0 "B4" 结束位置传感器
%I2.0 "A1" 急停

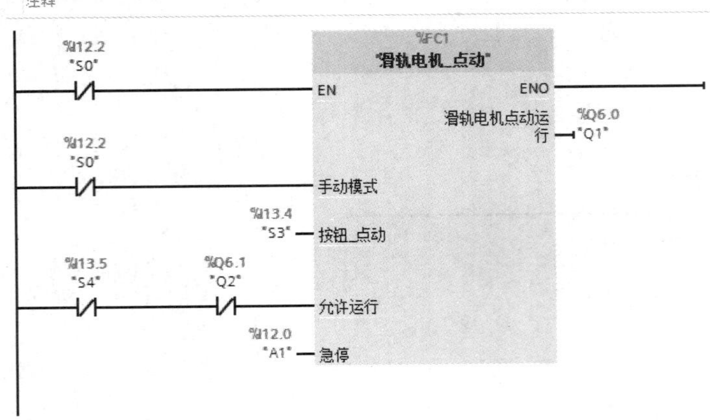

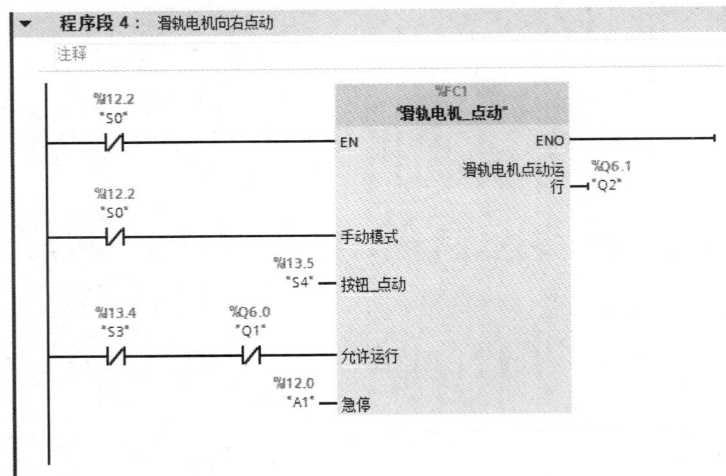

图 5-62　OB1 中对 FC 和 FB 的调用

思考：进刀电机的手动和自动运行如何在 FC 和 FB 中实现？

第六章　HMI 的可视化操作

6.1　SIMATIC HMI 简介

6.1.1　HMI 简介

HMI 即人机界面，是 Human Machine Interface 的缩写，是系统与用户交互的媒介，是工业现场用于设备监控、数据交互的重要控制器。操作过程主要由 PLC 控制，用户可以使用 HMI 设备来监视过程或干预正在运行的过程。常用的 HMI 包括触摸屏式面板、带按钮的面板和 PC。

人机界面产品由硬件和软件两部分组成。硬件部分包括处理器、显示单元、输入单元、通信接口、数据存储单元等。其中处理器的性能决定了 HMI 产品的性能高低，是 HMI 的核心单元。HMI 软件一般分为两部分，即运行于 HMI 硬件中的系统软件和运行于 PC 的 Windows 操作系统下的画面组态软件(如 WinCC 组态软件)。用户都必须先使用 HMI 的画面组态软件制作工程文件，再通过 PC 和 HMI 产品的通信接口，把编制好的工程文件下载到 HMI 的处理器中运行。

一般而言，HMI 系统必须有以下几项基本功能：

(1) 实时显示设备运行状态：通过显示屏上各种图表、动画、数据等方式将设备运行的各个重要参数直观地显示出来，使设备操控人员可以监控设备运行各环节的重要状态和数据。

(2) 设备控制：设备操控人员可以通过 HMI 对控制设备发送控制指令，如设备启动、暂停等。

(3) 数据记录与管理：自动将设备运行的重要数据储存至数据库中，以便查看、统计、制作报表和打印。

(4) 警报的显示与记录：监控设备运行是否正常，显示故障和报警信息的内容和发生的位置、时间等，便于操作人员及时排查，解决问题。

(5) 管理设备的配方参数：HMI 可以存储、修改不同产品的运行参数，根据产品类型的不同发送给控制器进行不同的控制操作。

6.1.2　SIMATIC HMI 面板

西门子的 HMI 设备采用开放式、标准化的硬件和软件接口，可快速集成到用户的自动化系统中，从而满足用户的特定人机界面需求。根据 HMI 的功能和适用的 PLC 类型，西门子 HMI 分为基本型 HMI 和增强型 HMI。

基本型 HMI 为简单的人机交互任务提供了经济实惠的解决方案，主要包括按键面板和新一代精简面板两种。

按键面板以 SIMATIC HMI KP8/KP8F 和 KP32F 为典型代表，它们可直接用作操作员面板。采用按键面板可使接线与安装工作量降低 60%，可直接连接急停按钮或其他故障安全信号，并可轻松集成自动化解决方案。

新一代的精简系列面板，专为设备级的简单可视化任务量身打造。精简面板的触屏操作结合任意组态的按键，支持各种组合操作；面板可通过 USB 接口进行项目传输、数据归档，实现键盘、鼠标连接；支持 PROFIBUS 或 PROFINET 通信，可以与 S7-1200 控制器完美结合协同工作。

增强型 HMI 可实现复杂的可视化任务操作，包括 SIMATIC HMI 精智系列面板和 SIMATIC HMI 移动面板。

SIMATIC HMI 精智面板可满足设备级的各种高可视化要求，凭借其优异的功能性能与多样化的界面显示，成为高端应用的理想之选。精智面板的尺寸 4～22 英寸可选；采用触摸式或按键式操作；集成系统存储卡，轻松实现数据自动备份；集成电源管理功能；可以与 SIMATIC S7-1500 控制器完美结合协同工作。

SIMATIC HMI 移动面板可轻松进行电源管理与安全操作，成为高端移动应用的不二之选。该面板支持线缆或 Wi-Fi 通信，还可应用于故障安全设备和分布较广的工厂中。可通过接线盒或 RFID(IWLAN 版)快速定位；集成安全功能，适用于各种集成解决方案；灵活的安全开关元件评估机制，可连接故障安全型 S7 控制器。

6.1.3 TIA 博途 WinCC

SIMATIC WinCC 基于 Windows 平台，为工业领域提供完备的监控与数据采集(SCADA)功能，涵盖单用户系统、多用户系统以及由冗余、客户机/服务器和浏览器/服务器构架组成的复杂的分布式系统，是西门子全集成自动化系统的核心组成部分。博途 WinCC 组态软件既可作为设备级应用程序的 HMI 软件，又可作为过程可视化系统(SCADA)人机界面软件，是完成所有西门子 HMI 任务的统一软件。

在博途软件平台下，WinCC 根据完成控制的功能不同分为两个版本：Basic 版本和 Comfort 版本。

基本型 HMI 采用 SIMATIC WinCC Basic 软件，对精简面板的控制功能进行了优化，适用于简单解决方案。

增强型 HMI 采用 SIMATIC WinCC Comfort 软件，集成了所有 HMI 面板，适用于各种复杂解决方案。

6.2 SIMATIC HMI 精简面板

精简系列提供了带 4、7、9 和 12 英寸(1 英寸=2.54 cm)宽屏显示器的面板，以及可进行按键及触屏组合式操作的面板。通过集成式以太网或 RS 485/422 接口(与型号相关)，可简便连接到控制器。

标准产品目前有 8 款型号，包括第一代的 KP300 Basic PN、KP400 Basic PN 和第二代的 KTP400 Basic PN、KTP700 Basic DP、KTP700 Basic PN、KTP900 Basic PN、KTP1200 Basic DP 和 KTP1200 Basic PN。精简面板名称中带“DP”字样的，为仅集成了一个 RS 485/422 的接口，可进行 DP 通信；带“PN”字样的，为仅集成了一个以太网的接口。例如 KTP700 Basic DP 仅有一个 RS 485/422 接口，如果 PLC 仅有以太网接口，那它们之间是无法直接通信的，建议选择 KTP700 Basic PN 面板。

精简面板名称中带有“KTP”字样的，表示具有触摸和功能键；代码中带有“KP”字样的，表示无触摸屏仅有功能键。因此 KTP700 Basic PN 面板表示具有触摸屏和功能键，集成了一个以太网接口，显示区尺寸为 7 英寸的显示屏面板。

第一代精简面板无实时时钟功能，无 USB 接口；第二代精简面板支持硬件实时时钟功能(缓冲时间长达 6 周)，集成了 USB 接口，可连接鼠标、键盘、Hub 以及 USB 存储器，支持 U 盘下载功能。

由于 KTP700 Basic PN 经济实惠，可满足多数小型任务的可视化需求，因此对精简面板系列的介绍以 KTP700 Basic PN 为例进行介绍。它的前面板和接口如图 6-1 所示，包含 8 个功能键和 1 个触摸屏等。

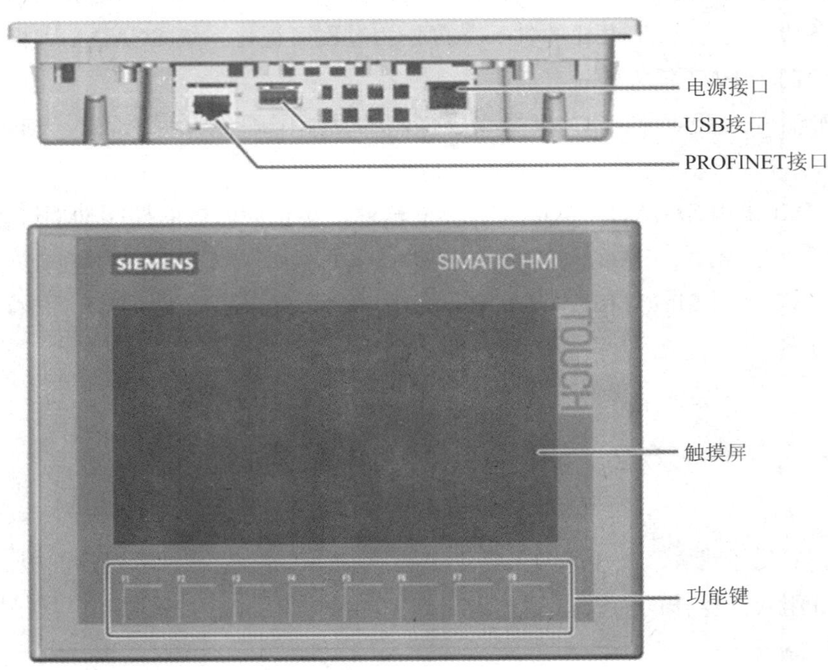

图 6-1　KTP700 的接口和前面板

6.2.1　精简面板的参数设置

面板加电后，在面板触摸屏中间显示“Start Center”菜单，如图 6-2 所示。通过选项“Settings”可对设备进行参数设置。可设置的内容包括：操作设置；通信设置；密码保护；传输设置；屏幕保护程序和声音信号设置等，参数设置窗口如图 6-3 所示。具体可设置的参数和功能见表 6-1 所示，根据设备型号和设备配置的不同，有些功能可能会被隐藏。“Start Center”窗口分为导航区和工作区。如果导航区或工作区内无法显示所有按键或符号，将出现滚动条，可以通过滑动滚动条，调整工作区或导航区的显示范围。

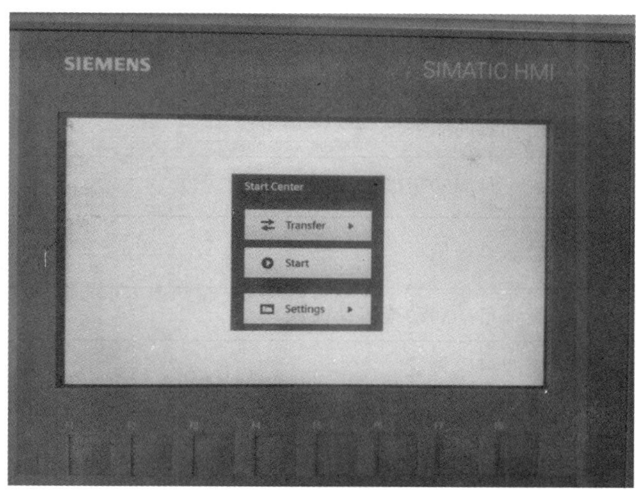

图 6-2　Start Center

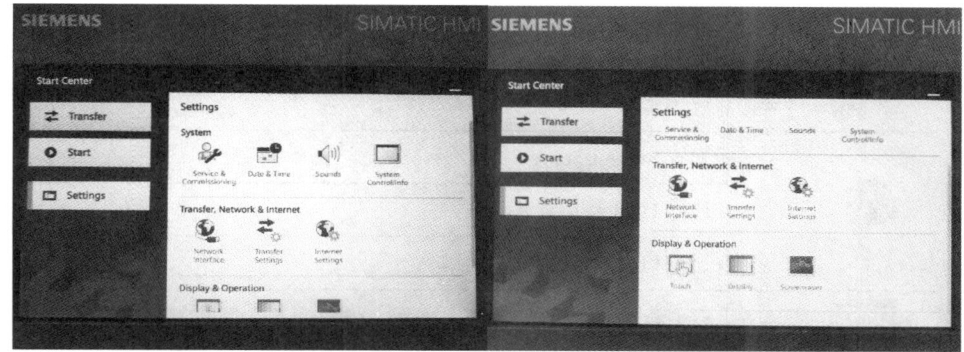

图 6-3　精简面板的参数设置窗口

表 6-1 面板参数及功能

符　号	功　　能
	备份至外部存储介质上——Backup
	从外部存储介质恢复——Restore
	从外部存储媒介下载项目
	通过外部存储介质更新操作系统
	更改控制器的 IP 地址和设备名称
	编辑通信连接

续表

符 号	功 能
	配置时间服务器
	输入时间和日期
	激活声音信号
	配置自动启动或等待时间
	更改密码设置
	显示操作设备的许可证信息
	显示操作设备的信息
	更改 PROFINET 设备的网络设置
	更改 PROFIBUS 设备的网络设置
	传输参数设置
	配置 Sm@rt Server
	通过 USB 接口导入认证
	显示和删除认证
	校准触摸屏
	更改屏幕设置
	设置屏幕保护程序

6.2.2 更改面板显示

根据面板在设备中的布局形式以及系统可视化图像的特点，面板可以设计为横版和竖版两种形式。单击“Display”选项，如图 6-4 所示，可对显示的方向和亮度进行设定。“0° (Landscape)”选项可设置面板为横版，“90° (Portrait)”选项可设置面板为竖版，改变“Brightness”滑动条可设置屏幕的亮度。

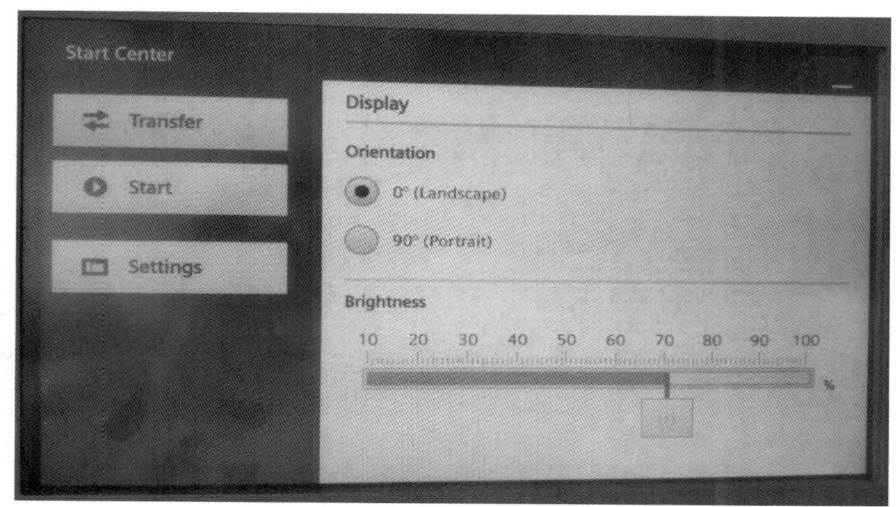

图 6-4　面板“Display”选项设置

“Orientation”方向选择可更改面板的显示方向，但要注意，当更改显示方向时，HMI 中的项目将被删除，设备的屏幕显示方向必须与 HMI 设备上项目的屏幕显示方向一致。将项目传输到 HMI 设备中之前，需要根据项目的屏幕显示方向设置设备的屏幕显示方向。水平安装时，选中“0° (Landscape)”选项；垂直安装时，激活“90° (Portrait)”选项。单击“OK”或“Apply”按钮后，会提示 HMI 上的项目数据将被删除，根据项目需要确定或取消操作。

亮度设置可通过滑动条调节触摸屏的背光亮度，背光亮度会随着运行时间的变长而减弱。一般为了延长触摸屏的使用时间可适当减弱触摸屏的背光亮度。

6.2.3　更改控制器的 IP 地址和设备名称

为了与 PLC 实现 PROFINET 通信，需要先设置 PLC 的 IP 地址和设备名称，可以在博途系统中进行组态时设置，也可以在面板上直接设置。采用 HMI 地址分配的 PLC 仅适用于 S7-1200 (> V2.0)和 S7-1500 型号的控制器。而且组态控制器时必须勾选 PLC 的“允许直接在设备上配置 IP 地址”选项。

在面板上直接设置时单击“Service & Commissioning”选项，然后在下拉选项表中单击“Assign IP Address”子选项，如图 6-5 所示。通过“Assign IP Address”选项可以配置与 HMI 设备连接的控制器的非组态相关的 IP 地址和设备名称。搜索可设置的控制器有两种方式：一种是输入 MAC 地址的形式(MAC address)，另一种是通过在子网内搜索的形式(Accessible devices in target subnet)。

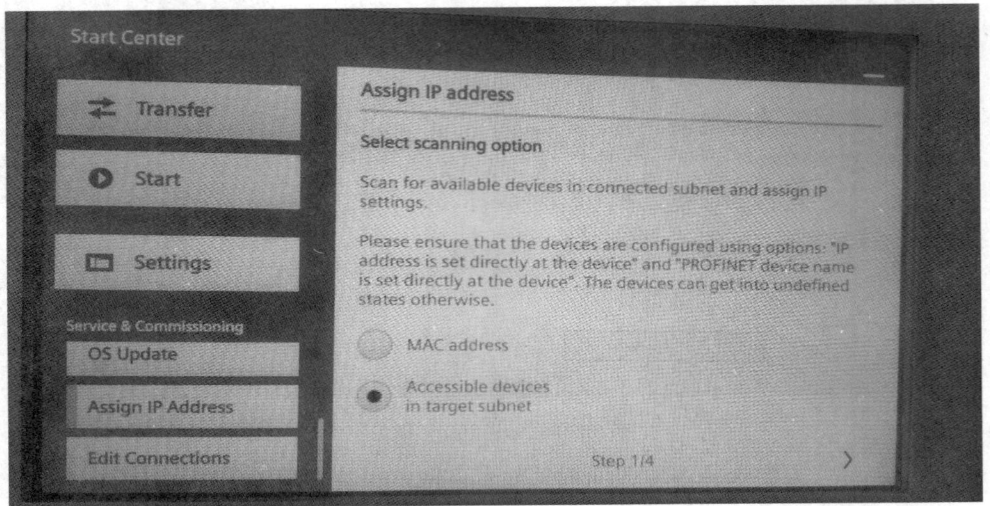

图 6-5　设定控制器的 IP 地址

接着在界面右侧选择“Accessible devices in target subnet”选项，在新显示界面中单击“Start search”按钮后则显示 HMI 所在子网内所有连接的设备，如图 6-6 所示。

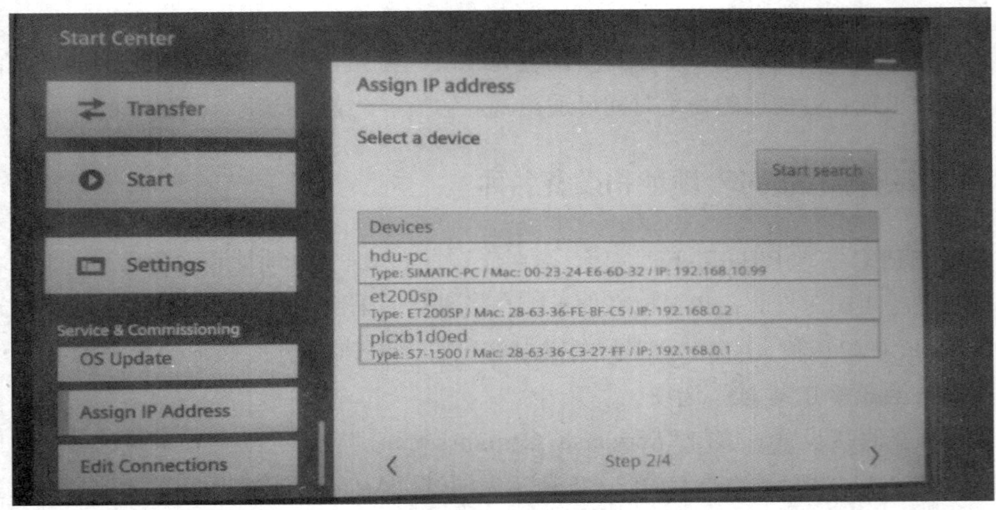

图 6-6　显示所有可连接的设备

在所有连接的设备中选择 PLC，即可编辑更改控制器的设备名称、IP 地址、网关、子网掩码的设置，如图 6-7 所示。

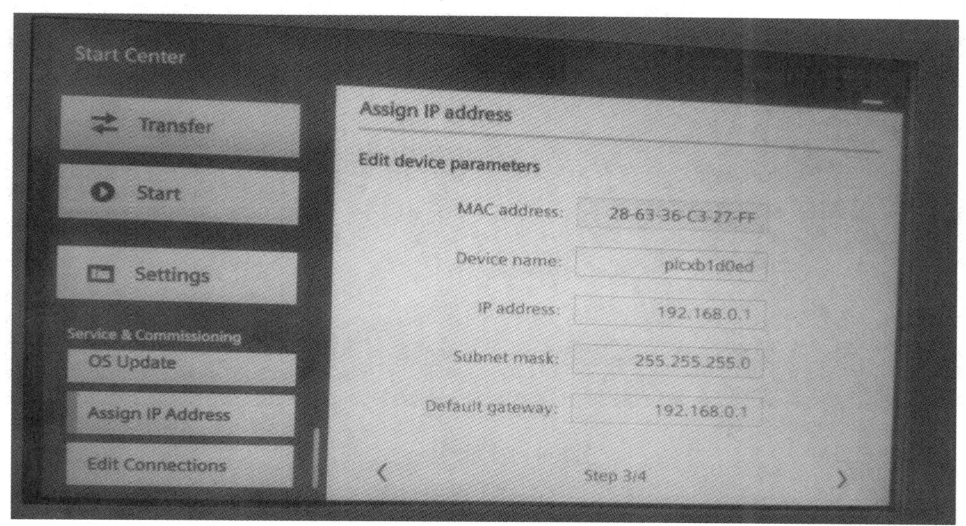

图 6-7　更改控制器的 IP 地址、名称等信息

修改结束后单击“Accept”按钮，完成设置，则所显示的 IP 地址和设备名称将分配给控制器。

6.2.4　设置日期和时间

HMI 中带有一个内部缓冲的实时时钟，实时时钟可以通过组态或通过时间服务器进行调节。单击控制面板上的“日期/时间”图标即可设置 HMI 的时间，包括选择时区、日期和当前时间。

如果在 HMI 中有基于时间的触发响应，则需要同步 HMI 与 PLC 的时间和日期，可在项目和控制程序中将 HMI 设备的日期和时间组态为与 PLC 中的日期和时间同步。

在 Settings 选项下单击“Date & Time”选项，则显示出两个选项，即“Network Time Protocol”和“Date & Time”。在“Network Time Protocol”子选项下，可以激活时间服务器，如图 6-8 所示，将“Use NTP”设置为“ON”，则激活了时间服务器。

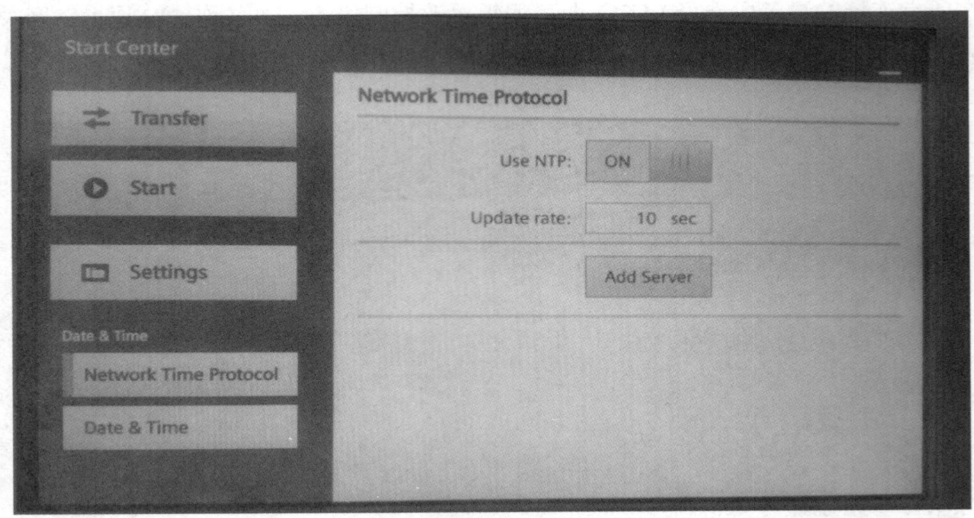

图 6-8　时间同步设置

在“Date & Time”子选项下，可以设置显示的时间。假如使用时间服务器的同步功能，将“Use NTP”设置为“ON”，则可在“Time shift”中滚动设置时差，如图 6-9 所示；将“Use NTP”设置为“OFF”，则需在“Local time”中设置当前时间，如图 6-10 所示。

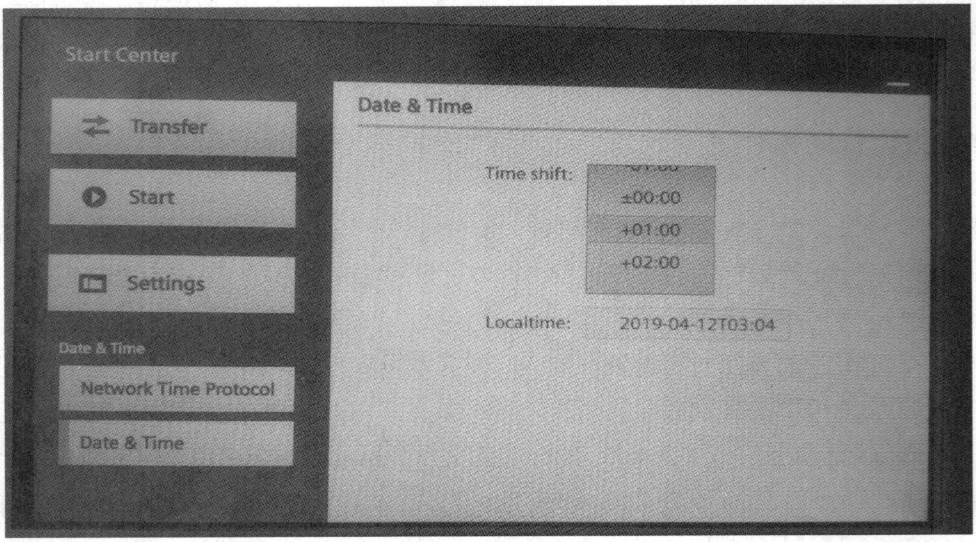

图 6-9　设置时差

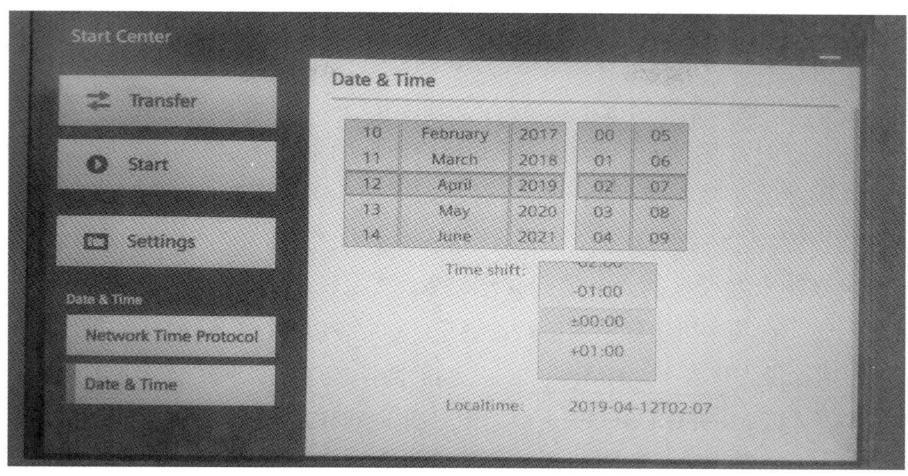

图 6-10　设置当前时间

6.2.5　设置传输参数

为了将项目传输至操作设备，HMI 设备与 PC 之间的数据传送必须组态并至少启用了一种数据通信方式，才能实现数据的上传和下载任务。单击“Setting”选项中的“Transfer Settings”子选项，打开数据传送的参数设置页面，如图 6-11 所示。

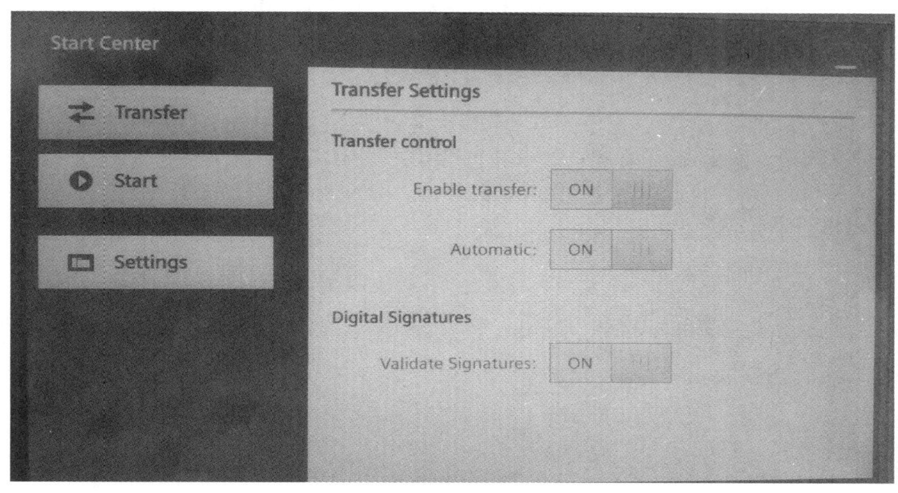

图 6-11　数据传输参数设置

在“Transfer Settings”选项中可选择是否启用数据传送，以及采用的方式。“Enable transfer”设置为“ON”时，表示可以进行数据传送。“Automatic”表示自动传送，可以通过组态 PC 或编程设备远程触发传送。在此情况下，运行的项目则被立即关闭并启动数据传送。

由于自动传送时，运行的项目会立即关闭，设备的不正常退出可能会引起人员的伤害或设备故障，因此为了防止意外的发生，对于调试完成并正常运行的设备，可将“传送”(Transfer)选项设置为“关闭”(Off)或“手动”(Manual)方式，并在“控制面板”(Control Panel)中设置密码来限制未经授权的人员访问传送设置。

在“Transfer”选项中可选择所需的数据通道，包括 PROFINET、MPI、PROFIBUS、USB 设备方式。在博途操作平台下，HMI 与 PC 之间的数据传送多数选择通过 PROFINET 网络实现传送。MPI 方式或 PROFIBUS 方式主要用于经典的 WinCC 与计算机之间的数据传送。

6.2.6　设置服务和调试功能

在控制面板的“Service & Commissioning”功能选项中可进行系统的备份、恢复、下载和操作系统的升级等操作。

单击“Service & Commissioning”图标，缺省打开的是“Backup”备份子界面，如图 6-12 所示。通过此功能可将 HMI 设备闪存中的操作系统、应用程序和数据备份到已经经过格式化的 U 盘上。备份范围可选择“Complete backup”选项，全部备份；“Recipe from device memory”，仅配方数据；“User management”，仅用户管理数据。

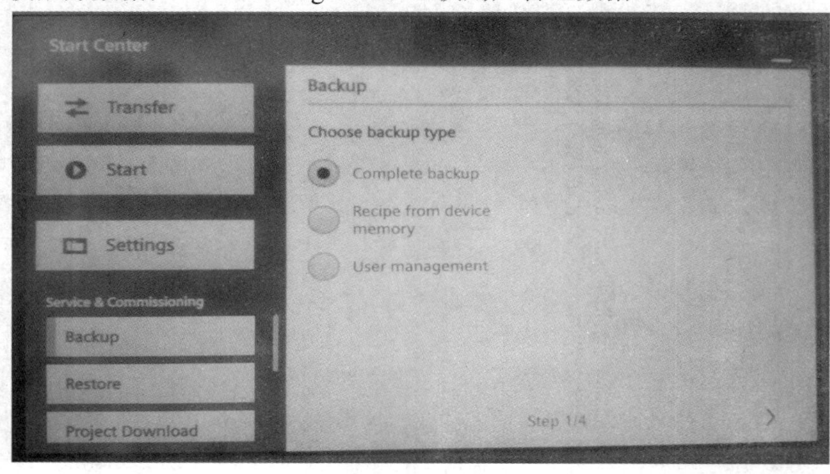

图 6-12　数据备份设置

按照数据备份的向导，选择 HMI 上的存储介质、需要备份的文件，以及备份文件的名称后即可完成数据的备份操作。

在“Restore”选项卡中可以实现在 HMI 设备上恢复保存在外部 USB 存储介质上的数据。由于进行恢复时将删除 HMI 设备上现有的数据，包括项目和 HMI 设备密码，因此恢复前需要先备份数据。许可证密钥将在询问后删除。

在打开的“Service & Commissioning”对话框中切换到“Restore”子界面，即可选择存储在外部 USB 介质中的数据，如图 6-13 所示。选择好需要备份的文件后即可进行文件传输，进行数据恢复。

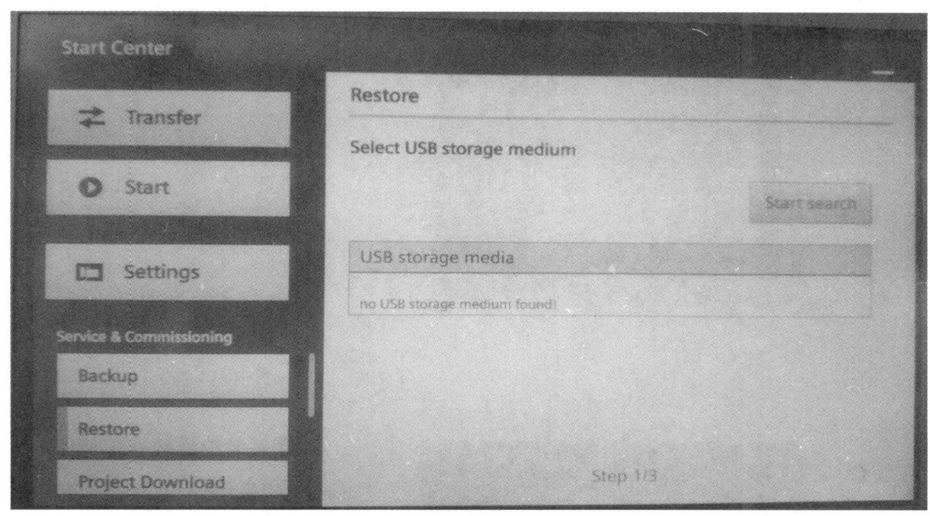

图 6-13　数据恢复设置

6.3　SIMATIC HMI 精智面板

当项目应用中需要复杂的界面控制和数据管理等方面的需求时，增强型 HMI 的功能更完善，因此选用工业现场使用较多的 TP700 精智面板为例，说明 SIMATIC 精智面板 HMI 的结构和参数设置。

精智系列面板可满足西门子 HMI 的基本功能之外，还具有以下特点：

(1) 支持微软的 Excel、Word、PDF 格式文件的浏览。

(2) 可利用其他的 HMI 设备或 PC 通过以太网远程访问精智面板的用户界面。

(3) 利用 WinCC 的音频选项可记录操作音频数据。

(4) 利用 USB 接口可实现不间断电源供给。

TP700 面板属于触摸屏式面板，可采用 PROFIBUS 总线或 PROFINET 网络进行通信；具有两个 USB 接口，可连接鼠标、键盘或其他移动存储设备；具有音频的输入、输出端口。它的前、后视图如图 6-14 所示。图中 SD 存储卡的插槽有两个，一个用于插系统卡，一个用于插用户卡。

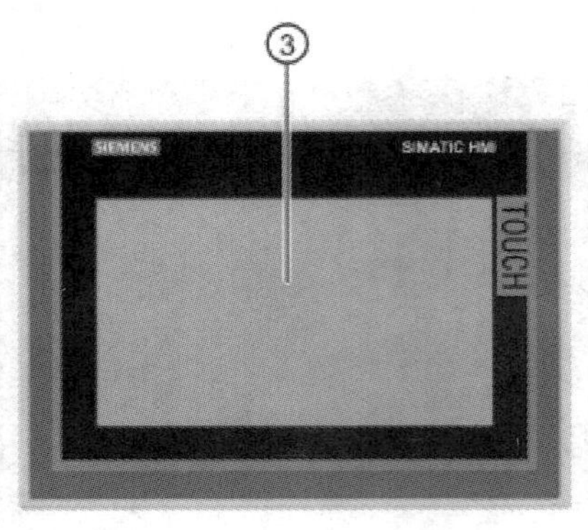

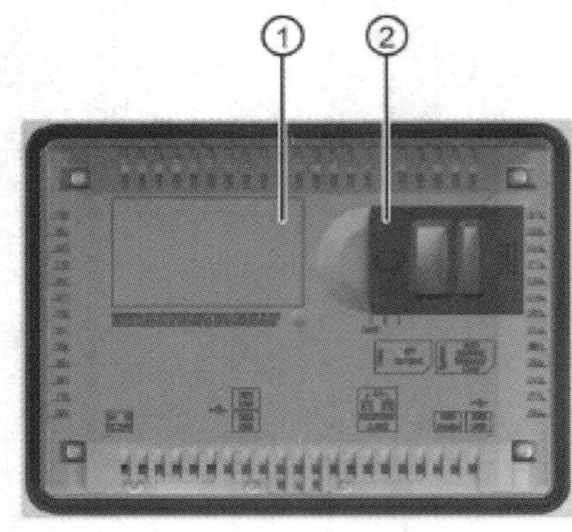

①—铭牌；

②—SD 存储卡的插槽；

③—触摸式显示屏

图 6-14　TP700 的前、后视图

TP700 面板的接口分布如图 6-15 所示。图中 X1 有两个 PROFINET 端口，一个可用于连接计算机进行组态配置，另一个可用于连接 PLC、变频器等控制设备进行工程监控。两个 USB A 型接口可以连接键盘、打印机等设备进行数据的输入、输出。音频输入、输出口可连接扬声器。

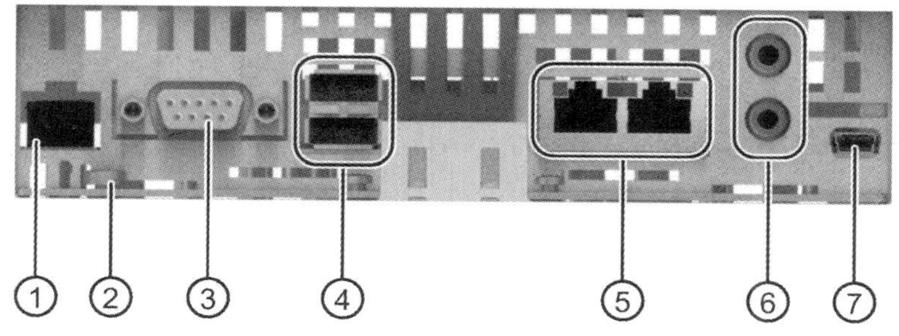

①—电源接口；②—电位均衡接口(接地)；③—X2 PROFIBUS(Sub-D RS422/485)；
④—2 个 USB A 型；⑤—X1 PROFINET(LAN)，10/100 MB；
⑥—音频输入/输出线；　⑦—USB 迷你 B 型

图 6-15　TP700 的接口分布

6.3.1　存储卡

在西门子的 HMI 设备中主要有内存、系统存储卡和存储卡三种存储介质。另外还可以利用 USB 接口连接其他 USB 大容量存储设备。

内存主要存储 HMI 的操作系统、项目文件、许可证密钥、用户管理和配方文件。出于对设备使用寿命的考虑，禁止对内存进行循环写操作。保存数据组和归档文件时，尽可能使用外接存储卡，例如 SIMATIC HMI 存储卡。由于项目配方涉及项目工艺参数的设置，可能会多次操作，因此一般建议放在用户卡里。

系统存储卡是操作设备服务方案的一部分，勾选“自动备份”功能时，HMI 设备内存上的所有数据将传输至系统存储卡中。HMI 设备故障时，将系统存储卡插入替换设备，替换设备启动后，可以继续编辑项目。此方式可最大限度地缩短设备停机时间。系统存储卡在操作设备的操作界面中不可见时，不能作为数据存储器使用，必须将系统存储卡插入规定的插槽内，操作设备才能识别出系统存储卡。

注意：只能使用 2 GB 及以上的 SIMATIC HMI 存储卡作为系统存储卡，其他所有存储卡都不能被操作设备识别为系统存储卡。

存储卡，即用户存储卡，主要可进行归档、备份和储存配方数据，可使用“SD(IO/HC)”或“MMC”格式的市售通用存储卡。出于数据一致性的考虑，建议使用西门子的 SIMATIC HMI 存储卡。

6.3.2　系统桌面

在使用 HMI 进行组态和工程监控之前，有些参数必须在控制面板上直接设置。TP700 的操作系统是 Windows CE 操作系统，因此可以像其他触摸面板一样在屏幕上直接操作。

当 HMI 设备启动后，桌面会显示标准的图标和启动中心“Start Center”菜单，屏幕的操作版本也会显示在菜单上，如图 6-16 所示。

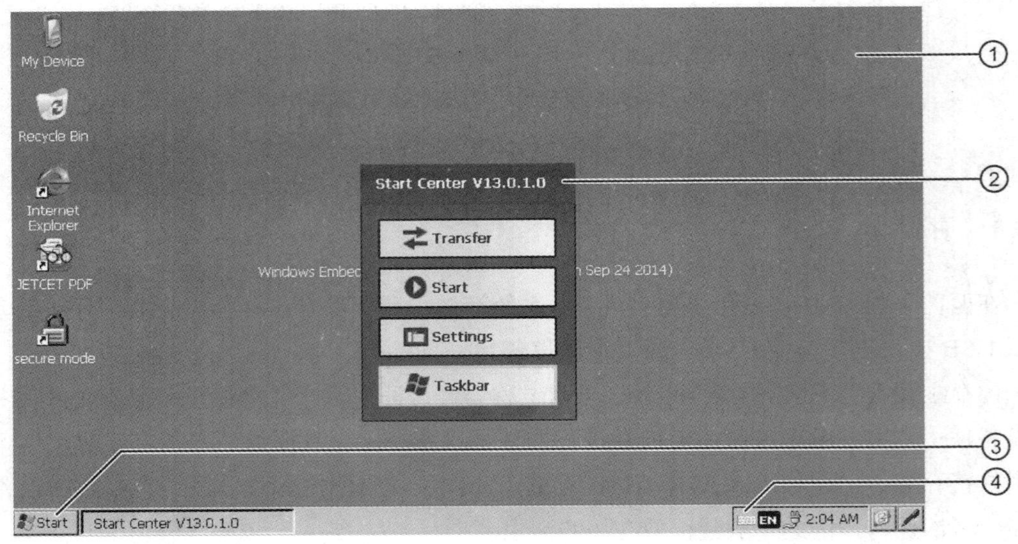

①—桌面；②—启动中心；③—Start 菜单；④—屏幕键盘

图 6-16　HMI 启动界面

在“Start Center”菜单下共有 4 个命令按钮，分别为“Transfer”“Start”“Settings”和“Taskbar”。“Transfer”命令按钮用于激活数据传送，进行 HMI 设备与 PC 之间配置数据的上传与下载操作。“Start”命令按钮可启动 HMI 中的项目，一般设备启动几秒后自动进入操作界面。“Settings”命令按钮可启动 HMI 的控制面板，用于触摸屏的参数设置，一般选择“Settings”命令按钮时必须在启动后快速选择，否则系统会很快自动转入项目的启动。“Taskbar”命令按钮可打开任务栏和 Windows CE 的“开始”(Start)菜单。如果 HMI 设备上的某个项目已关闭或该项目访问了“Start Center”，则将再次显示“Start Center”菜单。

按照标准，在 HMI 的操作设备上已经安装了多种通用程序，包括 PDF、Excel 和 Word 格式的文件查看程序、Windows CE 的 Media Player 和 Windows CE 的 Internet Explorer，因此在 HMI 设备上可进行多种常用微软文件的读取、播放和网络连接功能。

6.3.3　HMI 的参数设置

在触摸屏控制面板下可进行 HMI 的多种参数设置，可以有两种方法打开控制面板，一种通过单击启动中心的“Settings”命令按钮打开，另一种可以通过 Windows CE 的开始菜单下的“Settings”命令打开控制面板。HMI 控制面板界面如图 6-17 所示。

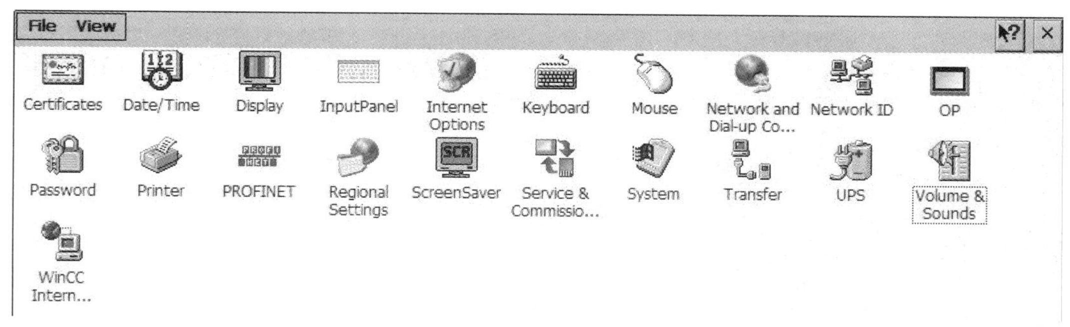

图 6-17　HMI 的控制面板

在控制面板中可以进行显示屏的各项设置，包括设置日期和时间、显示参数、IP 地址、备份信息、触摸屏校准、密码保护、语言、UPS、音量和声音等。相关的参数设置和含义与精简面板的类似，可参照 6.2 节中的说明进行设置。

6.4　HMI 的项目组态

博途平台下 PLC 的 CPU 与 HMI 的通信基于 S7 通信协议，以 HMI 为客户机，CPU 为服务器，编程任务在客户机进行，服务器只需应答，不用编程。对于精智系列 HMI 在组态和工程应用时必须安装 WinCC Comfort 版本才可使用，一般需要安装 WinCC V13(TIA 博途 V13)以满足配置和编程的需要。

WinCC 项目包含用于工厂或 HMI 设备的所有组态数据。组态数据包括过程画面、变量、报警与记录。最多可以组态 8 个 HMI 设备。

6.4.1 新建项目

为了建立 HMI 与 PLC 的连接，完成 HMI 的画面规划，可以按照项目启动向导一步步建立 HMI 的整体设计结构。

(1) 要在项目中创建一个新的面板，先单击项目视图左下角的“Portal 视图”按钮，在左侧菜单中选中“设备与网络”→“添加新设备”，在“HMI”选项中选择所需的面板类型，此处选择“SIMATIC 精简系列面板”→“7" 显示屏”→“KTP700Basic”→“6AV2 123-2GB03-0AX0”，操作界面如图 6-18 所示。然后勾选“启动设备向导”选项，并单击“添加”按钮完成添加 HMI 设备操作。

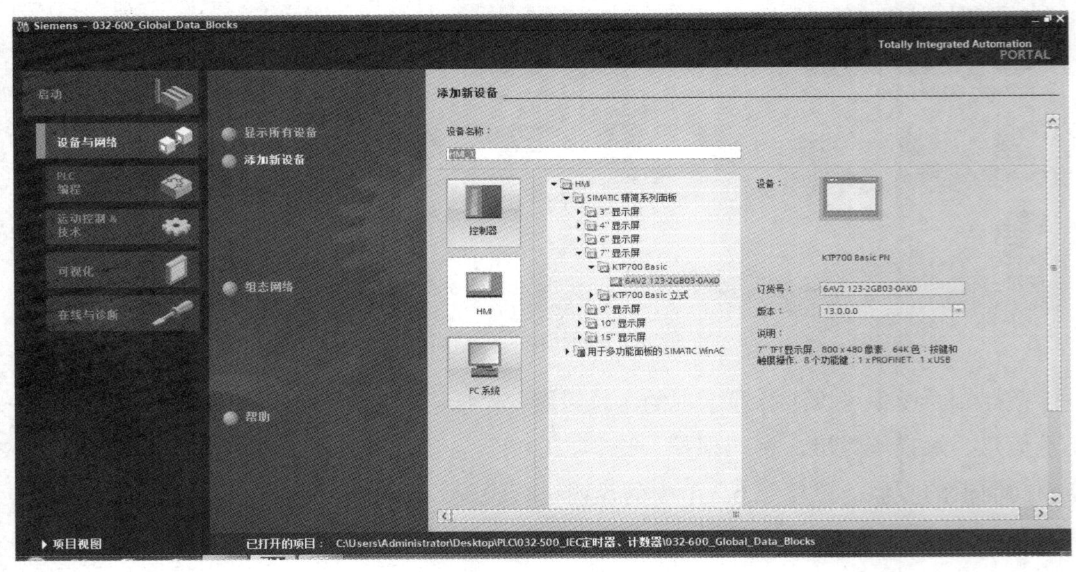

图 6-18　添加 HMI 设备

注意：在这里选择的设备编号需与硬件版本号对应。

(2) 在弹出的启动设备向导中，首先需要建立与 PLC 的连接。在弹出的设备向导面板中，选择项目中需要连接的 PLC，然后在连接界面“接口”选项中选择“PROFINET (X1)”，建立 PLC 与 HMI 之间的连接方式，如图 6-19 所示。网络连接后，HMI 与 PLC 之间会出现一条绿色的通信线。一般在西门子博途软件系统中 PROFINET 网络或工业以太网通信线用绿色表示，PROFIBUS 通信线用紫色表示。

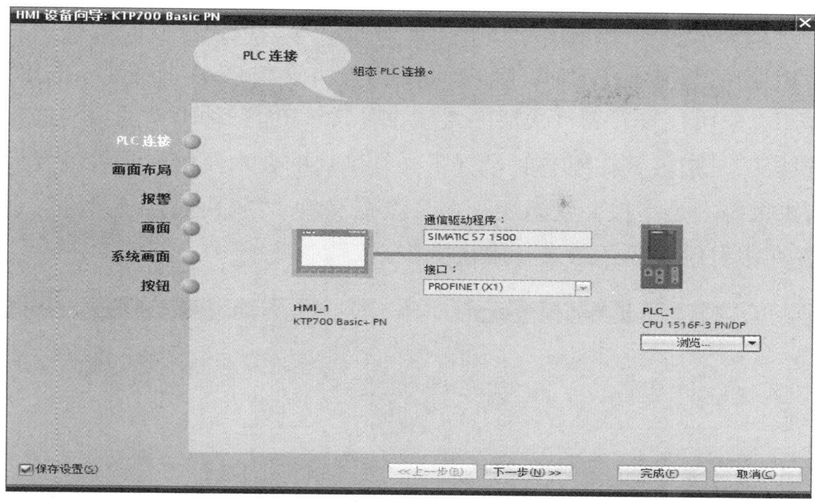

图 6-19　建立 HMI 与 PLC 的连接

(3) 单击“下一步”按钮后，进入画面布局设置界面，如图 6-20 所示。在这里可以为设备面板选择默认的背景颜色、画面分辨率，并可选择页眉显示内容，包括日期、时间和 Logo，从而为所有页面设计统一的模板。

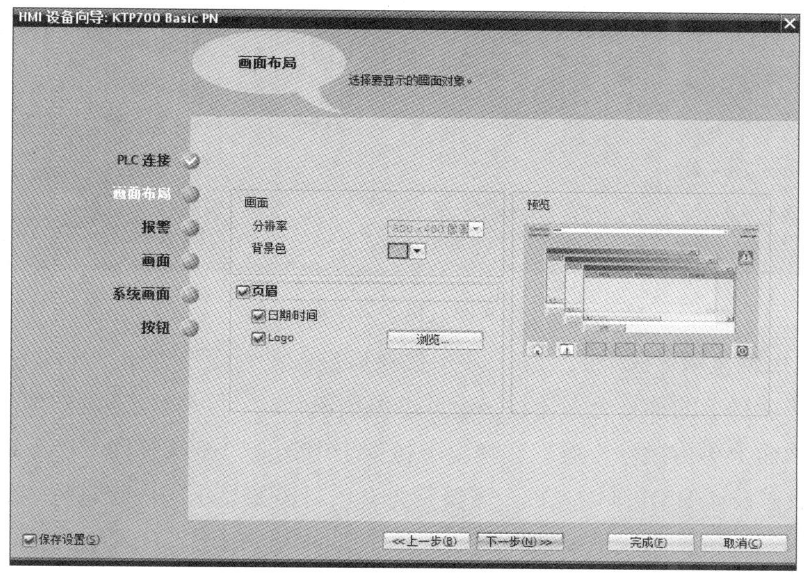

图 6-20　画面布局设置

(4) 单击画面布局界面中的“下一步”按钮后进入“报警”界面，将项目运行过程中出现的故障和报警信息显示在 HMI 上，如图 6-21 所示。在 HMI 上可显示的报警共分三类，“未确认报警”“未决报警”和“未决的系统事件”，一般三种类型的报警选项都要勾选。“未确认的报警”是指报警在组态时设置了必须确认的要求，但在报警触发后还未进行确认操作。“未决报警”是指报警状态还存在，没有消除。“未决的系统事件”是指项目运行中的系统事件在报警触发后还未进行确认操作。

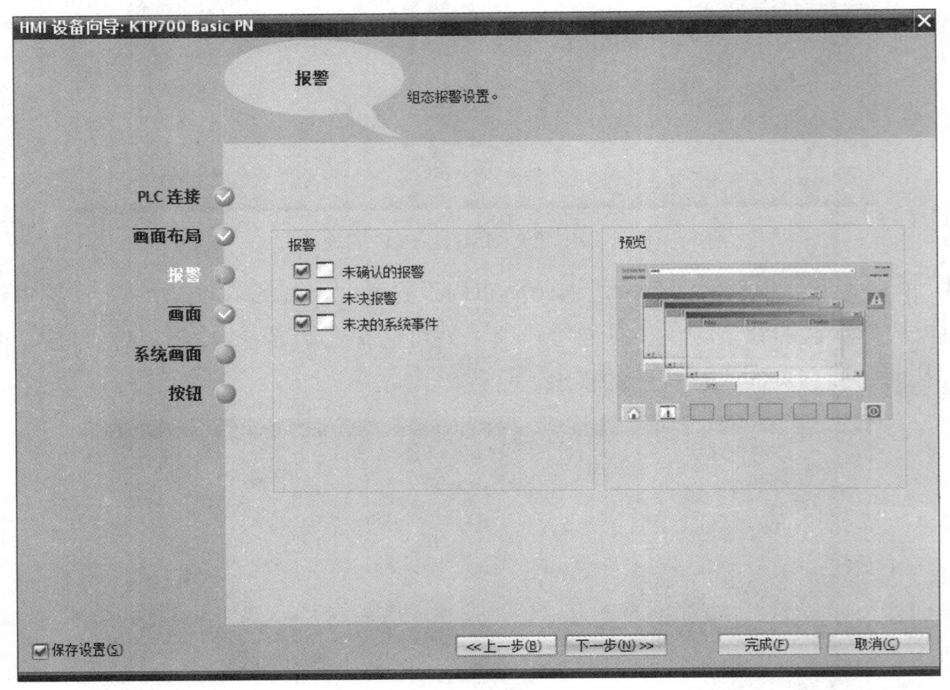

图 6-21　报警显示设置

(5) 单击报警显示界面中的“下一步”按钮后进入“画面”界面，如图 6-22 所示。该界面用于创建项目上的屏幕分布结构。通过单击按钮“+”可以轻松地创建新的画面，也可以在已创建画面上单击鼠标右键，在弹出下拉列表中选择“删除画面”命令来删除不需要的画面。一般在设计 HMI 画面之前，需要首先对项目需要显示的内容进行规划设计，设计内容包括计算整个监控系统需要几个画面，每个画面之间的逻辑、层级关系，以及每个画面显示的内容与布局。因此在画面设置界面需要根据项目的规划设计设置每级画面，并设置画面的名称。

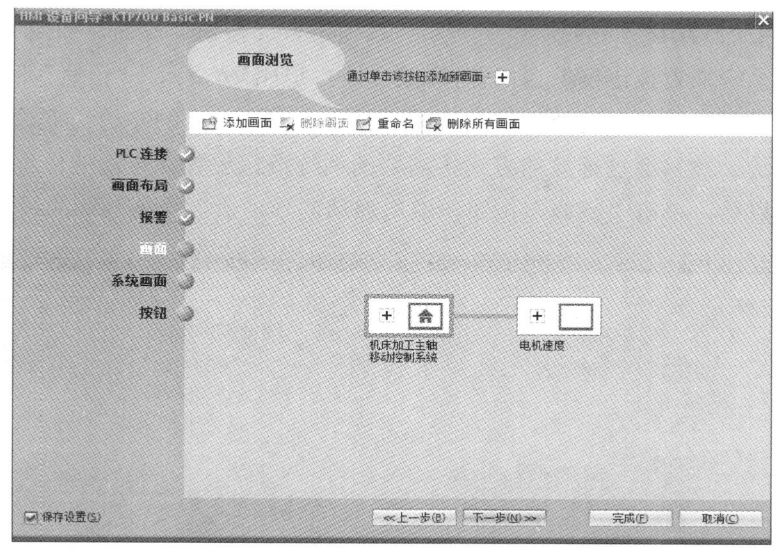

图 6-22　画面设置

(6) 单击画面设置界面中的“下一步”按钮进入“系统画面”界面，如图 6-23 所示。可以选择预设的系统功能视图并自动插入它们，也可以新创建，如果确定所有的系统画面都被勾选，则可单击“全选”选项。

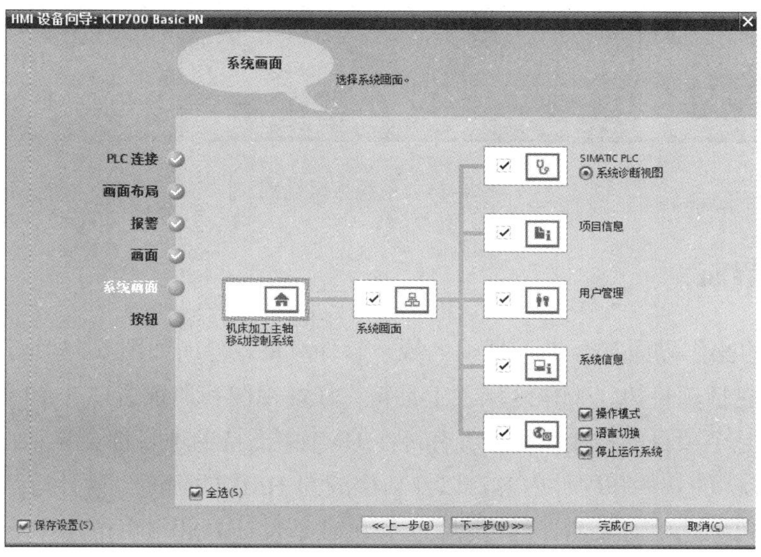

图 6-23　系统画面设置

(7) 单击系统画面设置界面中“下一步”按钮进入“按钮”界面，如图 6-24 所示。该界面中有 4 个系统缺省按钮可供自由选择，分别是“退出”“登录”“语言”和“起始画面”。可以根据前面的画面设计，选择按钮放置的区域位于整个画面的左边、下边或右边，一般缺省放置在下边。然后通过拖放的方式将需要的系统按钮放置在合适的位置。确定各项基本设置都完成以后，单击“完成”按钮，退出启动向导，进入系统画面的设计界面。

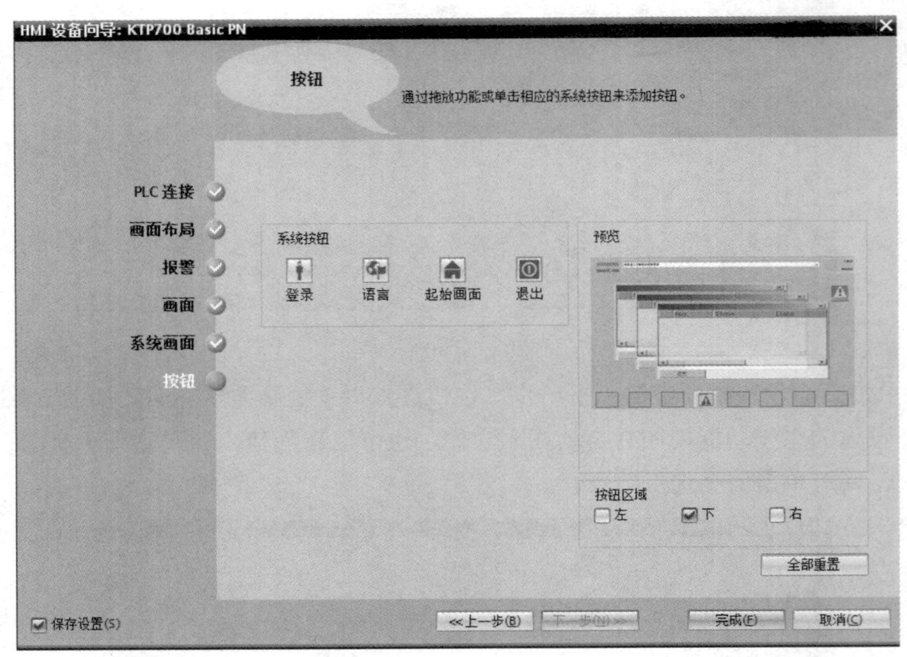

图 6-24　系统按钮设置

6.4.2　软件界面

WinnCC 的操作界面符合 TIA 博途的统一软件风格，界面如图 6-25 所示。在打开的项目视图中主要包括项目树、工作区域、工具箱、详细视图和巡视窗口 5 个区域。

项目树是整个项目的控制核心，所有可在 HMI 中支持的项目都会显示在项目树中，包括已设计的 PLC 的软件和硬件内容，以及新生成的 HMI 的画面、硬件等信息。在详细视图中显示项目树中选中对象的详细内容。工作区域是设计 HMI 画面的操作区，可利用工具箱中的工具和详细视图中的元件设计 HMI 的监控画面，包括元件的大小、颜色及排列方式等。工具箱中包含画面设计的基本元素、对象和控件，通过拖曳的方式可以将基本元素放入工作区进行组合设计。在巡视窗口中可对选中的元素进行编辑，包括“属性”“动画”“事件”和“文本”。在“属性”选项卡中主要针对编辑对象的大小、位置、颜色等静态参数进行设置。在“动画”选项卡中可编辑对象的外观、移动、可见性和提供预定义的动画，属于动态设置。在“事件”选项卡中可编辑控件触发某个操作，即出现某个事件时，HMI 界面上的响应。在“文本”选项卡中可设置多语言显示。

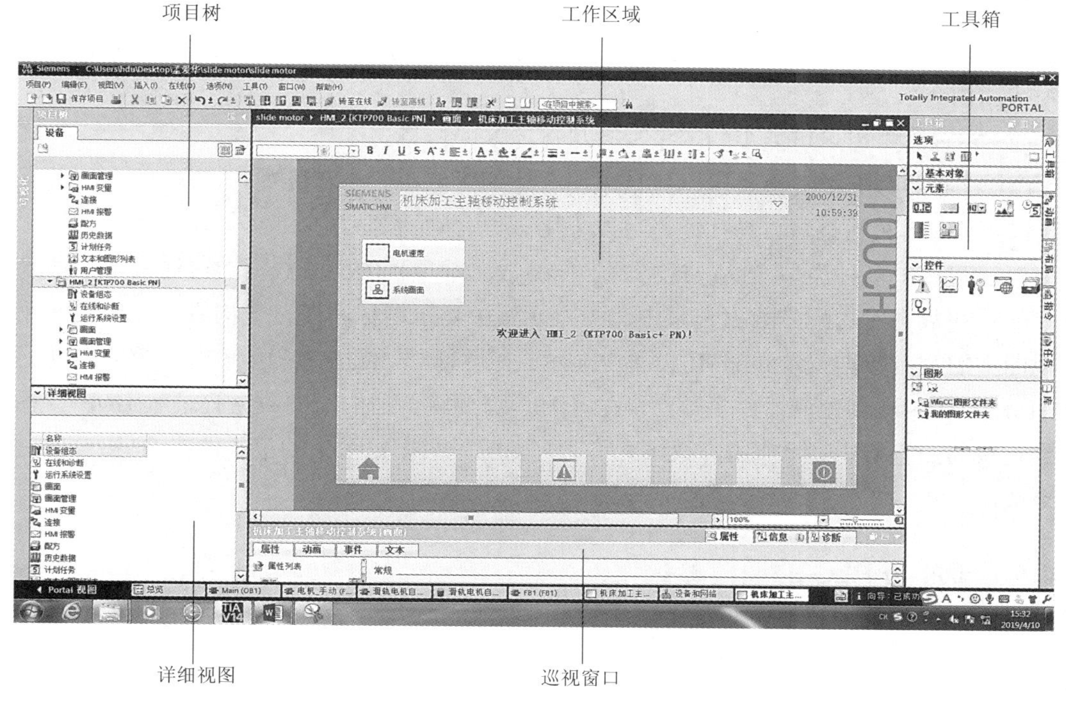

图 6-25　WinCC 软件界面

6.4.3　项目规划

为了实现工业生产的自动化和可视化，在 TIA 博途统一平台下需要统一规划项目中所用的硬件和软件结构。根据不同项目的设计需要，一台 PLC 设备可以连接多个触摸屏，或一台触摸屏也以同时监控多台 PLC 设备，因此在项目设计时需要对每台 HMI 的监控内容进行统一规划。

画面是 HMI 设计的主要元素，通过它们可以操作和监视系统，是真正实现人机交互的桥梁。人机界面用可视化的画面对象来反映实际的工业生产过程，同时可以在画面中修改工业现场的过程参数值。

在对 HMI 的画面设计时首先要对需要显示的内容进行分类整理，包括哪些是要显示的内容、哪些是需要控制的动作、哪些数据可以分组显示在一起、数据之间有怎样的关联、怎样设计和使用配方中的变量、哪些数据需要与 PLC 进行沟通等等。根据规划好的画面结构设计 HMI 的画面结构和内部布局。在规划画面布局时需要注意的几个设计原则包括：

(1) 画面结构要采用统一的风格，主要体现在画面的背景、控件的大小、页眉、页脚的形式与内容等。

(2) 在画面中用尽可能少的变量反映尽可能多的信息。

(3) 核心的数据要突出显示，包括采用合适的颜色、大小和位置。

(4) 保持画面的整洁、易读性，可以采用分组、对齐等方式。

对于项目中多种类型产品或规格的工作参数属于项目的配方数据，可通过手工输入的方式保存在数据库的配方数据记录中。配方元素由显示名称和变量值构成。显示名称在配方视图中的配方数据记录和 HMI 设备上显示。在运行时，配方的变量值可从控制器读出或从 HMI 设备传送到控制器。多数产品生产时，需要将合适的配方数据记录从 HMI 设备传送到连接的控制器中。除非用户权限允许，否则配方数据记录中的值不能在 HMI 设备上进行更改。

6.4.4 HMI 与 PLC 的通信参数设置

一个 WinCC flexible 项目创建和编译完毕之后，需要将其从组态计算机上传送到运行该项目的 HMI 设备才能使用，这就需要建立计算机与 HMI 设备的通信。同样，如果需要将 HMI 设备上已有的项目进行备份或维护等，也需要建立组态计算机与 HMI 设备的通信，从而将 HMI 设备上已有的项目传送到计算机上进行项目的备份或维护等。

打开硬件组态中的“设备视图”，选中 HMI 设备，单击“属性”选项卡→“PROFINET 接口[1]”→“以太网地址”，在此时界面右下区域可设置 HMI 的以太网地址。为了与已建立的 PLC 进行 PROFINET 通信，需将 HMI 的 IP 地址与 CPU 的 IP 地址设定在同一网段内，且与同网段内其他设备的 IP 地址不同，此处将 IP 地址设置为“192.168.0.10”，子网掩码与 CPU 的相同。具体设置如图 6-26 所示。

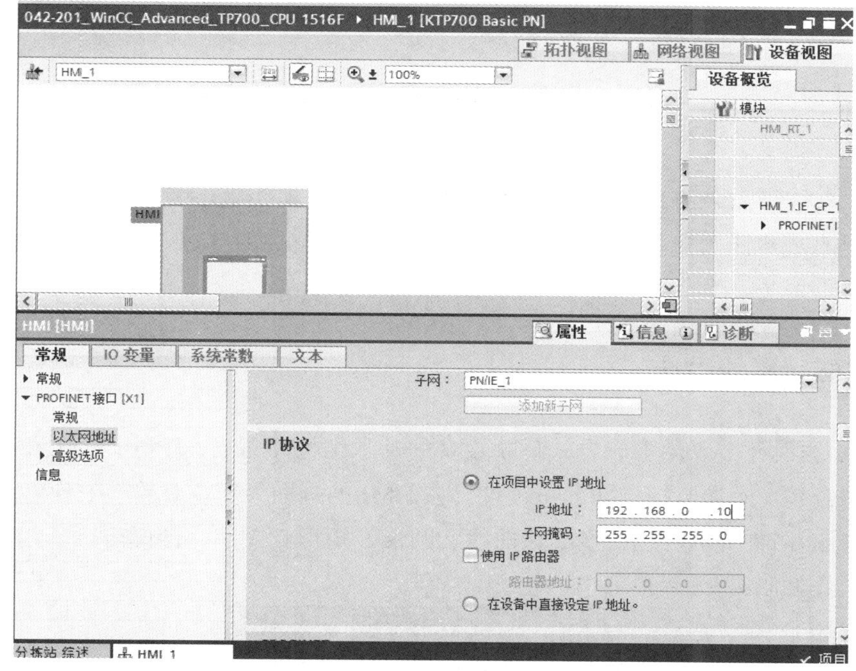

图 6-26　HMI 的 IP 地址设置

然后切换到“网络视图”，选择“连接”选项中的“HMI 连接”，然后用鼠标左键单击 HMI 上的 PROFINET 端口，即绿色的小方框，然后拖曳至 PLC 的 CPU 的 PROFINET 端口，然后释放左键，这样就可完成网络连接。此时 HMI 与 CPU 之间出现一条绿色的网络连接线，如图 6-27 所示，点击按钮可查看连接的 IP 地址。

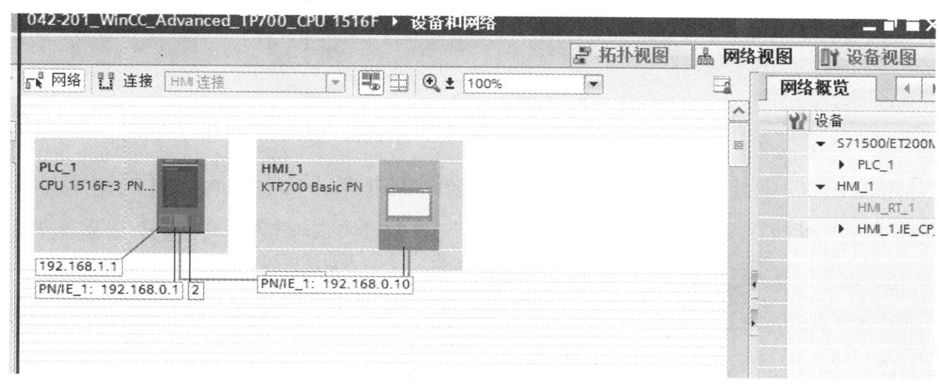

图 6-27　HMI 与 CPU 之间的网络连接

6.5 HMI 画面基本元素应用

为了在监控画面中清楚显示项目设备的运行状况，需要运用多种 HMI 的设计元素，画面中常用的基本元素包括设备基本图形、PLC 需要监控的 I/O 域、画面的切换按钮与动画。

6.5.1 图形元素的设计

在 HMI 的设计中以图形的方式反映设备的基本结构和布局，有利于操作人员的理解和设备故障的查找，增加监控画面的可读性。在 HMI 的画面“基本对象”中列出了常用的画图工具，如图 6-28 所示，包括直线、曲线、圆形、矩形、文字、图画等，其用法与 Office 中的画图工具类似。

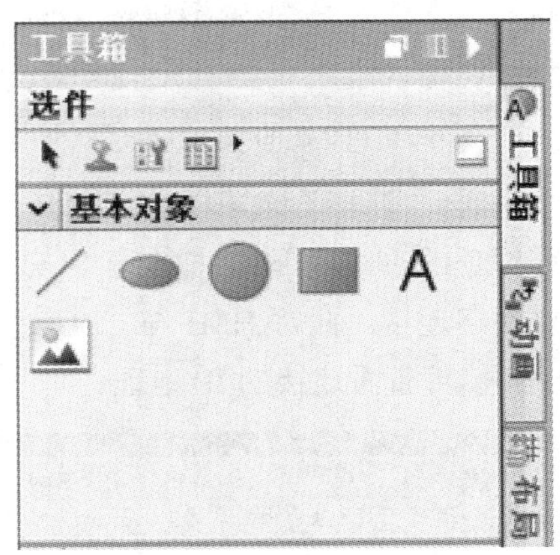

图 6-28 工具箱的常用画图工具

如果在 WinCC 中绘制比较复杂的设备结构图则非常不方便，通常可以调用外部其他绘图软件绘制的图形或图片。从左侧的“工具箱”界面“基本对象”中选择画具工具，然后在工作区域绘制一个用于显示图形的区域。双击绘制的图形区域，则在下方的“属性”框中显示很多的按钮可以用来填充刚才绘制的图形区域，也可以在图形区域上单击鼠标右键，在弹出下拉列表中单击“添加图形”选项添加一个提前准备好的图形。如图 6-29 所示为添加的机床加工的位置示意图。图形添加进区域中后，可以通过“属性”中的“布局”

选项来对图片的位置进行调整，包括调整图形的位置、大小和缩放形式，使画面看起来更加协调。

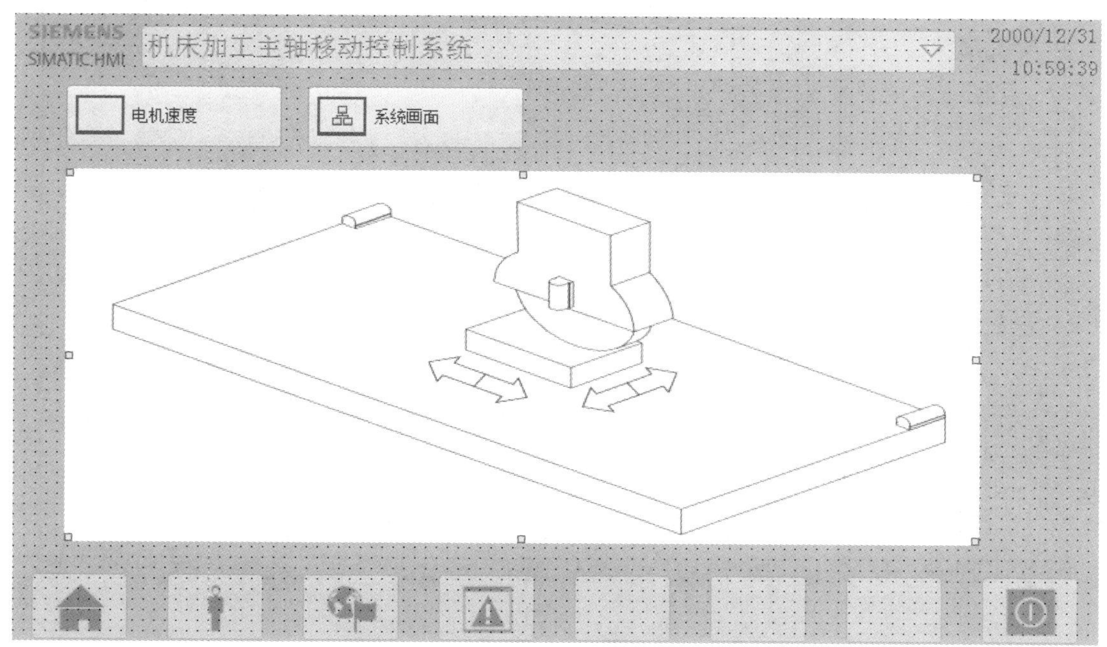

图 6-29　添加图形

6.5.2　I/O 域元素的设计

在设备的监控过程中，PLC 关键站点的运行状态是设备监控的重点内容，因此在监控画面中需要建立监控变量与 PLC 变量之间的联系。由于 HMI 和 PLC 运行在 TIA 博途的统一控制平台下，因此可以通过直接拖放的方式将 PLC 的 I/O 变量、数据库变量等直接放置到 HMI 的监控画面中。

下面以监控 PLC 变量表中的一个变量为例说明 PLC 的 I/O 域如何插入画面，设计的画面中要求显示电机的往复循环次数。首先在项目树中单击“PLC_1”→“PLC 变量”→“默认变量表”，然后在左下角的“详细视图”选项中选择“一个变量”，并将它拖到右侧的 HMI 图形中，设计好的画面布局如图 6-30 所示。

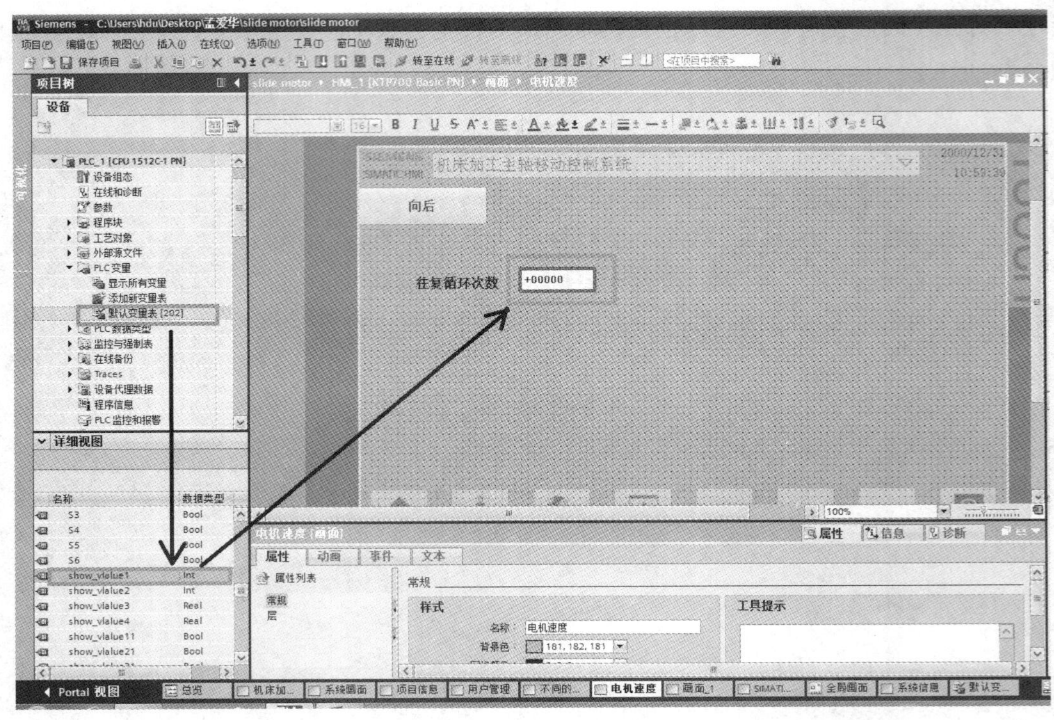

图 6-30　监控 PLC 的 I/O 域设计

此时，PLC 中变量的连接已经在控件 I/O 域的“属性”选项卡的“常规”选项中“过程”中创建。在“显示格式”子选项中设置为“十进制”，将“格式样式”更改为“s999”，并将子选项“类型”的“模式”更改为“输出”，则 PLC 中电机的往复循环次数就会实时地输出显示在 HMI 的此变量中，如图 6-31 所示。

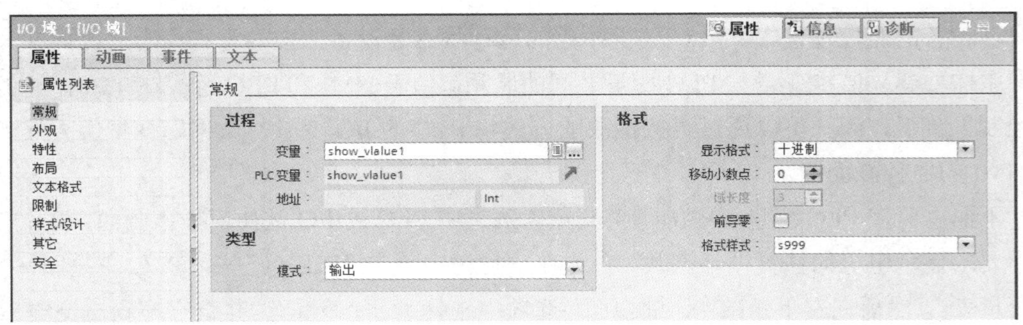

图 6-31　I/O 变量属性设置

为了便于理解，需要在数据框前面做一个文字说明。为此需要选中项目视图左侧“工具箱”中的“基本对象”选项下的文本域图标 A，并在文本域中输入“往复循环次数”文字。为了改善画面的美观，可以选中刚刚绘制的两个项目，然后通过工作窗口上的间距调整排列按钮对它们进行对齐和间距大小调整等操作。

6.5.3　画面切换

当监控的内容较多，或涉及不同的监控属性时，可设计多个画面，例如可将监控画面、参数设置画面、报警画面等分别放置在不同的页面中。在运行过程中，为实现不同画面的切换需在每个画面中设计不同画面的切换按钮。

具体操作可采用拖曳的方式，从项目树或详细视图中可直接将其他画面拖放到当前设计的画面中，系统会自动生成一个画面导航控制按钮，如图 6-32 所示。

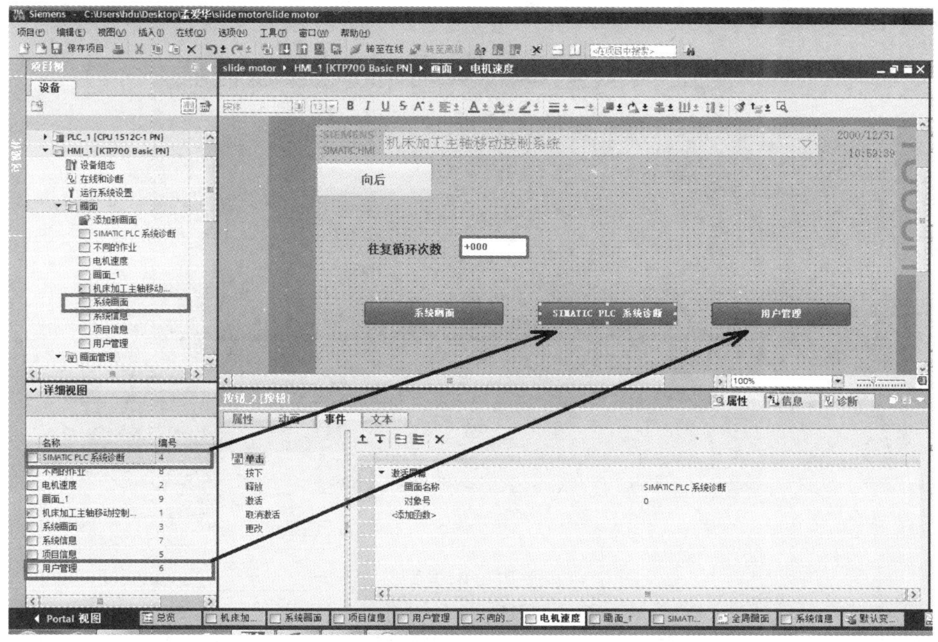

图 6-32　画面切换按钮的生成

其中“系统画面”按钮是从项目树中直接拖曳生成，“SIMATIC PLC 系统诊断”按钮和“用户管理”按钮是从 HMI 画面的详细视图中拖曳生成。在画面导航控制按钮的“事件”选项卡属性中显示激活相应的画面名称。

6.5.4 动画

在设备监控过程中采用动画的方式可更为形象、直观地表示设备运行的状态，在WinCC中元件的动画主要分为显示和移动两类。显示主要通过外观的颜色和闪烁表示，以及可见性动态化表示。移动是指对象自动移动位置，包括直接移动、斜向移动、水平移动和垂直移动。

显示类型的动画主要与二进制信号的动作相关，下面以某检测传感器是否检测到信号为例说明显示类型动画的操作。从项目视图左侧的“基本对象”画图工具中，拖出矩形图标，在工作区域中绘制一个矩形，矩形的位置和大小都可在下方的“属性”选项卡中调整。选中这个矩形，在巡视窗口的“动画”选项卡中，单击“显示”目录，然后双击“添加新动画”选项，在弹出的“添加动画”窗口中选中“外观”选项并单击“确定”按钮，如图 6-33 所示。

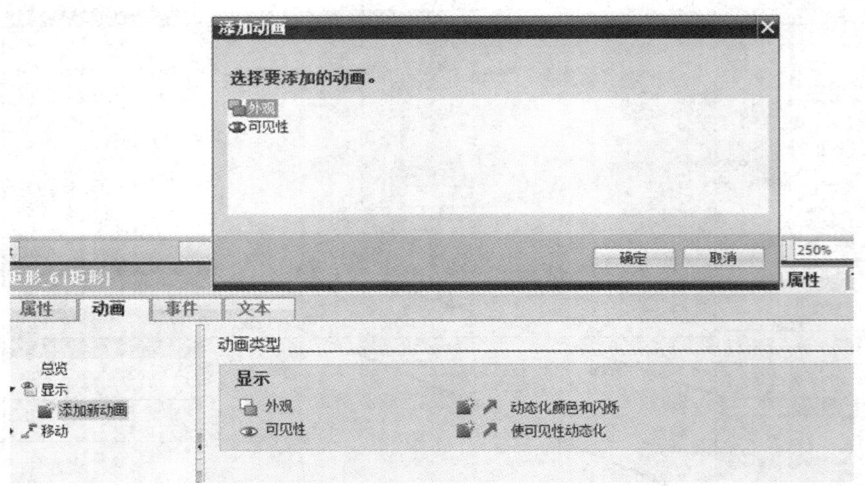

图 6-33　添加显示类型动画

在建立的外观动画中可设置这个矩形的变量名称和取值。为了将这个矩形与 PLC 中的全局变量进行连接，需要在变量的名称处添加上 PLC 中的变量名称，此处为“-B5”。单击“动画”选项卡的“外观”选项中的“...”按钮，并在新打开的窗口中选择“PLC 变量”下“默认变量表”中的“-B5”，然后单击“✔”按钮确定。也可以通过项目树中的 PLC 变量表拖曳添加，如图 6-34 所示。由于 B5 信号为传感器信号，是一个布尔变量，在“外观”选项下面“范围”中添加一个值“1”，将其背景色设置为绿色，如图 6-35 所示。则当传感器的信号 B5 为高电平时，则此矩形传感器显示为绿色，表示导通。

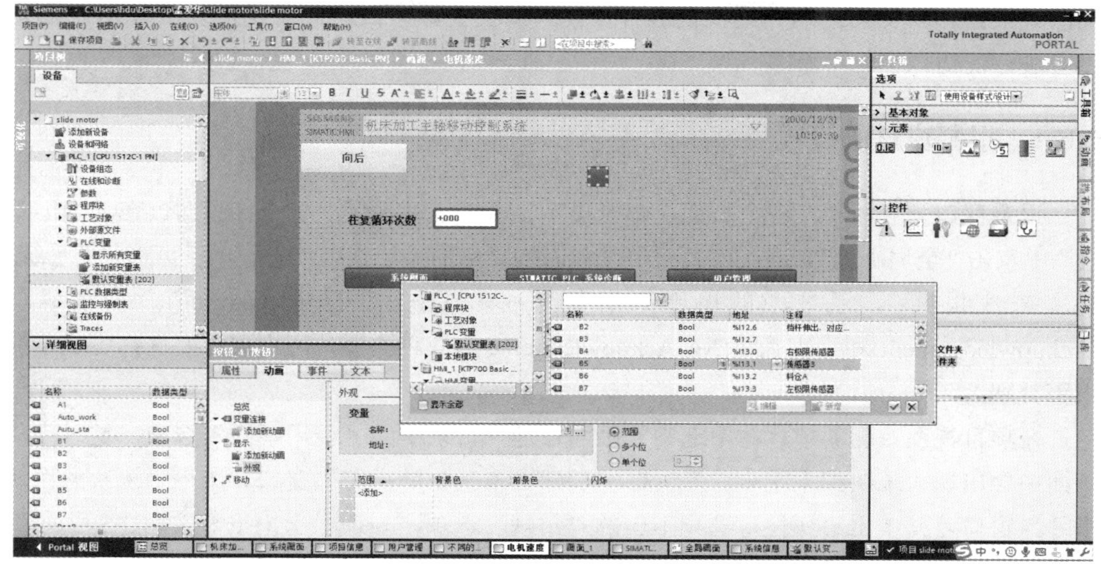

图 6-34　动画变量与 PLC 变量连接

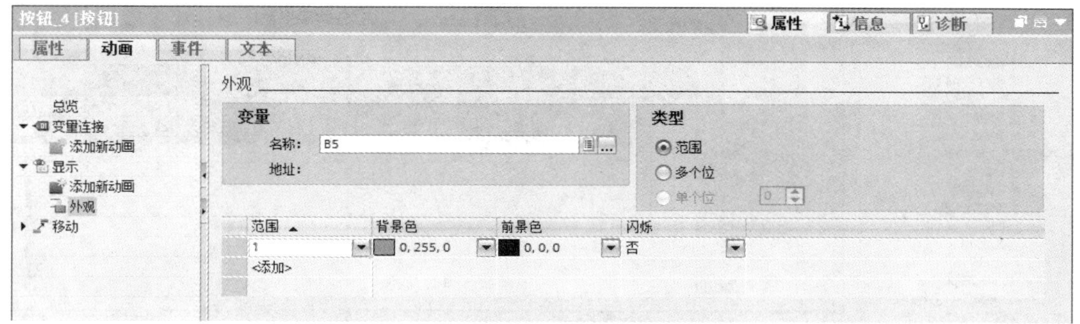

图 6-35　设置外观动画的变量值

6.6　报警信息设置

在创建向导过程中已经简单地创建了警报模块，对于具体可显示的报警信息还需进一步的规划。

在 HMI 中可显示的报警主要分为两类：一类为系统报警；一类为用户自定义报警。系统报警包括 HMI 自身的报警和 PLC 的系统报警；用户报警包括 HMI 监控发现的模拟量、离散量报警，以及 PLC 程序定义的各种报警。下面主要对 PLC 的系统报警和 HMI 的用户报警进行说明。

6.6.1　报警窗口的设置

报警窗口一般需要在各个页面上都能显示，所以需要设置一个全局画面。在“画面管理”中双击“全局画面”，可在该画面中设置需要显示的系统报警信息，一般可选择“系统”和“未决报警”。系统中的报警类别分为故障(Error)、警告(Warning)、需要确认(Acknowledgement)和无需确认(No Acknowledgement) 4 种类型，可根据需要选择可显示的报警类别。

在项目视图左侧的项目树中选中“画面管理”目录中的“全局画面”选项，这时工作画面中会出现“未决的系统事件”“未决报警”“未确认的报警”窗口。选中“未决的系统事件”窗口，并单击“属性”选项卡中的“常规”选项，勾选“未决报警”和“System”子选项，如图 6-36 所示。

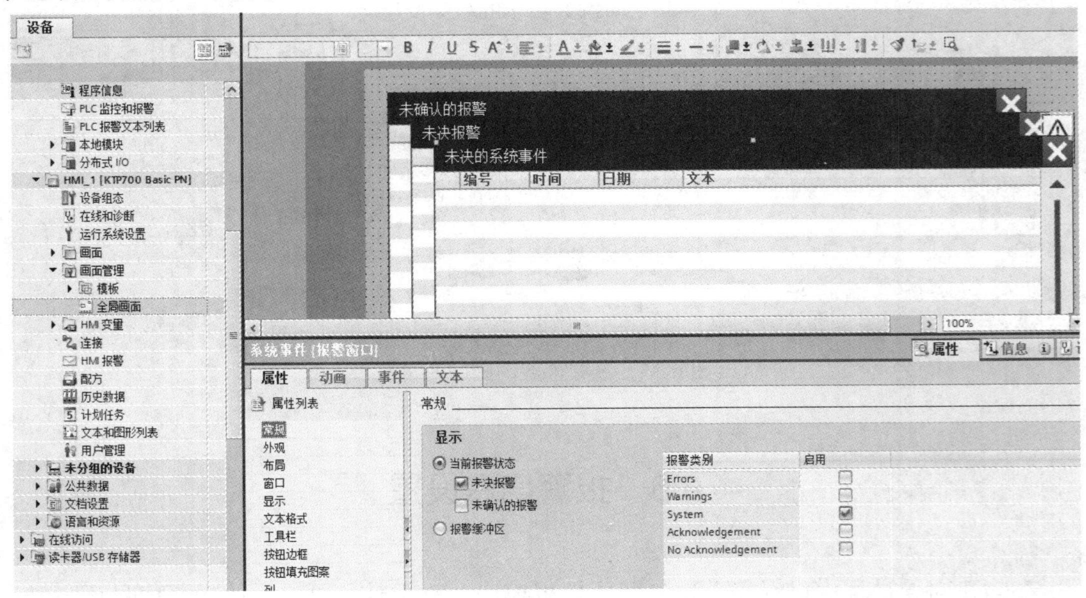

图 6-36　“未决的系统事件”的报警设置

对“未决报警”进行设置时，选中“未决报警”窗口，单击“属性”选项卡中的“常规”，勾选“未决报警”“未确认的报警”“Errors”“Warnings”“No Acknowledgement”子选项，如图 6-37 所示。

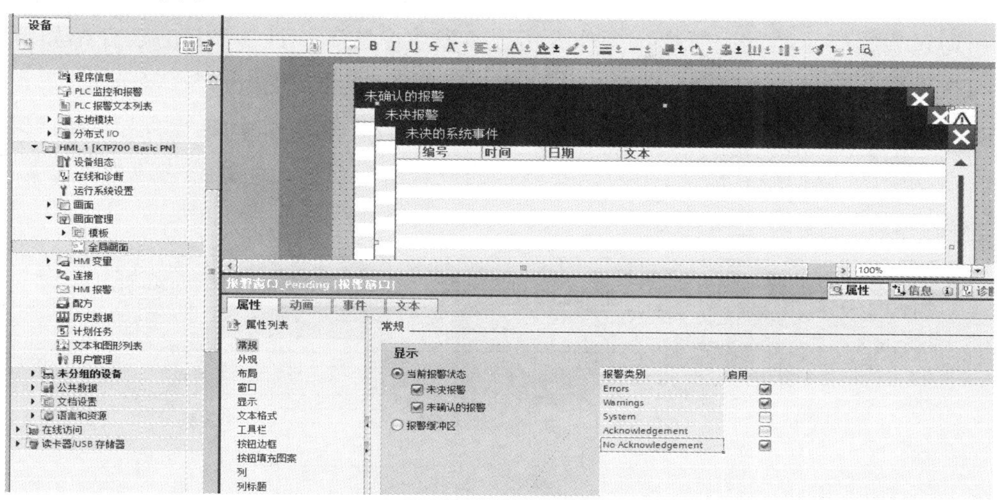

图 6-37　“未决报警”的报警设置

可以对“未决报警”的窗口名称和其窗口的属性进行设置。选中在“属性”选项卡中的“其它”选项，将其名称改为“报警窗口_未决_未被确认”，如图 6-38 所示。

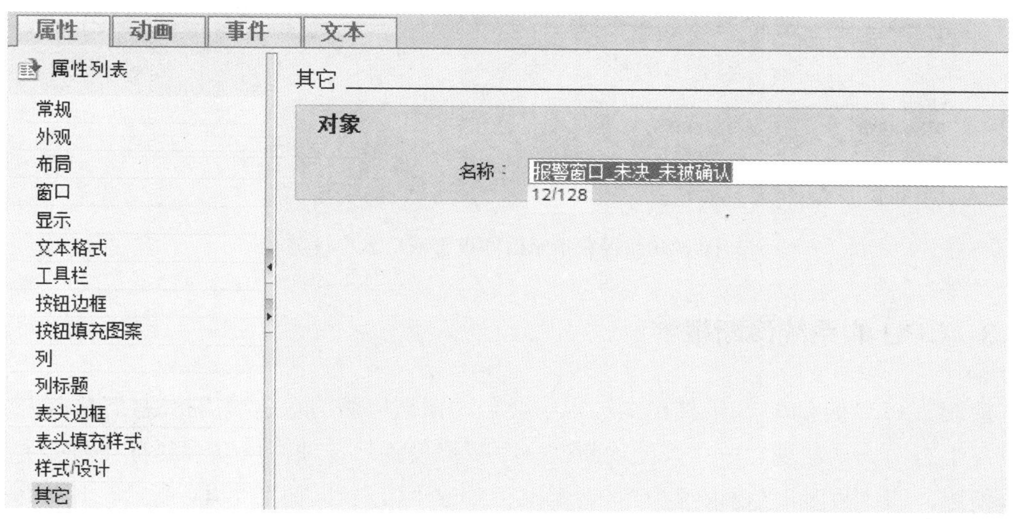

图 6-38　报警名称的设置

6.6.2　报警指示器

在“全局画面”中，除了报警窗口以外还可以设计一个报警指示器，当有报警发生时，可通过报警指示器的闪烁提示操作人员设备发生了故障。具体设计方法介绍如下。

可在报警指示器的“属性”选项卡中选择“报警类别”的“Errors”“Warnings”和“No Acknowledgement”选项，如图 6-39 所示。并在“事件”选项卡中将“单击”和“闪烁时单击”选项中的“对象名称”指定为需要显示的报警窗口名称，此处都修改为“报警窗口_未决_未被确认”，如图 6-40 所示。

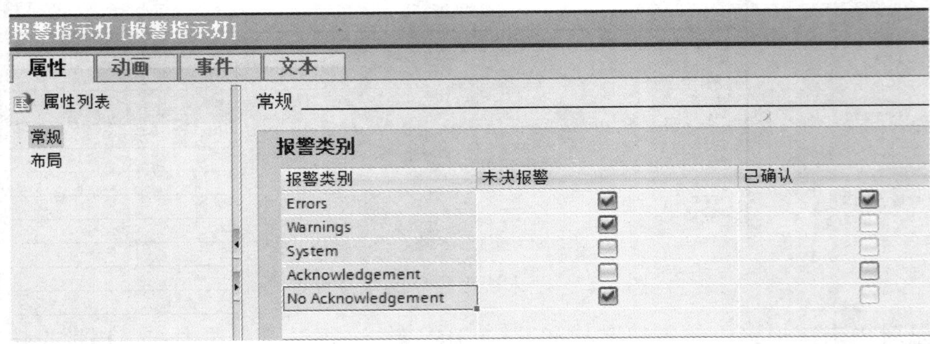

图 6-39　报警指示灯的属性设置

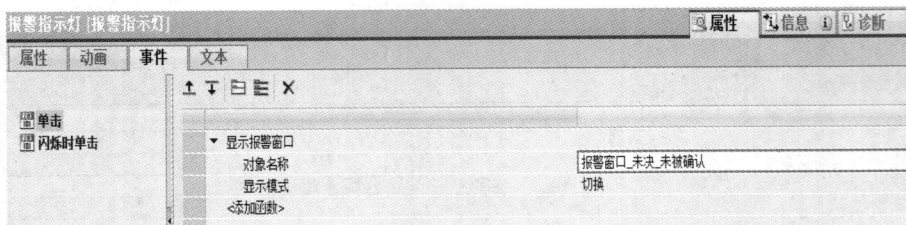

图 6-40　报警指示器的报警窗口名称设定

6.6.3　CPU 的系统诊断报警

控制器 PLC 的 CPU 在硬件检测过程中会自动根据电路的状态给出报警信息，打开 CPU“设备组态”→“常规”→“系统诊断”→“报警设置”选项，可以看到有 4 种报警类别可以使用，即“故障”“要求维护”“需要维护”和“信息”，如图 6-41 所示。具体每个模块的报警信息可先选中模块后再选择。

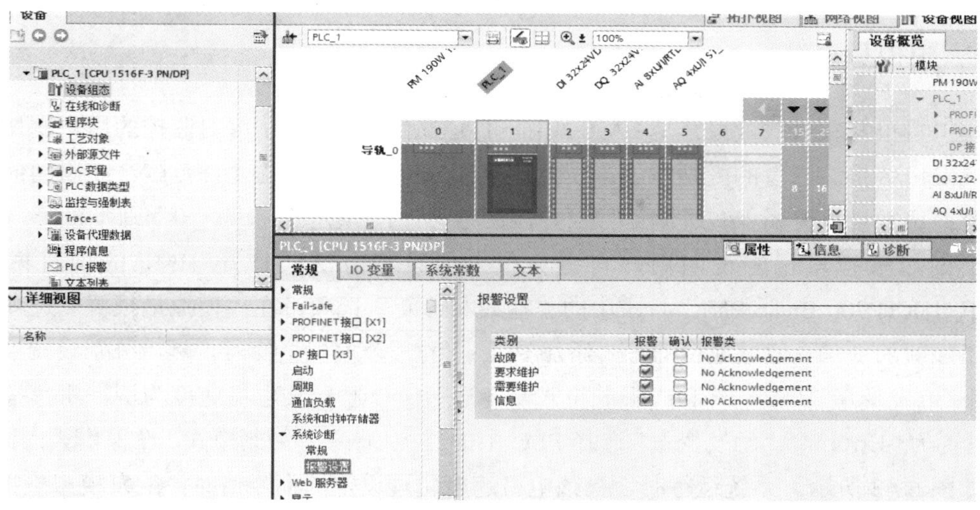

图 6-41　CPU 的报警设置

下面以一模拟量输出模块的断电报警为例说明。在硬件组态页面，选择“AQ4xU/I”→“属性”→“常规”→“输出 0-3”→“输出”→“诊断”下的“无电源电压 L+”，如图 6-42 所示，然后在 CPU 和 HMI 中分别进行编译、保存。之后可以将程序下载到设备上进行测试。当把 AQ4xU/I 的接线端子拔掉时，HMI 的报警指示器会闪烁，并在报警窗口中显示“AQ4xU/I 模块无电源电压”报警信息。

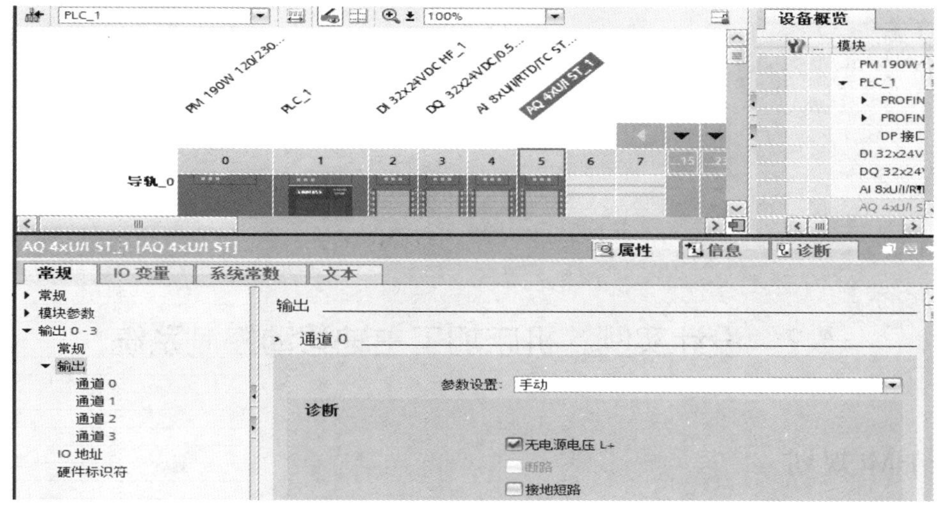

图 6-42　模拟量模块的断电报警设置

6.6.4 模拟量报警

模拟量报警和离散量报警是 HMI 中用户自定义的报警信息，可对监控的用户变量的异常情况发出警报。二者的区别在于：模拟量报警给出监控信号的允许范围，超出阈值则触发报警；离散量报警属于二进制信号报警，信号为“1”则报警，为“0”则不报警。

下面以模拟量报警说明用户自定义报警的设置方法。打开 HMI 的项目树中的“HMI_1[KTP700 Basic PN]”目录中的“在线和诊断”选项，在“模拟量报警”选项卡窗口中添加新的变量。通过拖曳的方式添加 PLC 中的一个模拟量信号，然后分别设置“报警类别”“触发变量”“限制”和“限制模式”各选项。以监控某电机速度为例，将“报警类别”设置为“Errors”，“触发变量”选择 PLC 中的监控信号，“限制模式”设置“越上限制”，设置如图 6-43 所示。系统运行时，当该电机速度超过设定的上限值时，触发模拟量报警，并传送给 PLC 进行警告和进行退出等相关的操作。

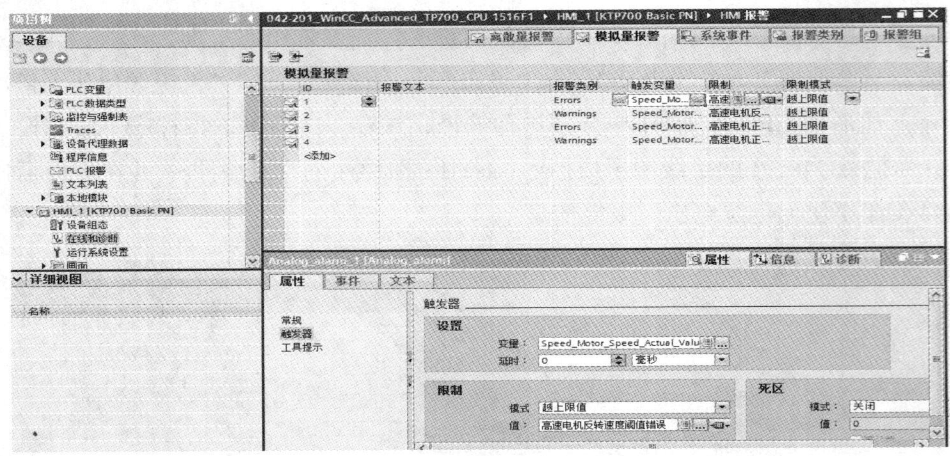

图 6-43 模拟量报警设置

6.7 设计实例：机床加工主轴移动控制系统

6.7.1 HMI 规划

设计机床加工主轴移动控制平台的 HMI 监控画面，可监控显示主轴移动平台的运动方向和运动位置，并能提供报警诊断信息。需要设计的画面包括主监控界面和报警界面。在 HMI 中需要监控的 PLC 控件如表 6-2 所示。

表 6-2　HMI 中的监控变量表

名称	数据类型	地址	注　释
A1	Bool	%I3.0	急停(常闭触点)
K0	Bool	%I3.1	主开关
B4	Bool	%I4.0	操控台左极限传感器
B5	Bool	%I4.1	工件检测传感器
B7	Bool	%I4.3	操控台右极限传感器
Q1	Bool	%Q3.1	电机 M1 正转
Q2	Bool	%Q3.2	电机 M1 反转
M2	Bool	%Q3.4	进刀电机 M2 正转
M3	Bool	%Q3.5	进刀电机 M2 反转

6.7.2　HMI 设计指南

HMI 设计步骤指南介绍如下。

(1) 在“Portal 视图”下创建 HMI，根据实际面板的类型选择面板的种类和尺寸，并确定设备编号与硬件版本相对应。本实例中选择面板型号为“SIMATIC 精简系列面板”中的“7" 显示屏”中的“KTP700 Basic”，型号“6AV2 123-2GB03-0AX0”，如图 6-44 所示。

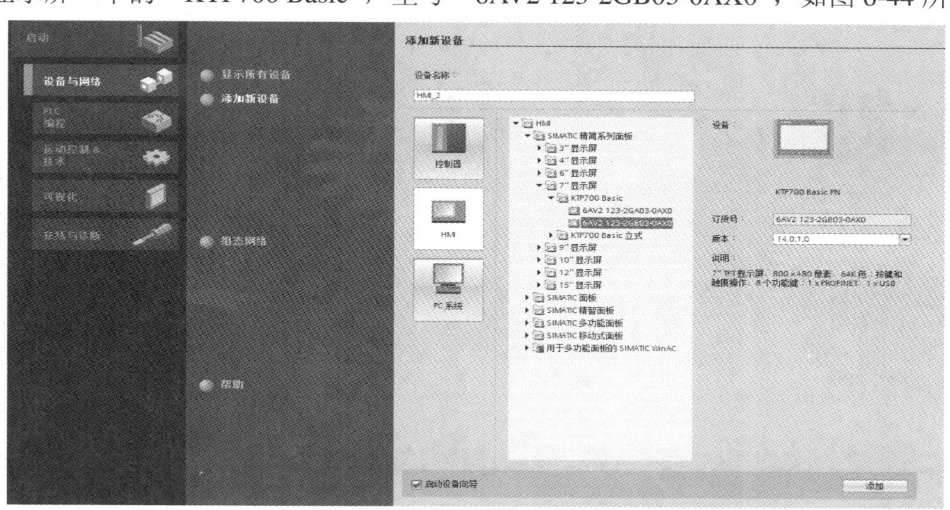

图 6-44　HMI 设备的添加

(2) 按照 HMI 的启动设备向导的步骤完成监控画面布局整体结构设计的操作。

(3) 完成启动设备向导里的步骤后，建立 HMI 与 CPU 之间的网络连接，对 HMI 的网络接口进行设置。HMI 需要和 CPU 的 IP 地址在同一网段内，且与同网段内的其他设备的 IP 地址要不同。在此将 HMI 设备的 IP 地址设置成“192.168.0.3”，子网掩码设置为“255.255.255.0”，如图 6-45 所示。并且在网络视图的界面下，通过单击“显示地址”查看设备之间的 IP 地址连接，如图 6-46 所示。

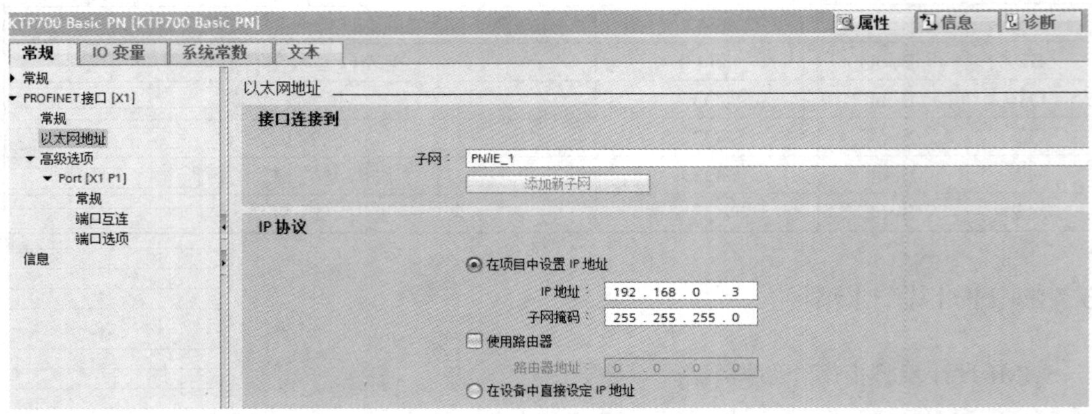

图 6-45　设置 HMI 的 IP 地址

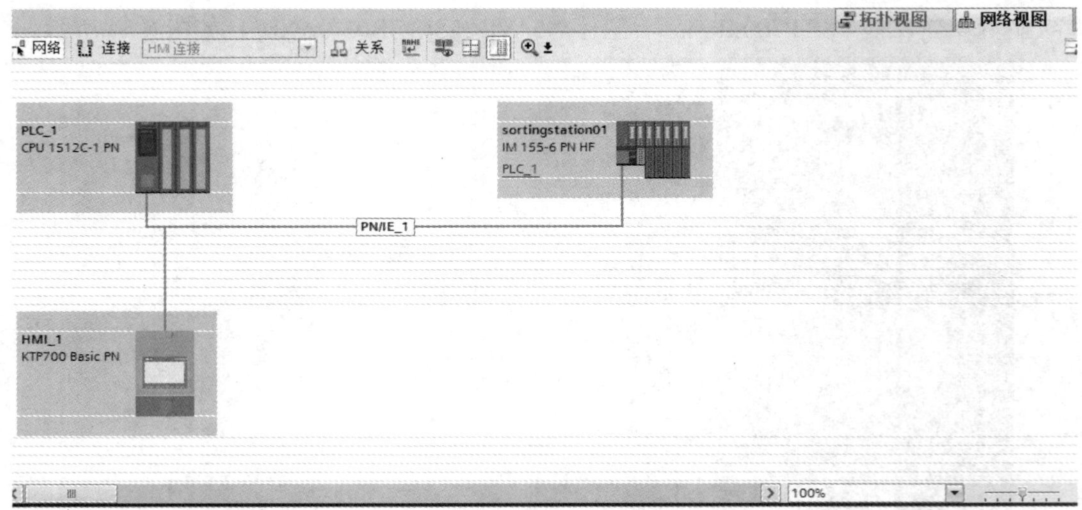

图 6-46　设备之间 IP 地址连接

(4) CPU 和面板的编译和保存。先对 CPU 进行编译，选中项目视图左边项目树中的“PLC-1[CPU 1512C-1 PN]”后单击编译按钮，然后按照前面章节介绍的步骤对 HMI 进行编译。需要注意的是，若编译的结果有错误会在信息显示栏中显示，可以双击选中其中要修正的信息，就可以直接跳转到有错误的地方可进行修正。编译完成后要记得进行项目保存。

(5) 建立机床加工主轴移动控制系统的监控主画面，也就是建立“机床加工主轴移动控制系统”页面。为了更清楚地显示加工的工作状态，在此页面内图形区域上单击鼠标右键，在弹出列表中单击“添加图形”选项来添加机床加工工作台的示意图。对于此项目，需要在 CAD 软件中预先绘制好示意图，再进行添加，如图 6-47 所示。示意图添加进图形区域中后，可以通过“属性”选项卡中的“布局”选项来对图片的位置进行调整，包括调整图形的位置、大小和缩放形式，使图片看起来更加协调美观。

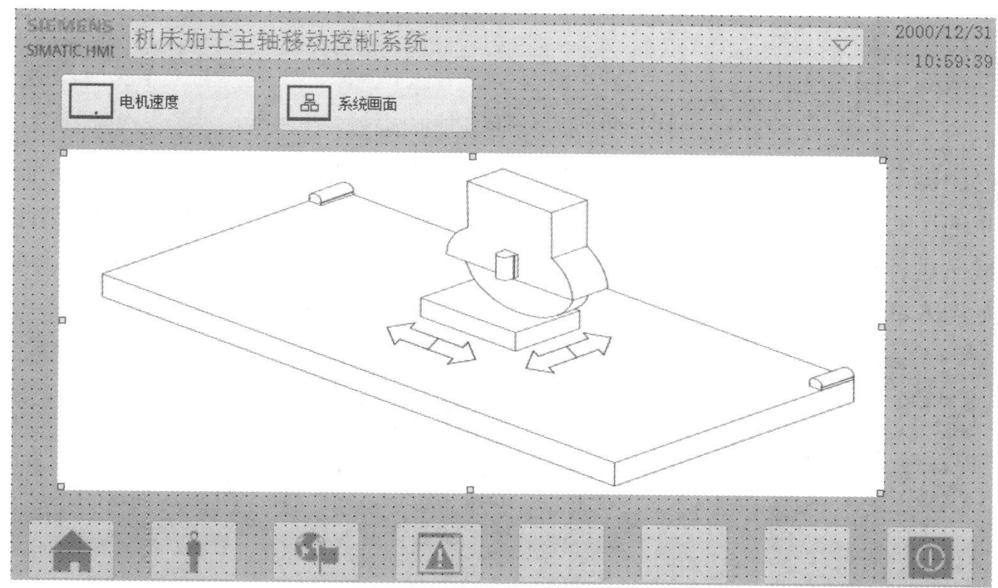

图 6-47　机床加工图形的添加

(6) 显示 I/O 域中的过程值。为了监控项目中的主要控制参数或系统的运行状态，可在监控页面中插入 PLC 的 I/O 值，包括数字量信号和模拟量信号。在此项目中，用 B4 变量监控右极限传感器的状态，用 B7 变量监控左极限传感器的状态，用 B5 变量监控磨刀在工件上的位置。通过设置变量外观的属性，建立 HMI 画面中变量与 PLC 中的全局变量之间的连接，并设定变量为“1”时信号显示颜色为绿色，如图 6-48 所示。具体步骤可参见 6.5.4 节。

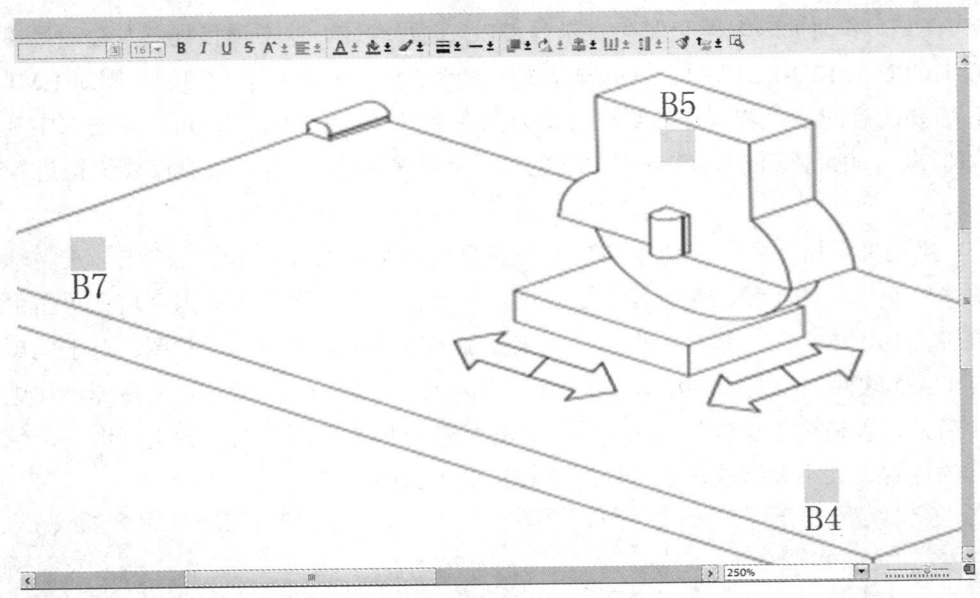

图 6-48　传感器信号的监控设置

(7) 电机运动方向显示。为了显示机床加工过程中电机的运动状态，可用方向箭头表示电机的运动方向。由于 HMI 图片库中没有现成的斜向箭头符号，需要手工绘制。此处可采用线条进行设计，并选中箭头线条，在“属性”选项卡中的“外观”选项对线条进行设置，如图 6-49 所示。

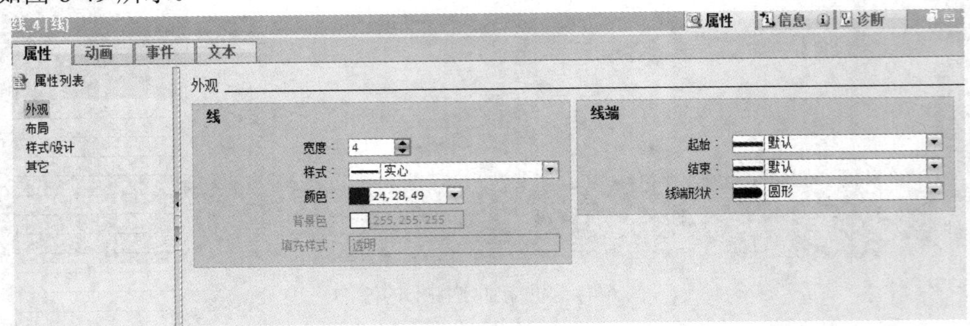

图 6-49　线条箭头属性设置

为了使箭头方向可以反映电机的运行方向，需要编辑每个箭头变量对应的 PLC 变量。选中向右的箭头属性中的“基本对象”工具箱中的“文本域”，然后在画面中的文本框内输入与箭头方向关联的变量“Q1”。

用上述同样的步骤画出方向向左的箭头和关联“文本域”变量“Q2”、方向向前箭头和关联“文本域”变量“M3”，以及方向向后箭头和关联“文本域”变量“M2”，具体如图 6-50 所示。

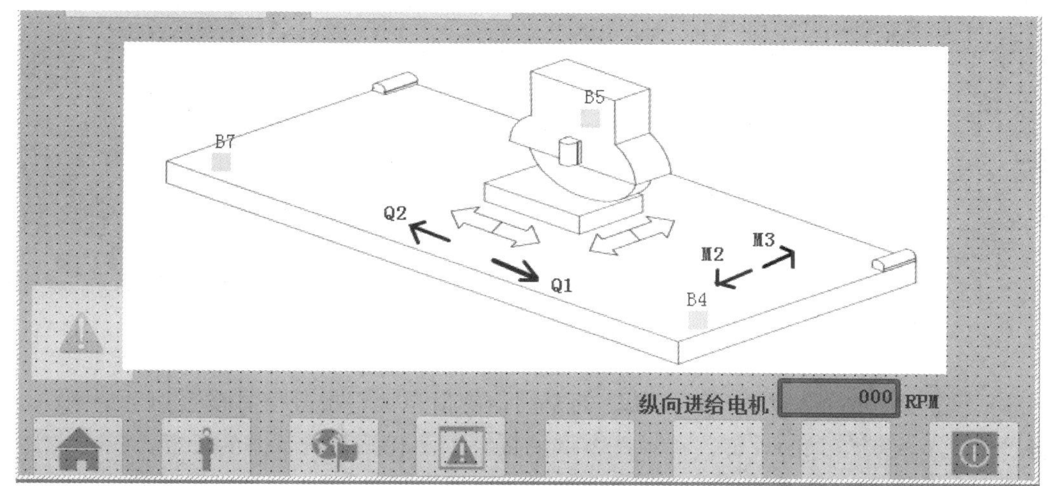

图 6-50　箭头和文本的添加

按照类似 I/O 变量动画设置的方式，依次选中带箭头的 4 个线条，并对每一个线条依次进行动画的设置。先选中向右箭头中的一根线条，单击“属性”选项卡中的“动画”选项，在“显示”目录中选择“添加新动画”选项，然后选择“外观”选项，在“名称”设置为“Q1”，“范围”设置为“1”，“背景色”和“颜色”设置为绿色，“闪烁”设置为“是”，如图 6-51 所示。用上述添加动画的方法将其他 3 个方向的箭头线条都设置好。设置完成后，将 HMI 进行编译，编译无错误后下载到设备中。当电机向右正向运转时，监控画面显示如图 6-52 所示。

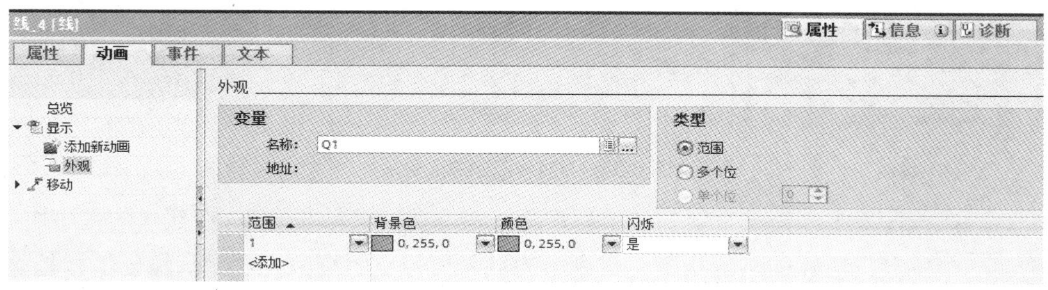

图 6-51　箭头动画外观的设置

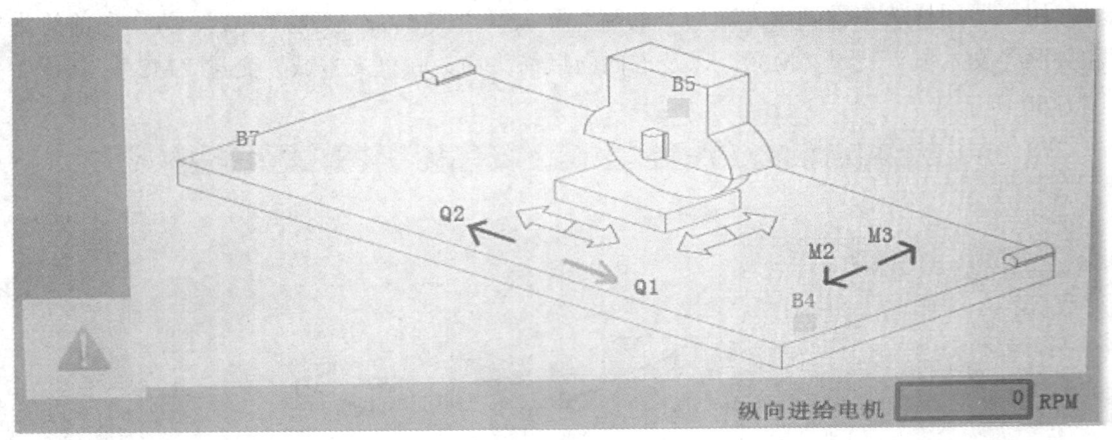

图 6-52　电机右转时箭头显示的监控效果

(8) 设置报警界面，用来显示 PLC 的常用报警信息。将报警信息设置为全局画面，按照前面 6.6 节报警信息的设置，在系统中增加报警画面和报警指示器的设置。

在自动运行过程中假设系统的总控按钮关闭，PLC 无法完成自动运行操作，可在 HMI 上设置离散量报警。具体设置方法介绍如下。

首先需要在项目中创建一个全局数据块“HMI”，定义为一个静态变量，名称为“信号_01”，数据类型为 Word，如图 6-53 所示。

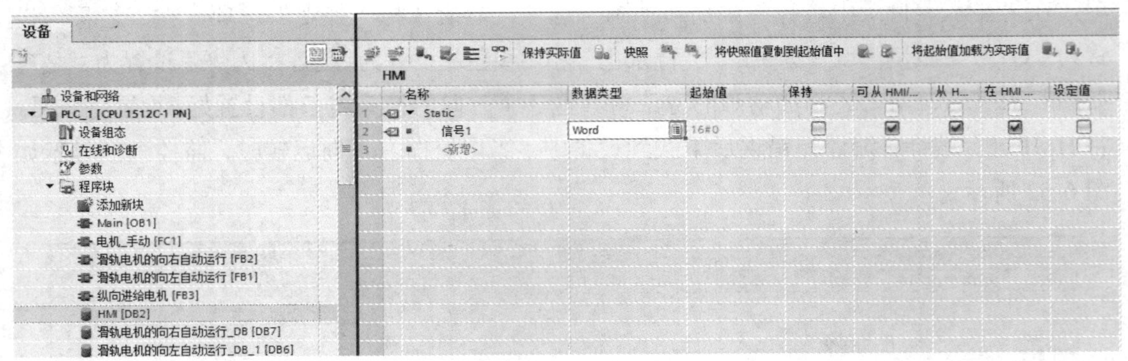

图 6-53　HMI 中创建新变量

然后在程序块中创建一个新的 FC 程序块，命名为“离散报警”。在新建的程序块 FC 中添加一个位逻辑运算的赋值指令，指令中的输入信号是“离散_报警”，输出信号是“信号_01”。但由于“信号_01”的数据类型是 Word，而“离散_报警”为 Bool 类型，所以要在“信号_01”的后面加上“.%0”字符串，这表示是对这个变量的切片访问，如图 6-54 所示。切片访问可实现对 Byte、Word、DWord 等数据类型中单个位操作的访问。

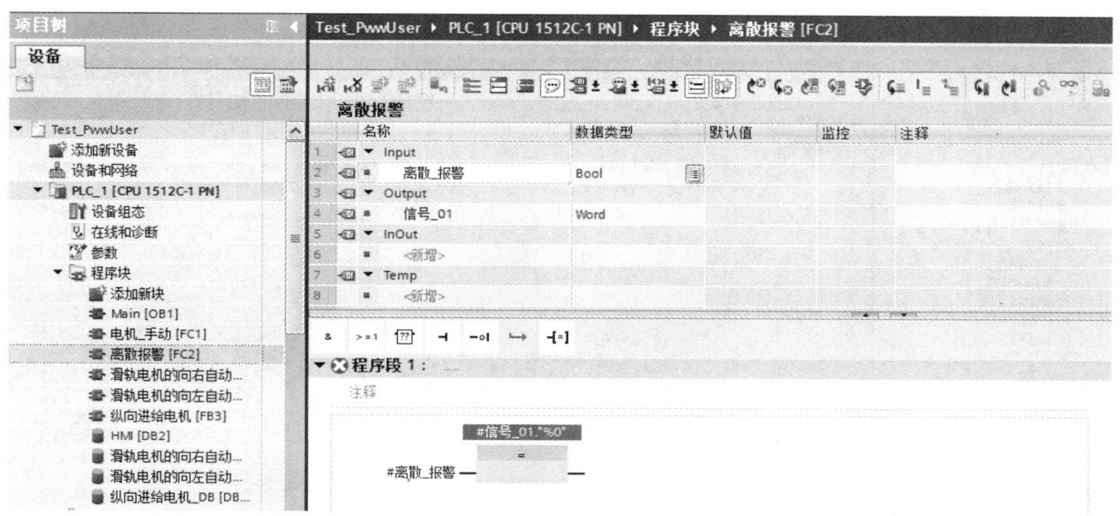

图 6-54　离散量报警信号的添加

将上一步创建的 FC 模块离散报警子程序添加到 Main 主程序中的程序段 4。添加后“离散_报警”连接全局变量“K0”，“信号_01”连接数据块 HMI 中的“信号_01”，如图 6-55 所示。

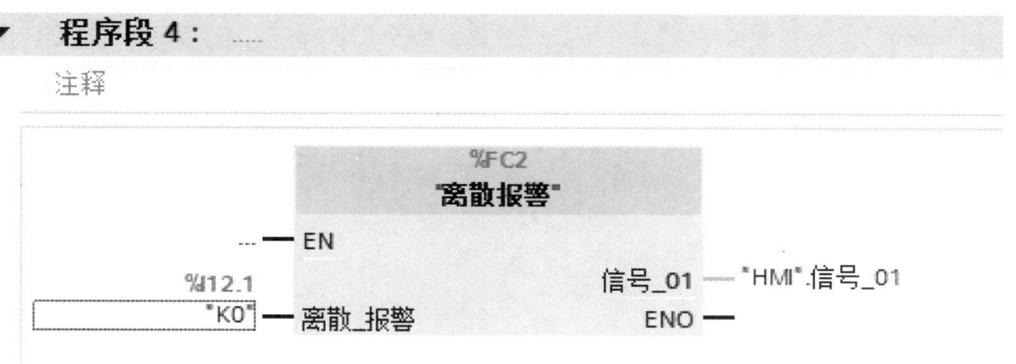

图 6-55　在主程序中添加 FC

然后返回到“HMI 报警”界面，在离散量报警中添加一个新的报警变量。“报警文本”设置为“主开关关闭”，报警类别设置为“Warnings”，触发变量设置为 HMI[DB]中的“信号_01”，如图 6-56 所示。

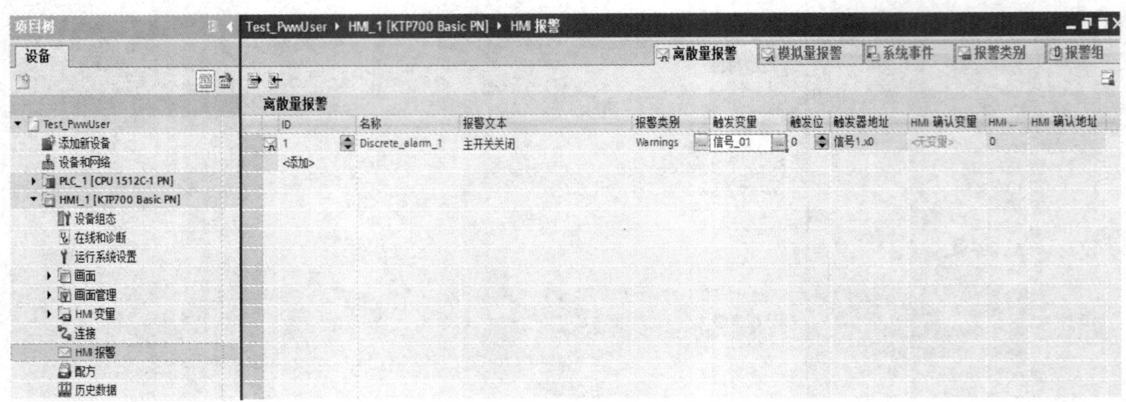

图 6-56　新添加离散报警变量

完成以上设置后对 CPU 和 HMI 进行编译、保存，然后下载到 HMI 中运行。

第七章 系统故障与调试

PLC 在运行和调试期间，会出现各种各样的故障和错误，包括硬件和软件的问题。如何快速、准确地确定故障的类型、故障发生的位置、故障的原因等问题是解决系统运行中故障的关键，也是保障系统顺利运行的根本。

7.1　常见的故障类型

PLC 在运行过程中可能会出现各种故障，根据故障在系统中的表现形式和故障的原因主要分为系统错误和功能错误两大类。

系统错误多数与硬件安装、组态和模块访问等因素有关。发生系统错误时，可被 PLC 检测到，CPU 上的 ERROR 指示灯会闪烁。而功能错误一般不会被 PLC 检测到，发生时 CPU 的报警灯没有变化，常常表现为程序功能失效或执行结果不正确。

1. 系统错误

系统错误又分为同步错误和异步错误。同步错误主要包含编程错误和 I/O 访问错误两种。系统错误会调用对应的 OB121 或 OB122 块进行处理。OB121 错误的发生多数与程序中的具体信号有关，主要原因有：

(1) 超限的地址区。

(2) 访问不存在的 DB 块。

(3) 使用错误的指令。

OB122 为访问错误，主要针对各种外部设备，如采用立即寻址的方式访问“I100.0：P”，但实际没有“I100.0”。

异步错误在设备调试现场经常会出现，多数与硬件、网络、总线等有关，可能引起的原因包括模块故障、信号电缆短路、扫描时间超时、机架错误、模块插拔错误等。

一般出现系统错误时，首先需要观察故障现象，限定故障的区域范围，然后分析 CPU 和外围设备上的 LED 指示灯，在硬件诊断中读取错误的外围设备和总线模块的诊断数据。对于模块故障的诊断，多数模块是没有诊断功能的，但对于安全型，即 HF 型模块有诊断功能。

当 PLC 运行中出现 ERROR 指示灯闪烁，可调用“诊断缓冲区”确认错误类型。如果是同步错误，即 OB121 或 OB122，单击打开后可指向错误位置，然后根据提示进行修改。如果诊断缓冲区中的错误类型为异步错误，单击打开后进行硬件诊断，具体方法可以通过 CPU 的 PG/PC 诊断缓冲区、显示屏、HMI 或 CPU 的 Web Server 定位。

2．功能错误

功能错误产生的原因主要分为两类：一类称为过程错误，一般与传感器、驱动器或线缆故障等硬件有关；另一类称为程序逻辑错误，比如双重赋值。对于功能错误的排查需要结合程序监控实现，通过比对监控信号的状态与实际设备的动作之间的差异，确定故障的原因，然后加以修改解决。

对于系统错误，可通过观察 PLC 的 CPU 上的信号指示灯，结合 PG/PC 的系统诊断或 HMI 上的故障信号指示判断具体的故障信息。但为了能够实现多途径的系统诊断功能，需要对 PLC 进行相关的诊断功能的激活配置。基本的诊断配置步骤如图 7-1 所示。

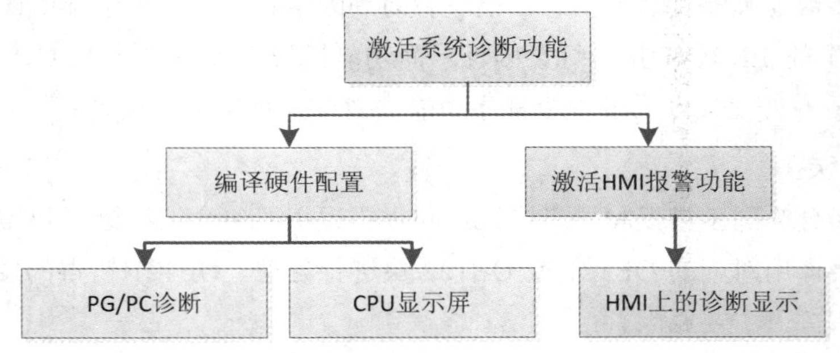

图 7-1　系统诊断配置的步骤

7.2　SIMATIC S7 的在线诊断

系统诊断功能是 TIA 博途中的一个重要组成部分，无需额外获取许可证。S7-1500 控制器在工程组态和运行系统中，采用新型的高性能管理机制。系统诊断功能可为用户提供系统中所有相关的错误信息。这些报警信息包含以下基本要素：模块、消息文本和消息状态。

系统的诊断功能只需在控制器的设备视图的系统诊断选项中选择“激活该设备的系统诊断”功能，而无需使用 STEP 7 进行组态连接，如图 7-2 所示。而且由于系统诊断功能采用特定通道的显示机制，因此即便 CPU 转入 STOP 操作模式，也可进行系统诊断。

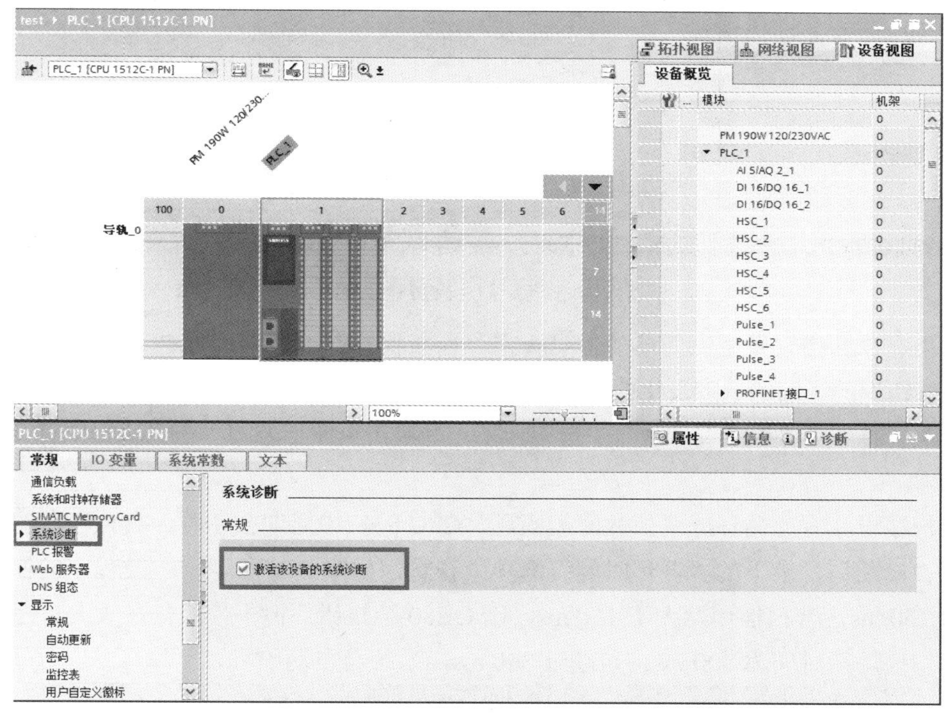

图 7-2　激活系统诊断功能

这种自动生成诊断信息的功能无需额外编程，而且诊断信息的生成更为快捷，同时降低了实施成本，可快速进行故障定位。当更改硬件配置时，系统自动更新系统诊断信息。

7.2.1　PG/PC 诊断

当 PLC 系统有故障时，可以通过 TIA 博途的 PG/PC 进行诊断。首先将 PLC 的 CPU 的运行状态切换为“运行”模式，并将 PLC 与 PC 进行在线连接，在项目的“在线与诊断”选项中可显示 PLC 模块的系统错误，如图 7-3 所示。

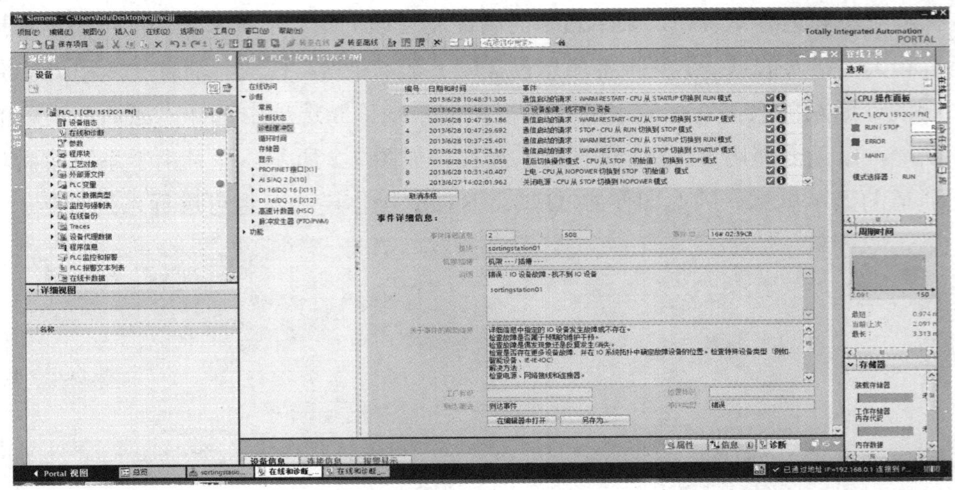

图 7-3　系统的 PG/PC 诊断

如果有诊断错误发生，简单的信息会在“诊断状态”中显示，PLC 运行过程中所有发生的系统错误的详细的故障发生的位置以及故障的原因会显示在“诊断缓冲区”页面中。具体的诊断信息可在“诊断缓冲区”中选中一条，并单击页面下方的“在编辑器中打开”按钮进行编辑。

若程序设计有死循环或通信故障等问题，CPU 的扫描周期会超时，具体程序的扫描周期可在“诊断”目录下的“循环时间”选项中查看，如图 7-4 所示。一般程序的扫描周期都小于 150 ms，若扫描周期大于 150 ms，则 OB80 会报错，但不停机。最大允许运行且不停机的扫描周期时间为 300 ms，若超过 300 ms，系统会自动停机。

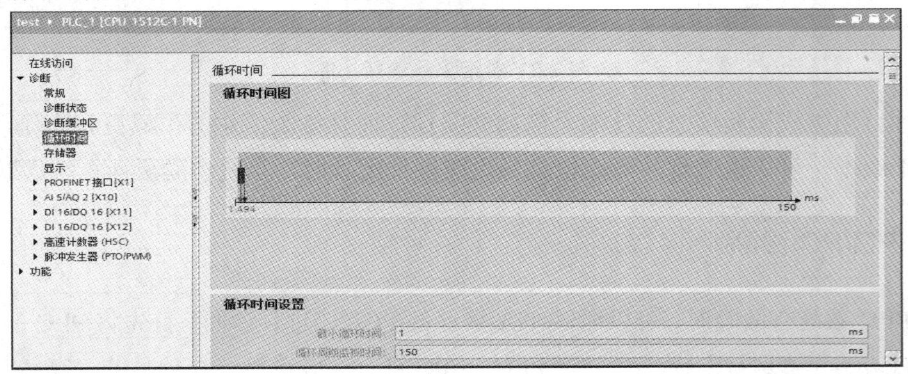

图 7-4　查看扫描周期

7.2.2　硬件诊断

若硬件组态有问题，可切换到设备视图中，单击“在线”按钮进入设备的在线视图，也可查看主机架和分布式 I/O 机架上各模块的工作状态，如图 7-5 所示。绿色的对钩表示模块运行正常，标有扳手图标则表示下级组件出现错误，需要维修。当设备中出现错误时，错误会分别在项目树的 PLC 型号、设备视图的 CPU 指示灯以及设备概览页面中均有提示。具体各图标在信号模块、CPU 或通信处理器中的运行状态的含义参见表 7-1。

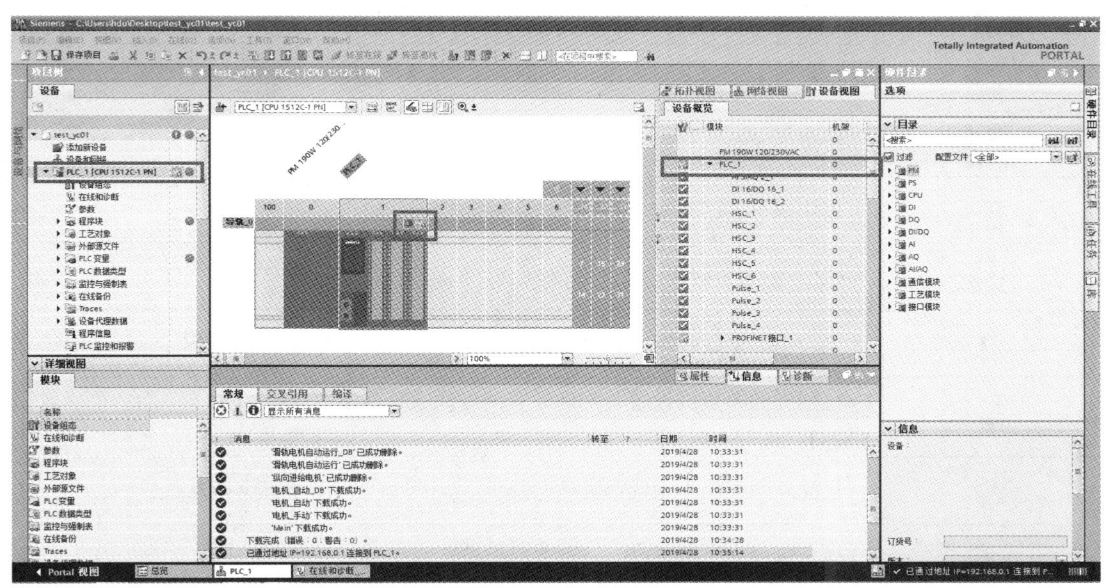

图 7-5　设备视图中模块状态的诊断

若通信有故障，可切换到网络视图或拓扑视图，用于诊断通信端口和网络电缆的状态。若为绿色表示无故障或无维护需要；黄色表示维护请求，一般是站点需要维护，有丢包或帧错误；红色表示通信错误。

表 7-1　模块的状态图标与含义

符　号	符 号 含 义
	正在建立与 CPU 的连接
	CPU 无法访问所设置的地址

续表

符　号	符 号 含 义
	已配置的 CPU 与实际现有的 CPU 类型不兼容
	与受保护的 CPU 建立在线连接时，在没有输入正确密码的情况下中断了密码对话
	无故障
	需要维护(绿色)
	维护请求(黄色)
	故障(红色)
	模块或设备已禁用
	CPU 无法访问模块或设备(对 CPU 下面的模块和设备有效)
	无可用的诊断数据，因为当前的在线配置数据与离线配置数据不同
	已配置的模块或设备与实际现有的模块或设备不兼容(对 CPU 下面的模块或设备有效)
	已配置的模块不支持诊断状态的显示(对 CPU 下面的模块有效)
	连接已建立，但是目前还没有确定模块的状态
	已配置的模块不支持诊断状态的显示
	下级组件中发生故障，至少一个下级硬件零件出现故障

7.2.3 CPU 的诊断显示

PLC 的 CPU 自带三个指示当前运行状态和诊断状态的 LED 指示灯，如图 7-6 所示。当系统处于运行状态时，RUN/STOP 指示灯显示为绿色；当有系统故障时，ERROR 指示灯闪烁；当 PLC 进行站点维护时，比如针对 PROFINET 网络的通信预警或强制操作时，MAINT 黄色指示灯亮。

①—RUN/STOP指示灯(黄色/绿色LED)；
②—ERROR指示灯(红色LED)；
③—MAINT指示灯(黄色LED)

图 7-6　CPU 上的 LED 指示灯

当黄色故障指示灯闪烁时，可以通过 CPU 的显示屏进行诊断，该显示屏既可以查看主机架 CPU 的诊断信息，也可以查看各模块和分布式 I/O 站点上的诊断信息，显示的内容与 PG/PC 诊断缓冲区中的故障信息完全一致，如图 7-7 所示。通过显示屏的报警信息显示更方便现场操作人员对故障的查找。

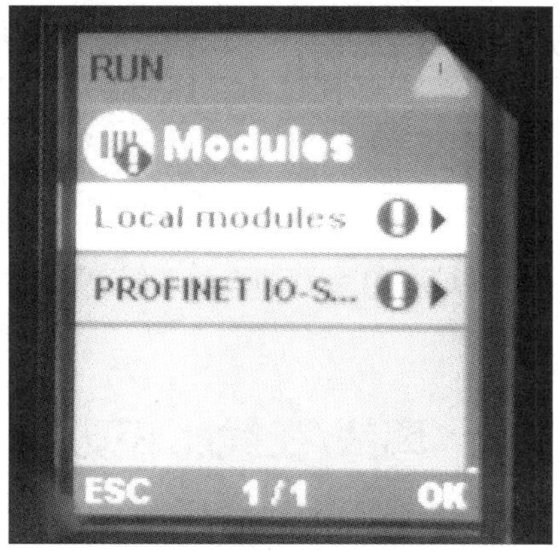

图 7-7　CPU 显示屏上的故障信息显示

对于大显示屏的 CPU，如 CPU 1516，则可完全显示具体的故障信息，而对于小显示屏的 CPU，如 CPU 1512，则只能给出简单的故障信息显示，具体故障内容还需要在 PG/PC 上查看。

7.2.4　HMI 上的系统诊断

如果在同一项目中同时建立了 PLC 和 HMI，并建立了二者之间的通信连接，则 PLC 的故障诊断信息可显示在 HMI 上。组态时，在 HMI 控件中将“系统诊断视图”控件拖入 HMI 相应的画面中，则 PLC 中的诊断信息就可以通过 HMI 进行显示和查看，查看到的内容与 PLC 的 PG/PC 诊断缓冲区的信息完全一致，如图 7-8 所示。

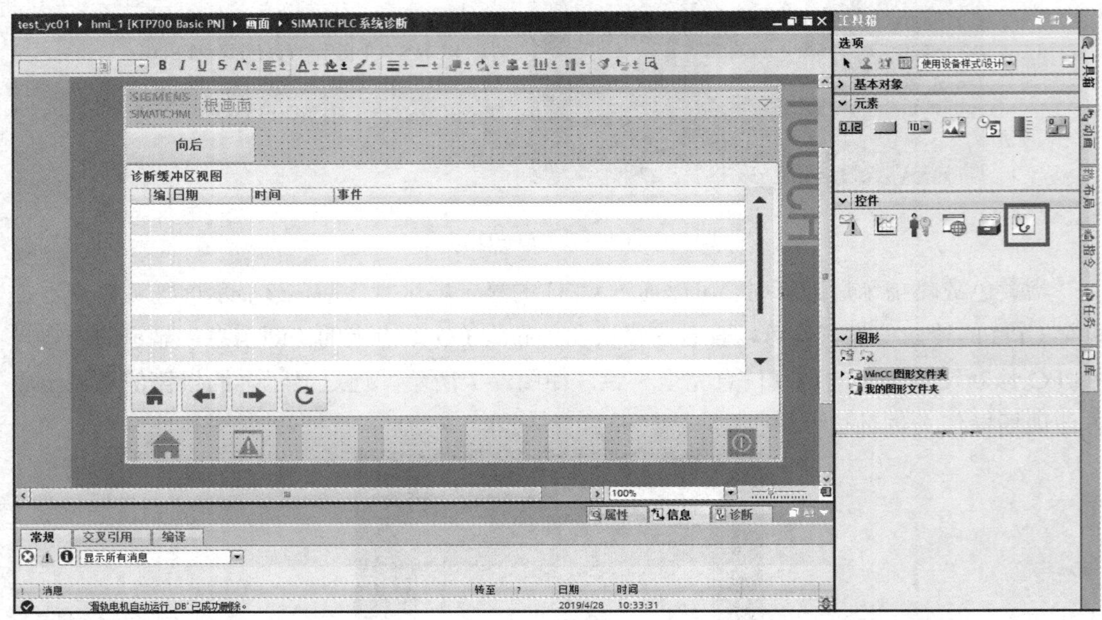

图 7-8　通过 HMI 查看 PLC 诊断缓冲区的信息

7.3　离线/在线比较功能

系统在调试过程中需要经常将编译的程序下载到 PLC 中进行调试验证，调试过程中离不开程序的监控，但监控的前提是监控电脑中的程序需要与控制系统中加载的程序一致。为了比较系统的硬件配置、变量以及加载程序等的一致性，可通过项目的“离线/在线比较”功能进行比对。

操作时首先选中要比较的项目，单击鼠标右键，然后在弹出的下拉列表中选中“比较”→“离线/在线比较”选项，打开离线/在线比较编辑器，如图 7-9 所示。编辑器的左边显示离线对象的信息，右边显示在线对象的信息，中间区域为比较的状态和可执行的操作。不同的比较状态对应的含义如表 7-2 所示。

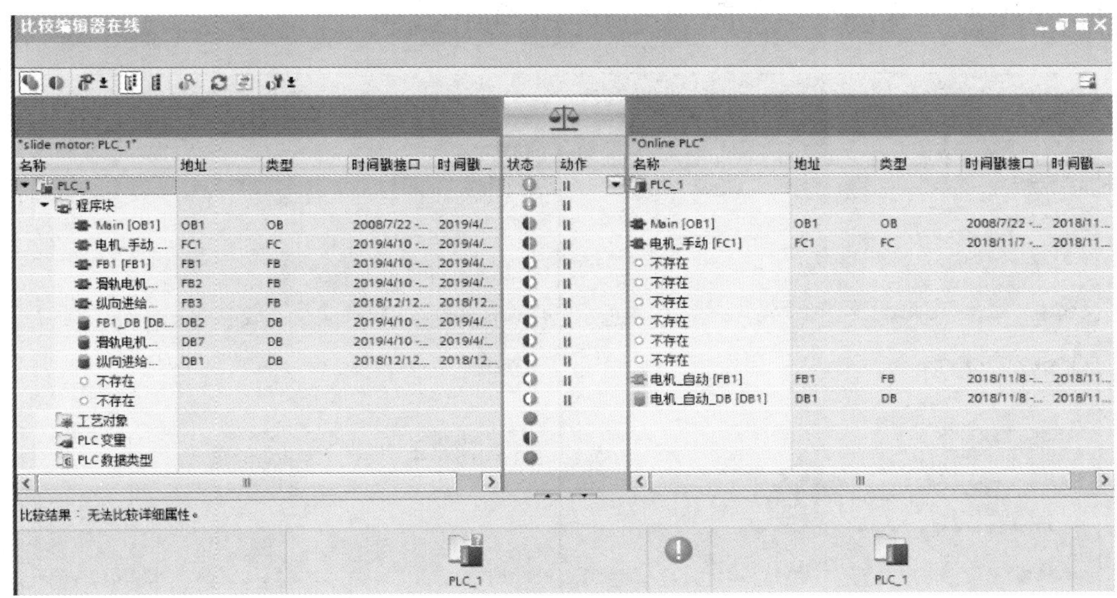

图 7-9　离线/在线比较编辑器

表 7-2　离线/在线比较图标说明

图标	说　　明
	在线对象与离线对象版本相同
	下一级组件中包含版本不同的对象
	对象仅离线存在
	对象仅在线存在
	对象的在线和离线内容不同

对于有差异的对象可单击工具栏上的“细节比较”按钮查看具体信息。通过详细比较可以确定存在版本不同的块的具体位置。以图中在线和离线内容不同的“电机_手动”FC1 函数为例，其详细比较结果如图 7-10 所示。存在差异的程序行以灰色高亮显示，不同的操作数和指令以绿色高亮显示。对于有差异或仅离线或仅在线存在不同的对象可通过从设备中选择上传或下载到设备的执行动作使在线与离线内容一致。

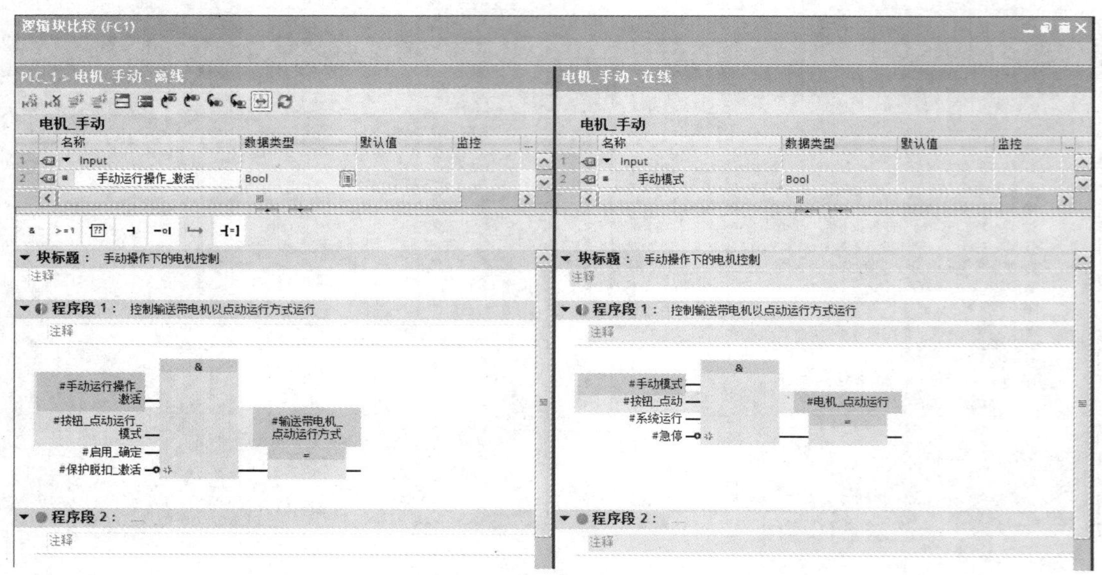

图 7-10　细节比较功能

7.4　监控表和强制变量表

在程序调试过程中的功能错误，由于系统编译时没有问题，所以 PLC 的系统自诊断功能并不能查到具体的功能错误和存在的位置，需要通过分析项目中设备的实际运行状态和程序设置的执行状态之间的差异判断功能错误发生的位置。不过有些情况下，某些设备的动作涉及多个控制变量，无法判断错误具体产生的原因时可通过监控表进行查找判断，也可通过强制变量表进行某个变量的强制改变。

7.4.1　监控表

使用监控表需要在项目导航中的“监控与强制”菜单栏下单击“添加新的监控表”命令创建一个监控表。监控表的变量包括输入、输出和位存储器，以及数据块中的变量。在新建的变量表中可以直接输入要监控的变量名，也可从PLC的符号表或DB中直接拖放到监控表中，如图7-11所示。如果需要监控一段连续的变量，可在变量地址的下脚标位置处使用拖曳的方式进行批量输入。在“显示格式”栏中可以根据变量类型选择布尔型、字符型、十六进制等类型。单击按钮只可观察所有变量一次，或单击按钮可以连续监控所有变量。

slide motor ▸ PLC_1 [CPU 1512C-1 PN] ▸ 监控与强制表 ▸ 监控表_1

		名称	地址	显示格式	监视值	修改值		注释	变量注释
1		"A1"	%I12.0	布尔型	FALSE				急停信号，常闭
2		"Auto_work"	%M37.4	布尔型	FALSE				
3		"Autu_sta"	%M30.4	布尔型	FALSE				
4		"B1"	%I12.5	布尔型	FALSE				档杆收回，对应皮带轮面板K2
5		"B2"	%I12.6	布尔型	FALSE				档杆伸出，对应皮带轮面板K1，...
6		"B3"	%I12.7	布尔型	FALSE				
7		"B4"	%I13.0	布尔型	FALSE				右极限传感器
8		"B5"	%I13.1	布尔型	FALSE				传感器3
9		"B6"	%I13.2	布尔型	FALSE				料仓A
10		"B7"	%I13.3	布尔型	FALSE				左极限传感器
11		"BeeP"	%Q7.4	布尔型	FALSE				蜂鸣器
12		"CheCK_Fe"	%M30.3	布尔型	FALSE				
13		"display1"	%QW0	带符号十进制	0				
14		"display2"	%QW2	带符号十进制	0				
15		"ele_back"	%M30.7	布尔型	FALSE				
16		"ELe_go"	%M30.5	布尔型	FALSE				
17		"K0"	%I12.1	布尔型	FALSE				主电接通
18		"LED1"	%Q4.0	布尔型	FALSE				
19		"LED2"	%Q4.1	布尔型	FALSE				
20		"LED3"	%Q4.2	布尔型	FALSE				
21		"LED4"	%Q4.3	布尔型	FALSE				
22		"LED5"	%Q4.4	布尔型	FALSE				
23		"LED6"	%Q4.5	布尔型	FALSE				
24		"LED7"	%Q4.6	布尔型	FALSE				

图7-11　监控表

监控表中的中间两栏“使用触发器监视”和“使用触发器修改”缺省为灰色，不可更改，都设置为“永久”，但若需要改变变量的监控和修改的触发时间时可通过单击工具栏上的按钮和，使所有观察和控制功能处于可选状态。一般设置中不需要更改“监控”的触发模式，可根据需要更改“修改”的触发模式。

若在监控表中需要修改某个变量的值，可在“修改值”中输入所需值，并单击按钮，可一次性改变所有激活的数值。

注意：此处的“修改值”改变的是内存中的变量的值，并不是外部设备端口中的变量的值。

如果运行中监控表关闭或者与 PLC 的连接断开，则所有的控制指令将失效。

7.4.2　强制变量表

除了在监控表中可以修改变量的值以外，还可通过强制变量表改变一些输入、输出信号的状态。但与监控表中的修改功能不同，强制变量表的强制功能可以赋予变量一个固定的值，即使关闭或停止 PLC 后，强制的数值仍然保持不变，直到用户取消这些变量的强制功能。强制功能只应用于输入、输出变量，不能为数据块、定时器、计数器、M 位进行赋值。对于外围设备的直接寻址不能通过监控表改变，但可以通过强制功能赋值。

为了进行变量的强制功能，可在“监控与强制”菜单栏下双击打开“强制表”，强制变量表的建立方法与监控表类似，如图 7-12 所示。但是强制执行的操作一般只针对少数几个输入、输出点，多数需采用手动输入的形式建立。

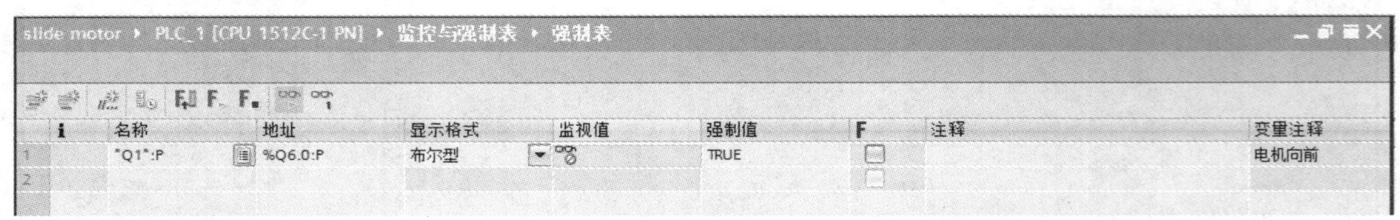

图 7-12　强制变量表

因为强制操作是针对外部端口进行的操作，所以输入的地址缺省为绝对地址，系统自动会在地址的后面添加“：P”字符串，如“Q6.0：P”，表示外部地址立即访问，不仅只是内存中的地址。强制操作方法为：输入需要的强制值，并激活该运算数，单击按钮启动强制命令。如果强制的变量值与程序运算的逻辑关系相反，以强制值为准。

图 7-13　强制操作时 PLC 上的显示

当使用强制命令后，S7-1500 的 CPU 显示屏面板上将显示一个红色背景的“F”标志，同时 CPU 上的“MAINT”指示灯亮起，如图 7-13 所示。当关闭强制表后，强制变量仍然保持激活状态，即使CPU重启后也无法消除强制状态，唯一的解除办法就是单击强制表上工具栏的按钮F■，退出强制变量，此时CPU上的“MAINT”指示灯灭掉，显示屏上的“F”标志消失。

7.5 程序监控

当程序编写完后，需要对程序进行检查、纠错，以确保每一步程序的执行状况与工艺方案的设计一致，最简单直观的方法就是对程序进行监控。由于TIA博途中的PLC编程方式采用结构化的方法，既有具体的程序块，也有对应的数据块，因此对它们的监控方法将分别进行说明。

7.5.1 程序块的监控

打开需要监控的程序，单击程序编辑界面上的监控按钮，便可开始或结束程序的监控。与大多数PLC监控方式类似，S7-1500的监控状态是以能量流的方式传递信号的状态，通过改变程序中线条、元素等的颜色以说明不同的运行结果。绿色的实线表示条件满足，该步执行；蓝色的虚线表示条件不满足，该步不执行。通过监控程序中信号的通断状态，结合实际外部设备中传感器等元件的信号值是否匹配，从而可以简单判断程序的功能错误发生的位置，并结合程序的逻辑进行修改。

采用结构化编程方式编写的FC或FB，内部的变量多数采用形参的方式定义，然后在调用函数中再赋实参。对于程序中多次调用的FC或FB，因为每次调用对应的实参是不同的，而监控中只能显示一次调用的运算结果，因此为了监控具体某次调用的函数运算结果，需要在进行监控时结合具体的调用环境。具体的监控方法有两种，一种是在主调函数中打开进行监控，另一种是直接打开监控函数选择调用环境。

第一种方法可在主调函数中选择需要监控的函数块，然后单击鼠标右键，在弹出下拉列表中选择“打开并监视”选项，即可直接进入该函数本次调用的监控界面中，如图7-14所示。此时监控的结果即为本次调用的运行结果，如图7-15所示。

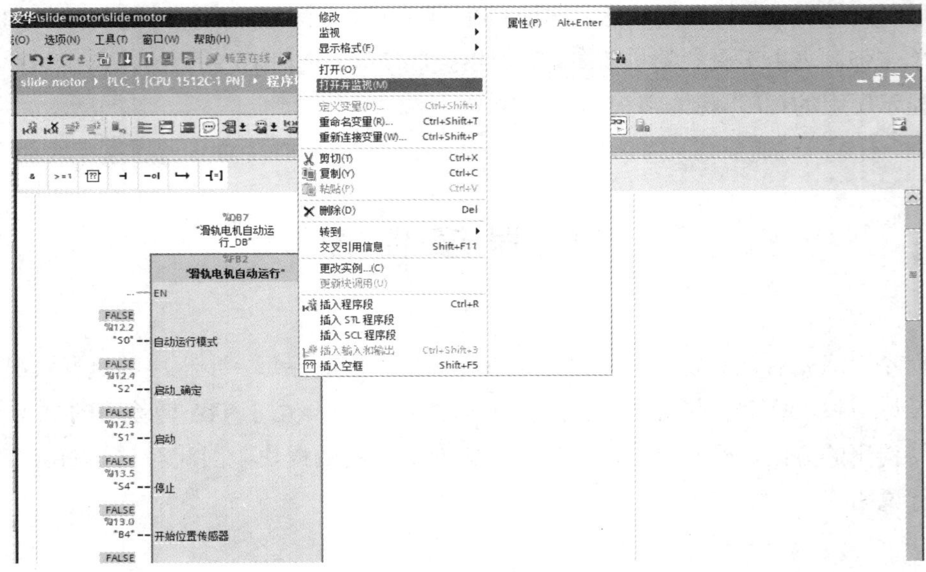

图 7-14　在主调程序中选择监控函数

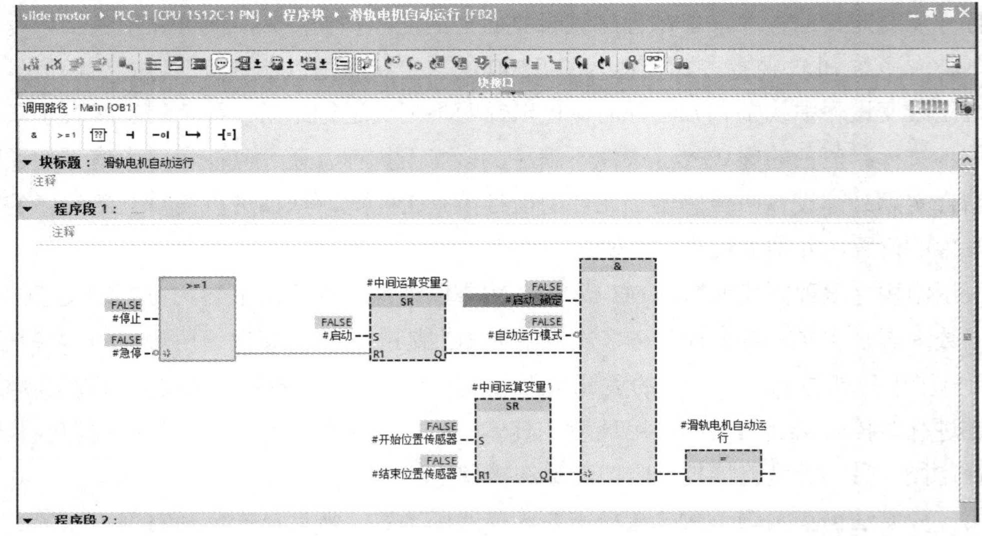

图 7-15　监控运行结果

第二种方法是直接打开需要监控的 FC 或 FB，单击调用环境按钮，在弹出的块的调用环境对话框中选择函数具体调用的位置，如图 7-16 所示。

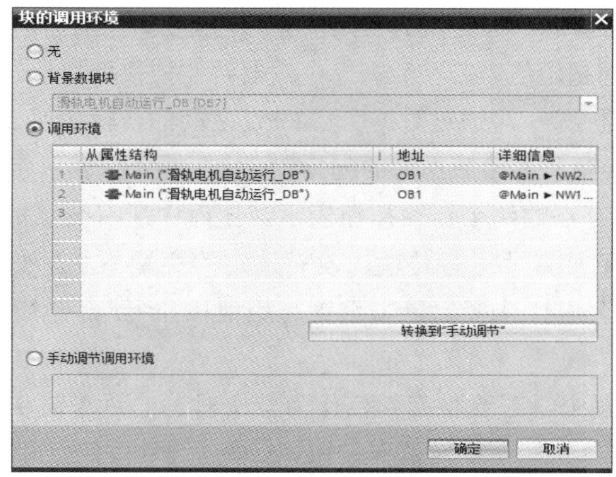

图 7-16　选择函数的调用环境

7.5.2　数据块的监控

在构建函数块 FB 时需要创建对应的数据块 DB，数据块里面除了包含基本的输入、输出接口变量外，一般还会包含一些常量参数，比如设定的时间、长度、速度等。在对数据块进行监控时，除了实现变量的监控，还可进行变量的修改。为了监控数据块，首先要打开所需的数据块，然后单击“监控”按钮开始监控，其界面如图 7-17 所示。“起始值”一栏显示各个变量开始运算的数值，“监控值”一栏可显示当前数据库中的运算结果。若右键单击某个值，即可打开“修改”对话框，进行数据的修改。

slide motor ▸ PLC_1 [CPU 1512C-1 PN] ▸ 程序块 ▸ 滑轨电机自动运行_DB [DB7]

保持实际值　快照　将快照值复制到起始值中　将起始值加载为实际值

滑轨电机自动运行_DB

	名称	数据类型	起始值	监视值	保持	可从 HMI/...	从 H...	在 HMI ...	设定值	监控	注释
1	▼ Input				☐	☐	☐	☐	☐		
2	自动运行模式	Bool	false	FALSE	☐	☑	☑	☑	☐		
3	启动_确定	Bool	false	FALSE	☐	☑	☑	☑	☐		
4	启动	Bool	false	FALSE	☐	☑	☑	☑	☐		
5	停止	Bool	false	FALSE	☐	☑	☑	☑	☐		
6	开始位置传感器	Bool	false	FALSE	☐	☑	☑	☑	☐		
7	结束位置传感器	Bool	false	FALSE	☐	☑	☑	☑	☐		
8	急停	Bool	false	FALSE	☐	☑	☑	☑	☐		
9	▼ Output				☐	☐	☐	☐	☐		
10	滑轨电机自动运行	Bool	false	FALSE	☐	☑	☑	☑	☐		
11	InOut				☐	☐	☐	☐	☐		
12	▼ Static				☐	☐	☐	☐	☐		
13	中间运算变量1	Bool	false	FALSE	☐	☑	☑	☑	☐		
14	中间运算变量2	Bool	false	FALSE	☐	☑	☑	☑	☐		

图 7-17　数据块的监控界面

由于数据块中的常量和部分变量的初始值会影响函数块 FB 调用时的结果，因此要合理设定数据块中变量的起始值。若在数据库中需要将监控值批量地修改为起始值，或者将起始值批量地修改为监控值，可通过数据库与 CPU 之间的传输按钮和实现。向左的箭头表示将监控值传递给数据库的起始值，向右的箭头表示将数据库的起始值传递给 CPU 的监控值；没有点的两个传输按钮表示数据库中所有变量的传输；有点的两个按钮表示只有选定打点的变量才进行传输，没有选定的变量不变。变量的选定可通过勾选允许更改的“设定值”进行选择。单击重置起始值按钮后，所有变量的起始值恢复缺省状态。

在程序运行的过程中，若要将起始值作为某个时刻的运算值，可先勾选允许更改的“设定值”，然后单击“初始化设定值”按钮后即可将全部监控值或选择的监控值修改为起始值。但是如果需要将某个时刻的监控值修改为起始值，还需利用数据块的快照功能按钮。单击快照按钮，可将当前监控值保存到新生成的“快照”栏中，如图 7-18 所示，然后可利用按钮将监控值传递给数据库作为新的起始值。

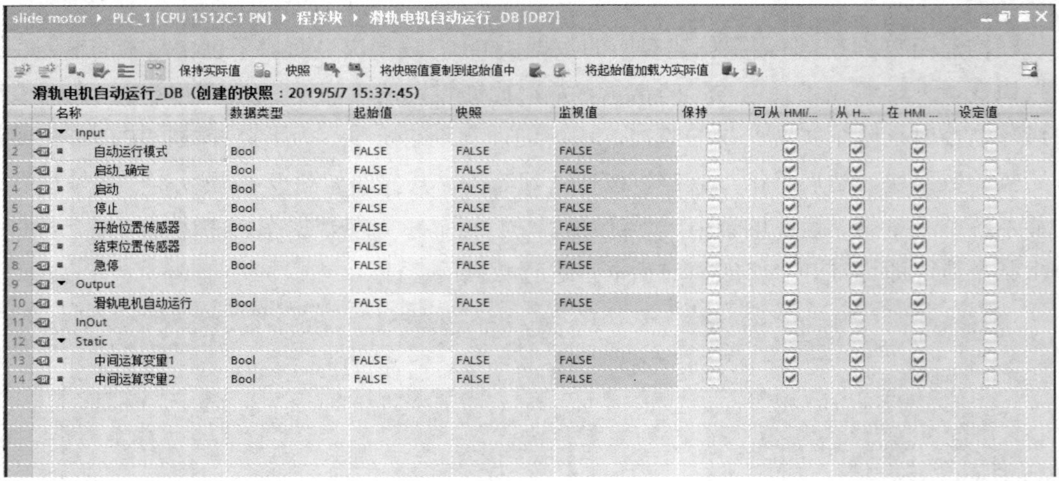

slide motor ▸ PLC_1 [CPU 1512C-1 PN] ▸ 程序块 ▸ 滑轨电机自动运行_DB [DB7]

保持实际值　快照　将快照值复制到起始值中　将起始值加载为实际值

滑轨电机自动运行_DB（创建的快照：2019/5/7 15:37:45）

	名称	数据类型	起始值	快照	监视值	保持	可从 HMI/...	从 H...	在 HMI ...	设定值
1	▼ Input					☐	☐	☐	☐	☐
2	自动运行模式	Bool	FALSE	FALSE	FALSE	☐	☑	☑	☑	☐
3	启动_确定	Bool	FALSE	FALSE	FALSE	☐	☑	☑	☑	☐
4	启动	Bool	FALSE	FALSE	FALSE	☐	☑	☑	☑	☐
5	停止	Bool	FALSE	FALSE	FALSE	☐	☑	☑	☑	☐
6	开始位置传感器	Bool	FALSE	FALSE	FALSE	☐	☑	☑	☑	☐
7	结束位置传感器	Bool	FALSE	FALSE	FALSE	☐	☑	☑	☑	☐
8	急停	Bool	FALSE	FALSE	FALSE	☐	☑	☑	☑	☐
9	▼ Output					☐	☐	☐	☐	☐
10	滑轨电机自动运行	Bool	FALSE	FALSE	FALSE	☐	☑	☑	☑	☐
11	InOut					☐	☐	☐	☐	☐
12	▼ Static					☐	☐	☐	☐	☐
13	中间运算变量1	Bool	FALSE	FALSE	FALSE	☐	☑	☑	☑	☐
14	中间运算变量2	Bool	FALSE	FALSE	FALSE	☐	☑	☑	☑	☐

图 7-18　数据块的“快照”功能

第八章 库及相关的操作

8.1 库的概念

在自动化编程过程中，为了减少相同功能的代码的重复编写，提高代码的利用率，可使用结构化编程方式，利用 FC 或 FB 的编程方式，使同一段代码在一个项目中多次调用。但类似功能的函数在不同项目中调用时就不能采用 FC 或 FB 的方式实现，这时可通过库的方式实现代码共享。TIA 博途中全面集成了库的概念，可以快速实现常用项目组件的标准化和重复使用。

TIA 博途中的库的概念不仅仅是 STEP 7 中的函数库，它还包括几乎所有的编程对象。使用库有利于编程人员之间的信息共享和项目管理的标准化操作，还可进行项目的版本控制。在 TIA 博途中使用的库类型主要有项目库和全局库两类，如图 8-1 所示。

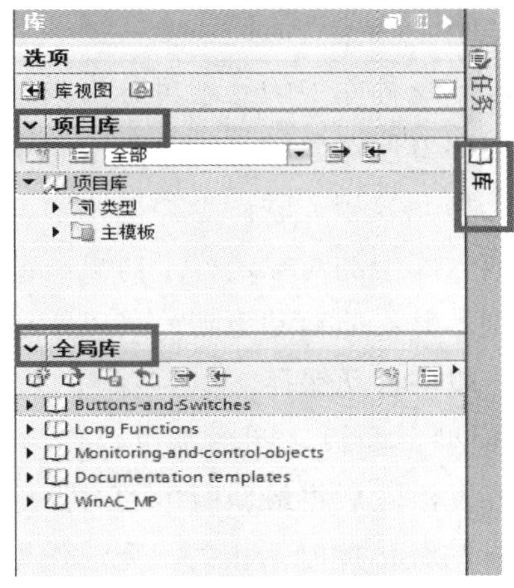

图 8-1　库的类型

(1) 项目库只属于单个项目，可在其中存储想要在项目中多次使用的对象。项目库总是随当前项目一起打开、保存和关闭。

(2) 全局库可存储在多个项目中均可使用的对象，独立于具体的项目，可实现跨项目共享。全局库中还包含随软件一起提供的库，这些库包括可以在项目中使用的现成的函数和函数块，这部分对象用户无法更改。对于只读型的全局库可供多个用户同时使用。

通过全局库可以实现不同项目间的数据交换。在 Windows 文件系统中，库可以保存在任何一个文件夹下。用户压缩该文件夹后既可以将其存储在服务器上，也可以通过电子邮件发送给全球任何一个地方。

库中存储的对象类型多种多样，主要包括以下类型：

(1) 程序块。

(2) 设备组态。

(3) 数据变量。

(4) HMI 画面。

(5) 画面中的图形对象。

(6) 整个站点。

所以，博途项目中多数组件元素都可存为库文件。

8.2 库元素

根据库中元素的功能和权限，每种库中的元素可分为类型和主模板两类，类型元素主要用于二次开发，主模板元素主要方便对象的复制。类型元素可作为统一的模板，在多个应用实例中集中管理，实例与类型元素相关联，当类型元素中的对象更改后，所有调用实例自动更新。而主模板只是对放入库中的对象进行了拷贝、粘贴操作，副本与原件之间没有关联，当原件进行更新后，副本并不能自动更新，所以不适用于统一开发管理。通用数据一般存放日志文件等数据，一般可自动保存。

函数、函数块、用户数据类型、面板、图形都可以作为库中的类型，并可进行版本控制。通过版本控制可以统一开发，然后将最新版本的对象更新和集成到到各个项目中。PLC 等硬件组态、变量表等文件与具体控制器相关，无法作为类型保存，但可以保存于主模板中。

当使用库中的文件时，不能进行写操作，如果需要更改，只能在库中更改。当更改后保存库为测试版，新版本发布后自动更新库文件，然后库文件才能被别的项目调用。

8.3 库的使用

项目库和全局库的创建和使用方法基本相同，但要注意类型文件和主模板文件的区别。

8.3.1 创建库

根据文件共享的范围，可确定创建的库为全局库或项目库。当需要创建全局库时，单击“全局库”窗口工具栏中的创建新全局库按钮，或者选择菜单“选项”→“全局库”→“创建新库”，并命名，如图 8-2 所示。

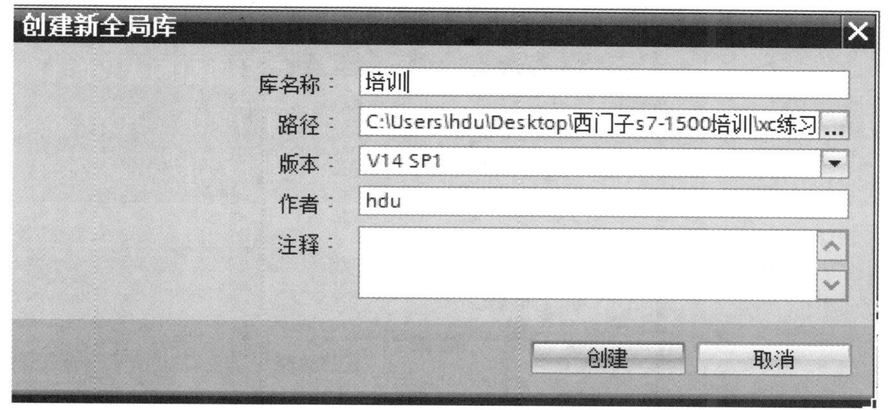

图 8-2　创建新库

8.3.2 添加库文件

项目树中的所有文件都可以拖放到库中，例如，电机的手动和自动控制属于典型的控制方式，适用于多数电机的控制，可将项目树中的 FC1 和 FB2 拖放到项目库的“类型”目录下，可供多个控制器使用。文件会在图标右上角出现一个黑色小三角形，并带有版本号，以区分说明不同库文件的版本信息。如果需要保存项目的副本，则可将项目树中的文件拖放到库的“主模板”下，此文件没有版本号，如图 8-3 所示。

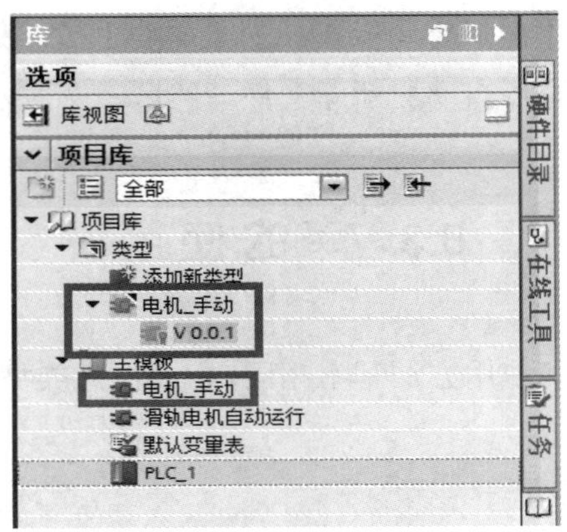

图 8-3　库中文件的添加

项目树中的文件不能直接拖放到全局库的“类型”目录中，可以通过鼠标右键单击项目库中的文件，在弹出的下拉列表中选择“更新”→“库”选项，选择更新的库名称后，项目库中的文件则会添加到全局库中，如图 8-4 所示。

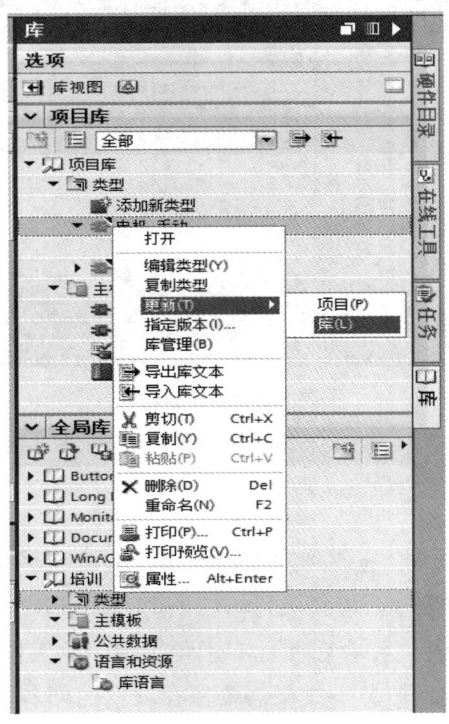

图 8-4　更新全局库中的文件

更新后的文件添加到全局库的“类型”目录下，并且版本与项目库中的一致，如图 8-5 所示。

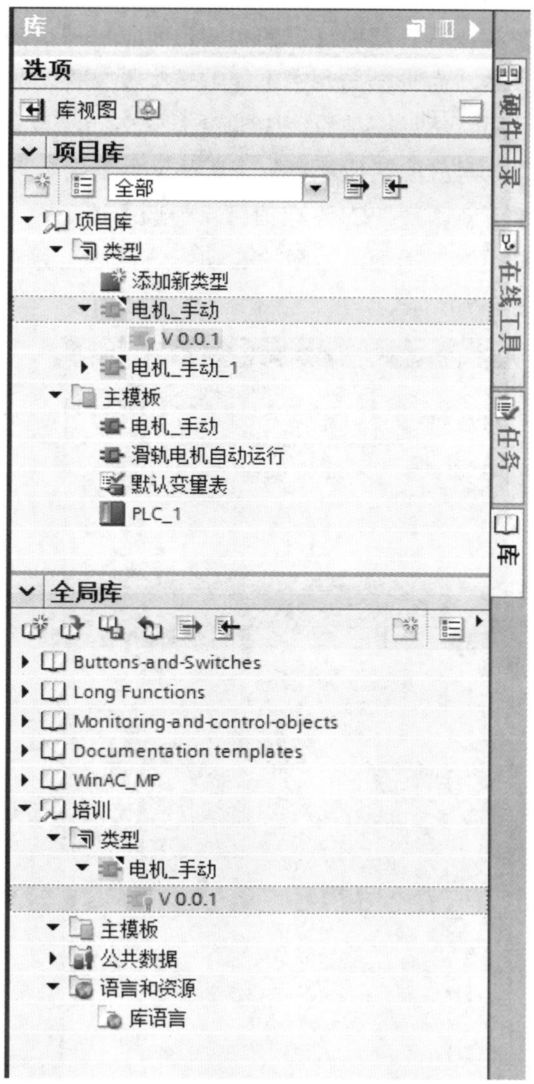

图 8-5　全局库与项目库中的文件版本

库中的文件可通过拖放的方式，从库中直接添加到项目树中使用，也可采用复制、粘贴的方式应用到项目中。

8.3.3　库文件的编辑

当生成库文件的类型文件后，则项目中的实例具有了写保护的特性。为了编辑类型文件，必须生成一个新的版本，而且全局库中不能编辑类型文件，只能从全局库中发布到项目库中，并在项目库中调用。然后在项目库中编辑类型文件，当新版本发布后更新到项目库，再更新全局库中文件，对应的其他项目中调用的文件就会自动更新。

例如，全局库中需要更新函数 FC1，在项目库中选中该函数，单击鼠标右键，在弹出的下拉列表中选择“编辑类型”选项，如图 8-6 所示。此时会弹出一个对话框要求选择测试更新的应用实例，如图 8-7 所示。

图 8-6　选择库文件编辑类型

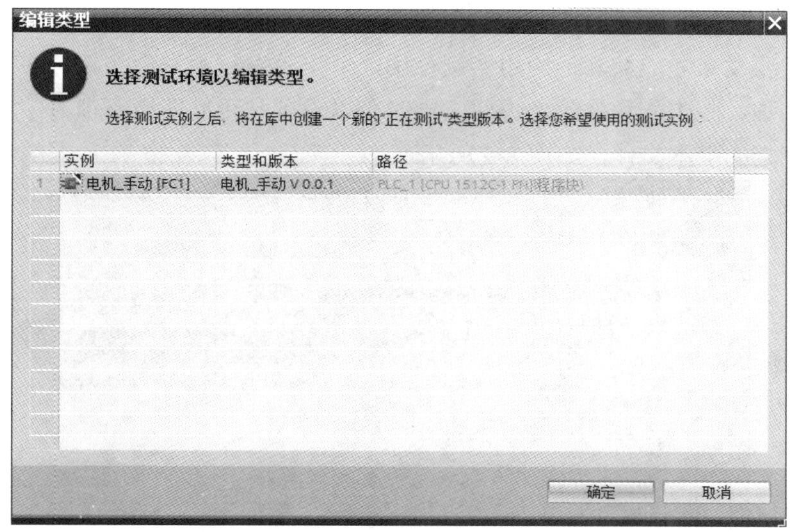

图 8-7　选择测试更新的应用实例

选中更新的应用实例后，则会在项目中生成一个新版本的文件，同时在版本号后面标注为"正在测试"，项目树中的文件图标右上角有黑色三角形标记为库文件，如图 8-8 所示。

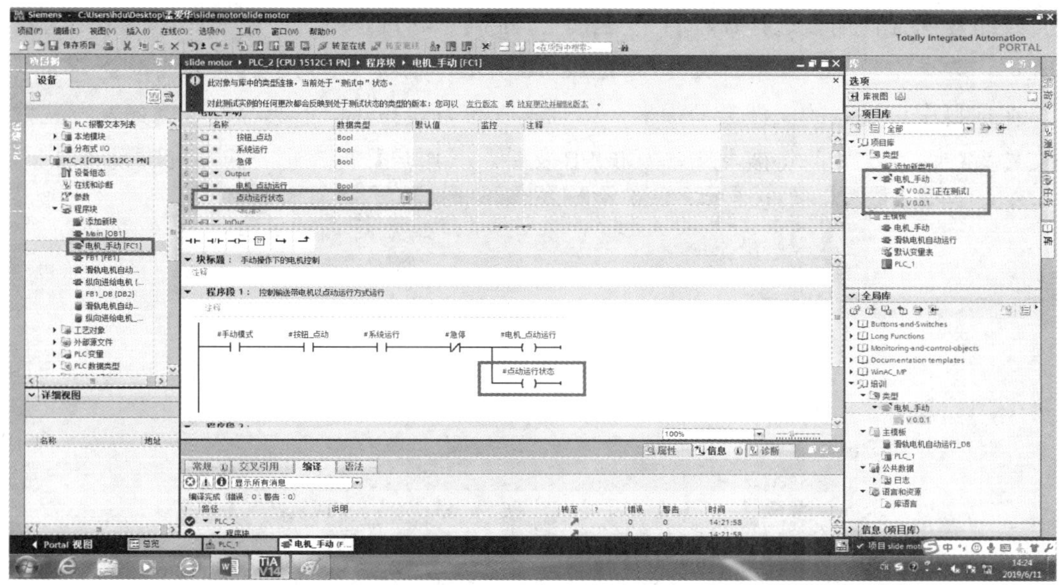

图 8-8　生成的新版本文件

在新版本文件中增加新的输入、输出变量，修改程序后并编译保存。修改、保存后新生成的版本需要发布才能被其他应用实例使用。单击“发行版本”按钮，在出现的对话框中设置类型名称、版本号和修改的说明，同时可以设置是否立即更新项目中所有的应用实例、是否删除老的版本文件，如图 8-9 所示。

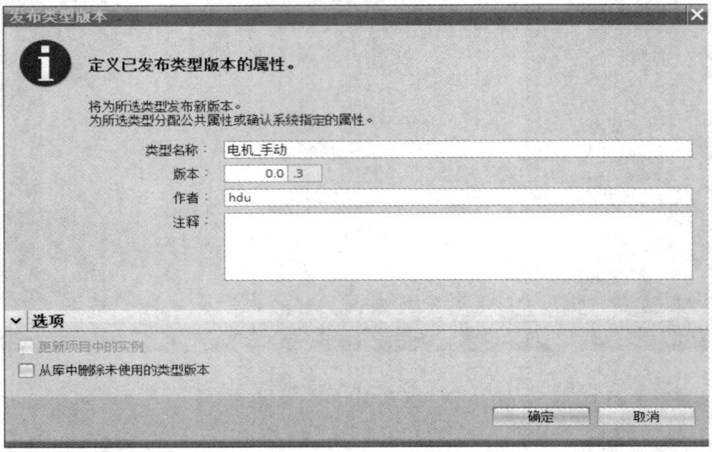

发布类型版本

定义已发布类型版本的属性。

将为所选类型发布新版本。
为所选类型分配公共属性或确认系统指定的属性。

类型名称：电机_手动
版本：0.0 .3
作者：hdu
注释：

选项

更新项目中的实例
从库中删除未使用的类型版本

确定　取消

图 8-9　发布新版本类型文件

发布后的文件需要选择在项目中更新，才能确保项目中所有应用实例都已更换为新版本文件。选择需要更新的项目文件，如图 8-10 所示，则项目中对应的文件自动更新为新版本。在项目中可发布的文件类型很多，而且其发布方式具有向下兼容性，例如发布文件夹则文件夹中所有文件都将被发布，发布 FB 文件，其用户数据库也一定被同时发布。

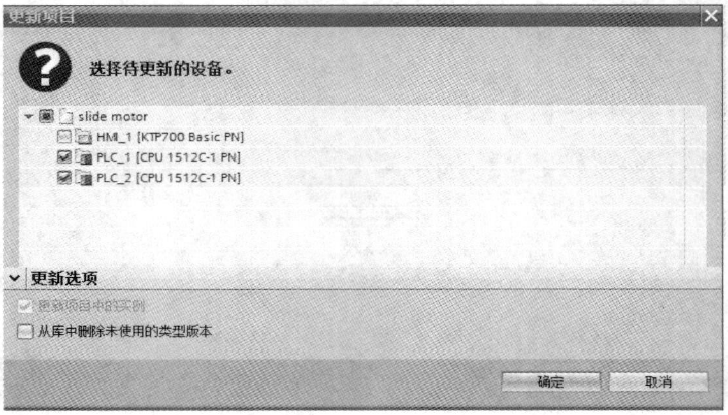

更新项目

选择待更新的设备。

slide motor
HMI_1 [KTP700 Basic PN]
PLC_1 [CPU 1512C-1 PN]
PLC_2 [CPU 1512C-1 PN]

更新选项

更新项目中的实例
从库中删除未使用的类型版本

确定　取消

图 8-10　选择更新的项目

项目库中的文件更新后，可以通过拖曳的方式将全局库中的版本更新为项目库中的新版本。当使用全局库中的文件时，该文件下的调用子文件也一并被调用。

参 考 文 献

[1] 国家制造强国建设战略咨询委员会. 中国制造 2025 蓝皮书(2016). 北京：电子工业出版社，2016.

[2] 中国智能城市建设与推进战略研究项目组. 中国智能制造与设计发展战略研究. 杭州：浙江大学出版社，2016.

[3] 陈明. 智能制造之路：数字化工厂. 北京：机械工业出版社，2016.

[4] 彭瑜，王健，刘亚威. 智慧工厂：中国制造业探索实践. 北京：机械工业出版社，2016.

[5] 刘强，丁德宇. 智能制造之路：专家智慧实践路线. 北京：机械工业出版社，2017.

[6] 崔坚. TIA 博途软件：STEP 7 V11 编程指南. 北京：机械工业出版社，2012.

[7] 向晓汉. 西门子 S7-1500PLC 完全精通教程. 北京：化学工业出版社，2018.

[8] 西门子(中国)有限公司. SIMATIC S7-1500 可编程控制器产品样本，2014.

[9] 西门子(中国)有限公司. SIMATIC TIA Portal STEP 7 Basic 入门指南，2010.

[10] 西门子(中国)有限公司. SIMATIC S7-1500 自动化系统手册，2013.

[11] 西门子(中国)有限公司. TIA 博途之 SIMATIC STEP 7 产品手册，2012.

[12] 西门子(中国)有限公司. SIMATIC HMI 操作设备精智面板操作说明，2016.

[13] 西门子(中国)有限公司. TIA 博途通信网络配置介绍，2010.

[14] 西门子(中国)有限公司. SIMATIC HMI 设备手册，2001.

[15] 西门子(中国)有限公司. TIA Portal V11 HMI 功能应用，2011.

[16] 西门子(中国)有限公司. SCE SIMATIC S7-1500 TIA 博途基础课程，2015.

[17] 西门子(中国)有限公司. SCE SIMATIC S7-1500 TIA 博途高级课程，2015.

[18] 西门子(中国)有限公司. SIMATIC HMI 面板选型快速入门，2017.

[19] 西门子(中国)有限公司. Basic Panel(精简系列面板)下载参考手册，2016.